中等职业教育课程改革国家规划新教材
全国中等职业教育教材审定委员会审定
修订版

机械常识与钳工实训
（非机类通用）
第 2 版

主　编　朱仁盛　朱劲松
副主编　仇向华　王　迪
参　编　陈红琴　王光勇　韩玉娟
　　　　顾永广　孙华芳　高　荣
主　审　傅水根　朱求胜

机 械 工 业 出 版 社

本书是中等职业教育课程改革国家规划新教材，是根据教育部发布的《中等职业学校机械常识与钳工实训教学大纲》，在2010出版使用的基础上，2022年新编写团队结合“1+X”证书制度规范和职业素养要求，并参照相关现行的国家职业标准及有关行业的职业标准规范编写的。本书主要内容包括机械制造概述、机械识图、常用机械传动、常用工程材料、钳工基本技能和机械拆装技术基础。

为便于教学，本书配套有电子教案、视频等教学资源，选择本书作为教材的教师可登录机械工业出版社教育服务网（www.cmpedu.com）注册、免费下载。

本书可作为中等职业学校非机类机械相关专业的教材，也可作为相关技术人员的岗位培训教材。

图书在版编目（CIP）数据

机械常识与钳工实训：非机类通用/朱仁盛，朱劲松主编. —2版. —北京：机械工业出版社，2023.1（2026.1重印）
中等职业教育课程改革国家规划新教材
ISBN 978-7-111-72079-9

Ⅰ.①机…　Ⅱ.①朱…②朱…　Ⅲ.①机械学-中等专业学校-教材②钳工-中等专业学校-教材　Ⅳ.①TH11②TG9

中国版本图书馆CIP数据核字（2022）第217339号

机械工业出版社（北京市百万庄大街22号　邮政编码100037）
策划编辑：汪光灿　　责任编辑：汪光灿　赵文婕
责任校对：李　杉　张　薇　封面设计：马精明
责任印制：郜　敏
保定市中画美凯印刷有限公司印刷
2026年1月第2版第4次印刷
184mm×260mm · 13.5印张 · 334千字
标准书号：ISBN 978-7-111-72079-9
定价：43.00元

电话服务
客服电话：010-88361066
010-88379833
010-68326294

网络服务
机　工　官　网：www.cmpbook.com
机　工　官　博：weibo.com/cmp1952
金　　书　　网：www.golden-book.com
机工教育服务网：www.cmpedu.com

前　言

为贯彻落实《国家职业教育改革实施方案》精神，来自职业院校教学工作一线的骨干教师和学科带头人，在2010年机械工业出版社出版的《机械常识与钳工实训》（非机类通用）中等职业教育课程改革国家规划新教材基础上，2022年重新组织编写团队，结合“1+X”证书制度规范和职业素养要求，并参照相关现行的国家职业标准及有关行业的职业规范编写了本书。

本书主要内容包括机械制造概述、机械识图、常用机械传动、常用工程材料、钳工基本技能和机械拆装技术基础。本书体现了职业教育新时代高质量发展的理念，注重培养学生的职业素养，不仅强调职业岗位的知识与能力的要求，还强调培养学生团结协作、乐于奉献的职业精神。在内容的设计上兼顾了企业和个人两者的需求，以“适合”为度，兼顾到学生的可持续发展，即以培养全面素质为基础，以提高综合职业能力为核心。

本书有如下特点。

1）体现以能力为本位的职业教育理念。以学生的“行动能力”为出发点构架全书内容，合理选取教学单元，由浅入深，循序渐进，符合学生的认知规律。

2）凸现职业教育特色。以就业为导向，紧扣新教学大纲的要求，根据本专业学生的职业素养要求组织教材结构与内容。根据学时总数，降低相关理论阐述的难度、突出培养和训练学生的能力。书中钳工基本技能、机械拆装技术基础采用理实一体化的方式呈现形式。

3）根据毕业生将来从事的职业岗位（群）要求，按企业要求毕业生必须了解的知识、掌握的技术、具备的能力，删除上一版内容中难、繁、深、旧的部分；按“简洁实用、够用，兼顾学生后续发展”的原则实现课程的综合化体系，实现了多门学科的整合，避免重复教学，为各学校教学的自主性、灵活性留有空间。

4）注重呈现形式的生动、活泼，配套多媒体资源丰富。本书图文并茂，并配有立体化相关教学资源，方便教师的教学和学生的移动学习。

5）注重学生本学科学习成绩的评价，采用过程性评价和总结性评价相结合的评价体系，注重学生平时知识的积累和技能的培养，目的是培养学生学习的主动性，并兼顾对学生关键能力、基本素养、爱岗敬业、工匠精神、创新意识、创造能力等各个维度的关注。

本书的学时安排建议如下。

教学单元	教学内容	建议学时数
单元一　机械制造概述	机械概述	1
	机械产品的制造过程	3
单元二　机械识图	机械识图常识	4
	机械图样的表达方法	6
	零件图的识读	6
	装配图的识读	2

（续）

教学单元	教学内容	建议学时数
单元三　常用机械传动	带传动	1
	链传动	1
	齿轮传动	2
	机械润滑与密封	1
单元四　常用工程材料	常用金属材料	4
	工程塑料	1
单元五　钳工基本技能	钳工入门	6
	平面划线	2
	锯削	2
	锉削	4
	钻孔	2
	攻螺纹	2
	综合训练	8
单元六　机械拆装技术基础	机械拆装基础常识	1
	综合训练	3
机　　动		2
合　　计		64

本书共分为六个单元，由苏州托普信息职业技术学院朱仁盛、江苏省张家港中等专业学校朱劲松任主编，江苏省启东中等专业学校仇向华、江苏省淮安中等专业学校王迪任副主编，南京江宁高等职业技术学校王光勇、孙华芳，扬州高等职业技术学校陈红琴，江苏省淮安中等专业学校韩玉娟、顾永广，江苏省丹阳中等专业学校高荣参与编写。本书经全国中等职业教育教材审定委员会审定，由清华大学傅水根、安吉职业教育中心学校朱求胜主审。教育部专家在书稿评审过程中提出了很多中肯的建议，在此一并表示衷心的感谢！

本书作为国家规划教材，在推广使用中，非常希望得到其教学适用性反馈意见，以便不断改进与完善。

由于编者水平有限，书中不妥之处在所难免，恳请读者批评指正。

编　者

二维码索引

（续）

序号	名称	图形	页码	序号	名称	图形	页码
17	冲击试验		140	19	齿轮泵拆卸过程		204
18	台钳的拆解与安装		203	20	液压齿轮泵拆卸分解图		206

目 录

单元一 机械制造概述

学习目标

1. 了解机械、机器、机构、构件和零件的基本概念。
2. 了解运动副的概念。
3. 了解机械产品生产的主要环节和过程。
4. 初步了解机械加工的各主要工种名称及其工作特点。
5. 初步了解机械产品加工工艺规程的内容及制订步骤。
6. 熟悉企业安全生产与节能环保的一般常识。

教学建议

1. 可通过图片、多媒体等教学手段，让学生了解零件、部件、构件、机械和机器的基本概念。
2. 组织学生去周边企业参观，熟悉机械加工和电气加工产品的生产流程。
3. 教学总学时为 4 学时，利用业余时间组织学生参观和见习。

课题一　机械概述

一、机械、机器、机构、构件和零件

人类为了适应生产和生活上的需要，远在古代就已经知道利用杠杆、滚子和绞盘等简单机械从事建筑和运输。但几千年来，受社会历史条件的限制，机械的发展比较缓慢，直到 18 世纪，英国人瓦特发明了往复式蒸汽机，促进了第一次工业革命的发展，从此，机械才有了日新月异的迅猛发展。现今，人们在日常生活和生产过程中，广泛使用着各种各样的机械，以减轻劳动强度和提高工作效能，特别是在有些场合，只能借助机械来代替人进行工作。

我国古代曾涌现出许多机械方面的杰出创造与发明。夏朝就已经有人使用车子；周朝有人利用卷筒原理制作辘轳；汉武帝时就能制造水利方面用的筒车（即翻车）；晋朝的记里鼓车已应用了齿轮传动和轮系，机碓和水碾甚至应用了凸轮原理。但是，由于我国经历了漫长的封建社会，加上帝国主义的侵略和压迫，因此在中华人民共和国建立以前，机械工业仍处

于非常落后的状态。

中华人民共和国成立后，我国的科学技术和机械工业有了较快的发展。在第一个五年计划期间，建立了一批大型机械制造厂，使机械工业由过去只能进行零星的修配，跨越到能自行制造飞机、汽车和各种机床的阶段，并为我国机械工业今后的发展奠定了坚实的基础。1956 年我国制造出第一架喷气式歼击机“歼-5”，同年制造出第一辆“解放牌”汽车。在以后的几个五年计划期间，又从制造一般的机械设备发展到制造大型、精密和尖端的机械产品。1958 年我国制造的第一个原子反应堆和回旋加速器投入运行；1962 年制成第一架超音速歼击机“歼-7”；1965 年制成高精度万能外圆磨床，达到当时的世界先进水平；1970 年成功地发射了第一颗人造地球卫星“东方红一号”；1971 年制成第一台 3×10^5kW 双水内冷发电机。党的十一届三中全会以来，我国进入了改革开放的历史新时期，机械工业技术呈现出全方位、多形式、多层次的态势，机械工业在深化经济体制改革中迎来了新的高速发展。

1. 机械

机械，源自于希腊语 mechine 及拉丁文 mecina，原指“巧妙的设计”，作为一般性的机械概念，可以追溯到古罗马时期，主要是为了区别于手工工具。现代中文的“机械”一词是机构（mechanism）和机器（machine）的总称。

2. 机器

机器是执行机械运动的装置，用来变换或传递能量、物料与信息。

机器的种类繁多，其构造、性能和用途也各不相同，但是从机器的组成部分与运动的确定性和机器的功能关系来分析，所有机器都具有下列三个共同的特征。

1）任何机器都是由若干机构组合而成的。图 1-1 所示的内燃机的发动机部分就是由曲柄连杆机构和配气机构等组合而成的。

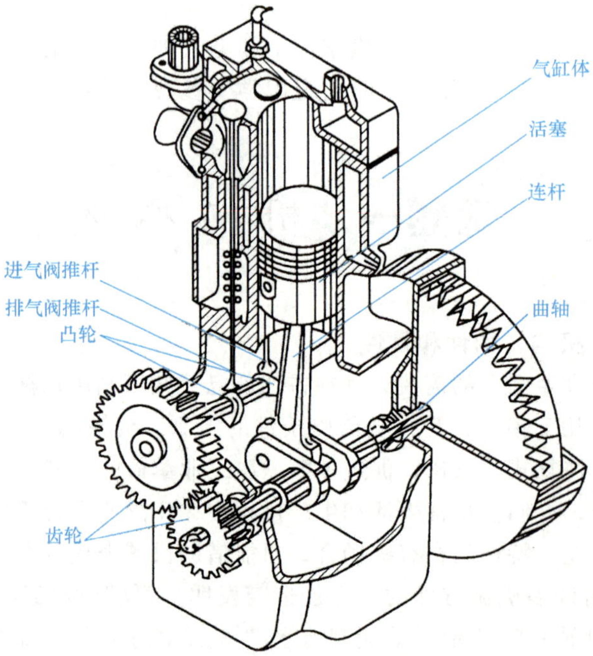

图 1-1 内燃机的发动机局部图

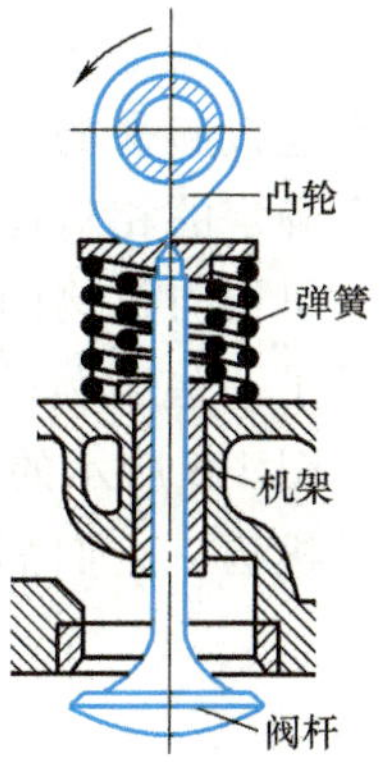

图 1-2　内燃机的配气机构

2）各运动实体之间具有确定的相对运动。例如，图 1-2 所示内燃机的配气机构中的凸轮做连续转动而阀杆做间歇往复移动，从而实现气体的交换过程。

3）能实现能量的转换，代替或减轻人类的劳动，完成有用的机械功。例如，发电机可以把机械能转换为电能；运动机器可以改变物体在空间的位置；金属切削机床能够改变工件的尺寸和形状；计算机可以存储、传输和处理信息等。

根据上面的分析，可以对机器得到一个明确的概念：机器就是人为实体（构件）的组合，它的各部分之间具有确定的相对运动，并能代替或减轻人类的体力劳动，完成有用的机械功或实现能量的转换。

按其用途，机器可分为原动机提供动力的机器和工作机。

原动机是将非机械能转换成机械能的机器。例如，电动机是将电能转换成机械能的机器，内燃机是将热能转换成机械能的机器。

工作机是用来改变被加工物料的位置、形状、性能、尺寸和状态的机器。工作机是利用机械能来做有用功的机器。例如，图 1-3～图 1-6 所示的车床、刨床、铣床和挖土机都是工作机。

图 1-3　车床

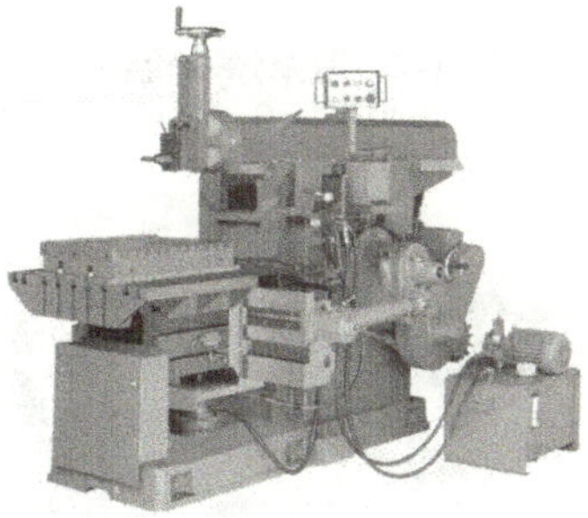
图 1-4　刨床

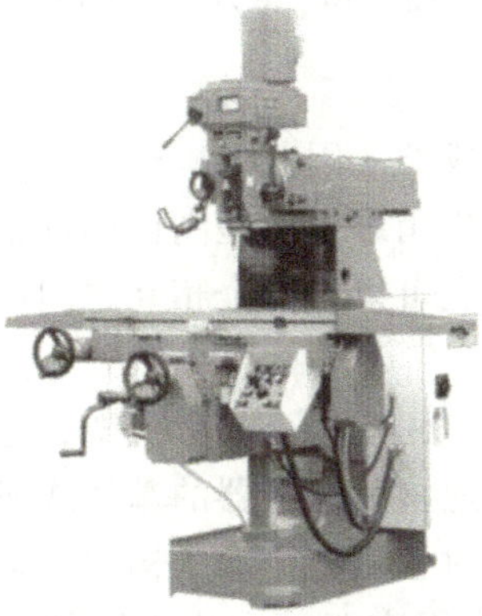
图 1-5　铣床

图 1-6　挖土机

3. 机构

机构是用来传递运动和力的构件系统。构件系统中有一个构件为机架，构件系统是用运动副连接起来的。与机器相比较，机构也是人为实体（构件）的组合，各运动实体之间也具有确定的相对运动，但不能做机械功，也不能实现能量转换。

机器与机构的区别在于：机器的主要功用是利用机械能做功或实现能量的转换，上面已列举了一些实例；机构的主要功用在于传递或转变运动的形式。如图 1-7 所示的雨伞撑伞机构，图 1-8 所示的缝纫机脚踏机构，图 1-9 所示的缝纫机机头进线机构，图 1-10 所示的港口起吊机构，它们都属于机构的范畴。

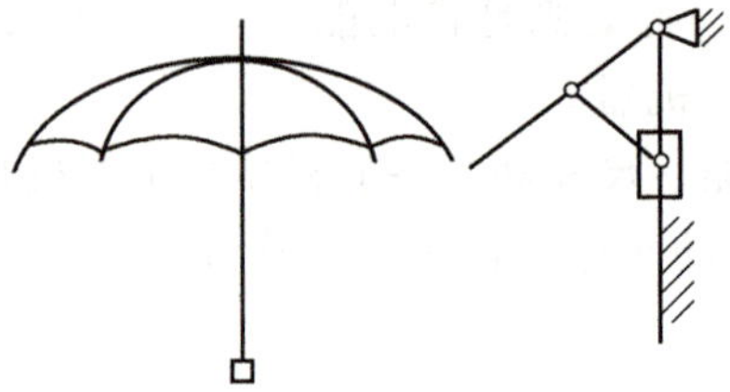

图 1-7　雨伞撑伞机构

图 1-8　缝纫机脚踏机构

图 1-9　缝纫机机头进线机构

图 1-10　港口起吊机构

4. 构件

机器及机构是由若干具有确定相对运动的构件组合而成的。因此，构件是机构中的运动单元体，也就是相互之间能做相对运动的物体。在机械中应用最多的是刚性构件，即作为刚体看待的构件。一个构件，可以是不能拆开的单一整体，也可以是几个相互之间没有相对运动的物体组合而成的刚性体。

构件按其运动状况，可分为固定构件和运动构件两种。固定构件又称机架，是机构中固结于定参考系的构件。固定构件一般用来支持运动构件，通常就是机器的基体或机座，例如各类机床的床身。运动构件又称可动构件，是机构中可相对于机架运动的构件。运动构件又分成主动件（原动件）和从动件两种。主动件是机构中作用有驱动力或力矩的构件，有时也将运动规律已知的构件称为主动件。形象地说，主动件就是带动其他可动构件运动的构件，从动件是机构中除了主动件以外随着主动件的运动而运动的构件。

5. 零件

零件是构件的组成部分。机构运动时，属于同一构件中的零件，相互之间没有相对运动。

构件与零件既有联系又有区别，构件可以是单一的零件，例如单缸内燃机中的曲轴，既是构件，也是零件；构件也可以是由若干零件连接而成的刚性结构，例如连杆构件是由连杆体、连杆盖、螺栓和螺母等零件连接而成的。

构件与零件的区别在于：构件是运动的单元，零件是加工制造的单元。

二、运动副

机构的重要特征是构件之间具有确定的相对运动，为此必须对各个构件的运动加以必要的限制。在机构中，每个构件都以一定的方式与其他构件相互接触，二者之间形成一种可动的连接，从而使两个相互接触的构件之间的相对运动受到限制。两个构件之间的这种可动连接，称为运动副。

运动副是两构件直接接触组成的可动连接，它限制了两构件之间的某些相对运动，而又允许有另一些相对运动。

两构件组成运动副时，构件上能参与接触的点、线、面称为运动副元素。根据运动副中两构件的接触形式不同，运动副可分为低副和高副。

1. 低副

低副是指两构件以面接触的运动副。按两构件的相对运动形式，低副可分为以下几种。

（1）转动副　组成运动副的两构件只能绕某一轴线做相对转动的运动副称为转动副，如图 1-11a 所示。

（2）移动副　组成运动副的两构件只能做相对直线移动的运动副称为移动副，如图 1-11b 所示。

（3）螺旋副　组成运动副的两构件只能沿轴线做相对螺旋运动的运动副称为螺旋副，如图 1-11c 所示。

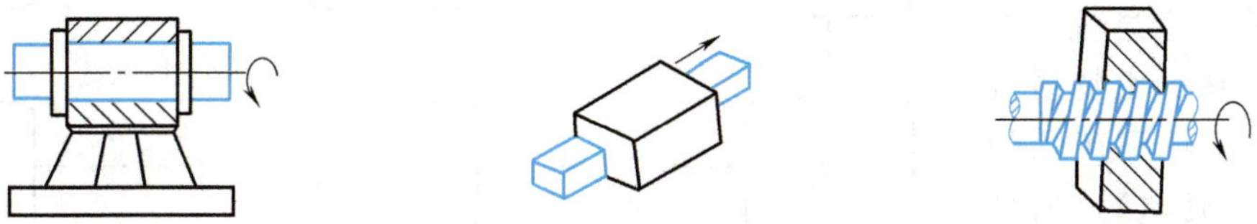

a) 转动副　b) 移动副　c) 螺旋副

图 1-11　低副

2. 高副

高副是指两构件以点或线接触的运动副。图 1-12 所示为常见的几种高副接触形式。图 1-12a 是车轮与钢轨的接触，图 1-12b 是齿轮的啮合，都属于线接触的高副；图 1-12c 是凸轮与从动杆的接触，属于点接触的高副。

低副和高副由于两构件直接接触部分的几何特征不同，所以在使用上也具有不同的特点。

低副是面接触的运动副，其接触表面一般为平面或圆柱面，容易制造和维修，承受载荷

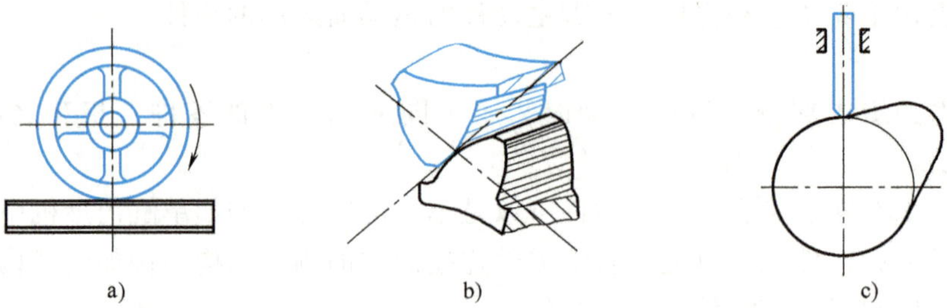

图 1-12　高副

时单位面积压力较低（故称低副），因此低副比高副的承载能力大。低副属于滑动摩擦，摩擦损失大，效率较低。此外，低副不能传递较复杂的运动。

高副是点或线接触的运动副，承受载荷时单位面积压力较高（故称高副），两构件接触处容易磨损，寿命短，制造和维修也较困难。高副的特点是能传递较复杂的运动。

课题二　机械产品的制造过程

一、机械产品生产过程

根据图样的要求，将原材料或半成品转变为成品的全过程，称为生产过程。它包括原材料的运输和保管，生产的准备工作，毛坯的制造，零件的机械加工，零件的热处理，部件和产品的装配、检验、油漆和包装等。

制造系统覆盖产品的全部生产过程，如图 1-13 所示，即设计、制造、装配、销售等的全过程。在这个全过程中，由物质流（主要指由毛坯到产品的有形物质的流动）、信息流（主要指生产活动的设计、市场需求调研、规划、调度与控制）及资金流（包括了成本管理、利润规划及费用流动等）等构成了整个制造系统。

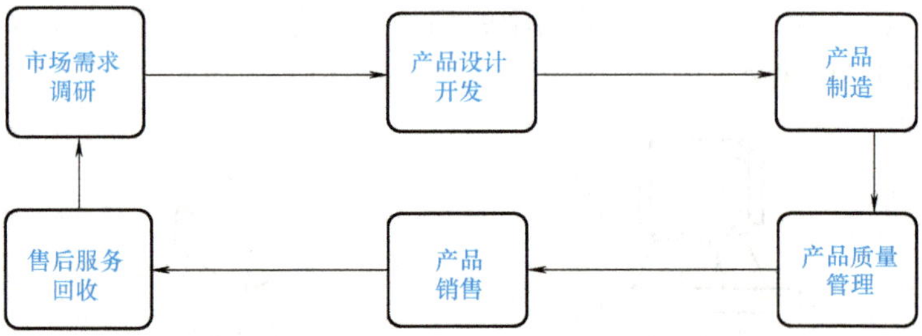

图 1-13　产品制造过程

1. 产品设计

产品设计是企业产品开发的核心。产品设计必须保证技术上的先进性与经济上的合理性等，设计的一般步骤如图 1-14 所示。

产品的设计一般有三种形式，即创新设计、改进设计和变形设计。创新设计（开发性设计）是按用户的使用要求进行全新的设计；改进设计（适应性设计）是根据用户的使用要求，对企业原有产品进行改进或改型的设计，即只对部分结构或零件进行重新设计；变形设计（参数设计）仅改进产品的部分结构尺寸，以形成系列产品的设计。产品设计的基本内容包括编制设计任务书、方案设计、技术设计和图样设计等。

(1) 编制设计任务书　设计任务书是产品设计的指导性文件，其主要内容包括确定新产品的用途、适用范围、使用条件和使用要求，确定产品的基本性能、结构和主要参数，概括性地做出总体布置、机械传动系统图、电气系统图、产品型号、尺寸标准系列、计算技术经济指标等。

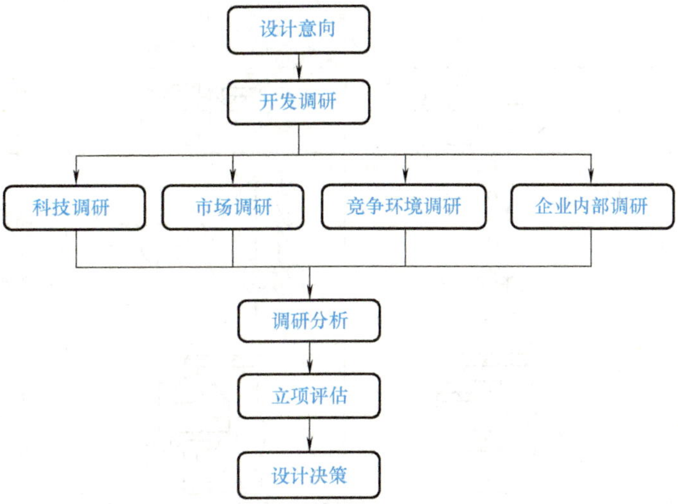

图 1-14　产品设计的一般步骤

(2) 方案设计　方案设计的主要内容是确定产品的基本功能、性能、结构和参数。方案设计是产品设计的造型阶段，一般包括产品的功能和使用范围、产品的总体方案设计和外观造型设计、产品的原理结构图、产品型号、尺寸、性能参数、标准等，并对设计方案进行技术经济指标的计算以及经济效果分析。

(3) 技术设计　技术设计是产品设计的定型阶段，对于机电产品一般包括试验、计算、分析和确定重要零部件的结构、尺寸与配合；画出总装配图、重要零部件图、液压（气动）系统图、冷却系统图和电气系统图；编写设计说明书等。

(4) 图样设计　图样设计是指绘制出全套工作图样和编写必要的技术文件，为产品制造和装配提供依据。其主要内容包括设计并绘制全部零件的工作图，详细注明尺寸、公差配合、材料和技术条件，绘制产品总图、部件图、安装图，编写零件明细表，设计制订产品使用说明书和维护保养规程等。

2. 工艺设计

工艺设计的基本任务是保证生产的产品能符合设计的要求，制定优质、高产、低耗的产品制造工艺规程，制订出产品的试制和正式生产所需要的全部工艺文件。它包括对产品图样的工艺分析和审核、拟定加工方案、编制工艺规程以及工艺装备的设计和制造等。表 1-1 列举了部分零件结构工艺性设计分析与说明。

表 1-1　部分零件结构工艺性设计分析与说明

序号	A 结构工艺性差	B 结构工艺性好	说　明
1	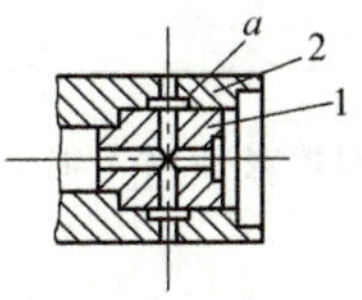	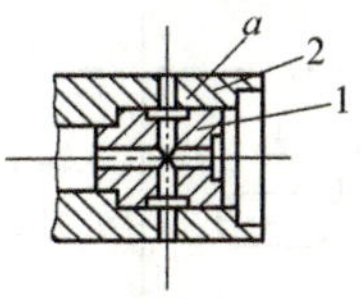	在结构 A 中，件 2 上的槽 a 不便于加工和测量。宜将槽 a 改在件 1 上，如结构 B

（续）

序号	A 结构工艺性差	B 结构工艺性好	说　明
2	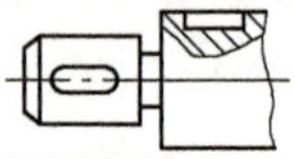	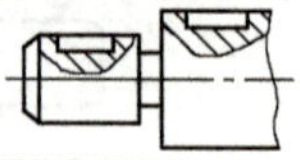	原设计的两个键槽，需要装夹两次加工，改进后只需要装夹一次即可
3	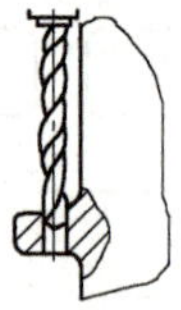	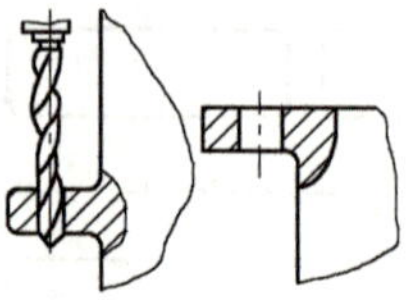	结构 A 上的小孔离箱壁太近，钻头向下引进时，钻床主轴碰到箱壁。改进后小孔与箱壁留有适当的距离，便于加工
4	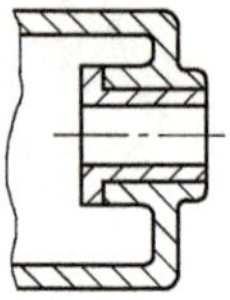	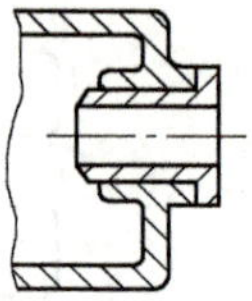	结构 A 中的加工面设计在箱体内，加工时调整刀具不方便。结构 B 中的加工面设计在箱体外部，便于加工和观察
5	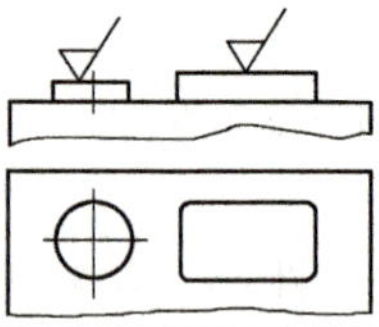	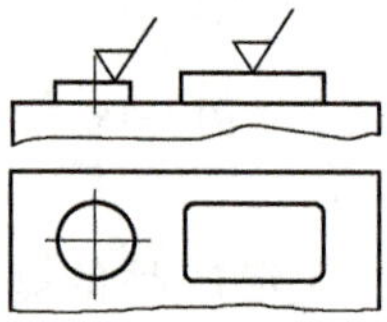	结构 B 的两个凸台表面可在一次走刀中加工完毕，以减少机床的调整次数
6	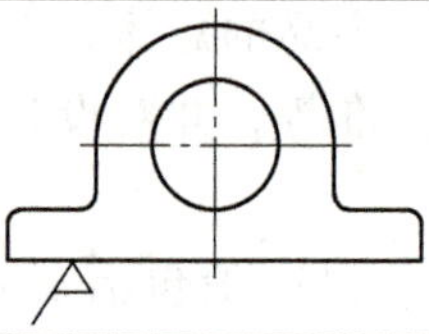	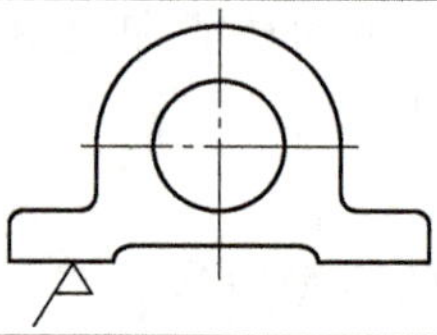	箱体底面要安装在机座上，只需加工部分底面，如改进后 B 所示，既可减少加工工时，又提高了底面的接触刚度
7	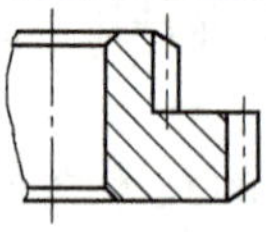	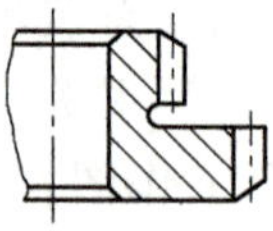	结构 A 中小齿轮无法加工，结构 B 中小齿轮可以插削加工
8	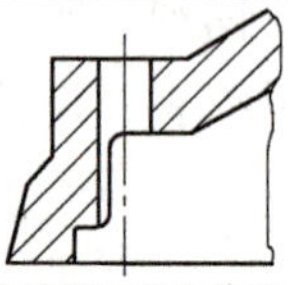	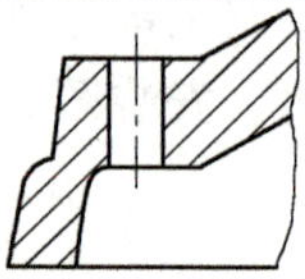	加工结构 A 上的孔时，钻头容易引偏
9	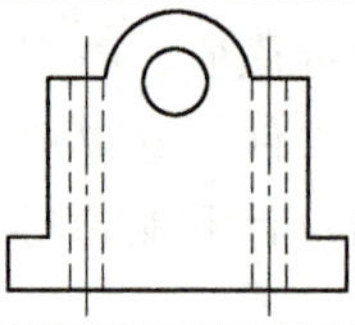	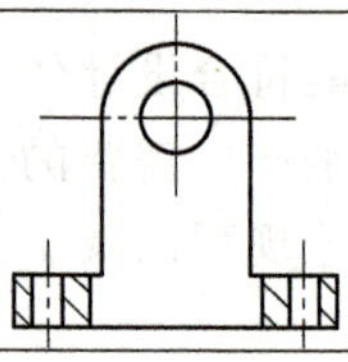	加工深孔易断钻头，结构 B 避免了深孔加工，同时也节约了材料
10	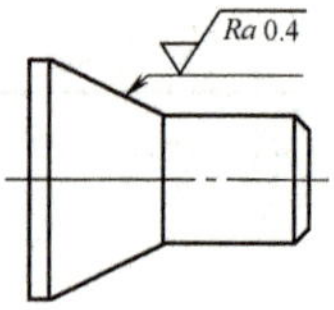	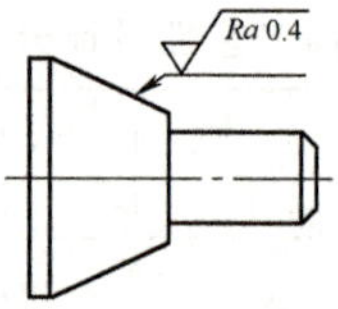	锥面需磨削加工，A 结构磨削时容易碰伤圆柱面，不能清根，结构 B 可方便地进行磨削加工
11	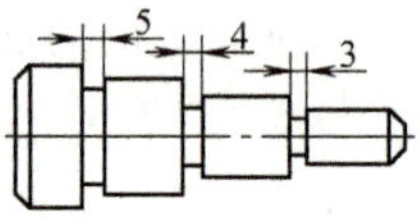	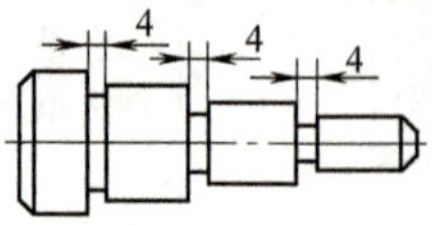	轴上的砂轮越程槽宽度，尽可能分别一致，以减少刀具种类

（续）

序号	A 结构工艺性差	B 结构工艺性好	说　明
12	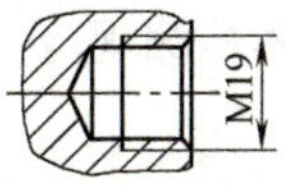	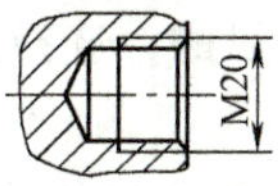	结构 B 采用了标准化，便于加工和检验

（1）产品图样的工艺分析和审查　主要内容包括产品的结构是否与产品类型相适应，零、部件标准化、通用化程度，图样设计是否充分利用现有的工艺标准，零件的形状尺寸、配合与精度是否合理，选用的材料是否合适等。

（2）拟定工艺方案　拟定工艺方案包括确定试制新产品、改造老产品过程中的关键零、部件的加工方法、确定工艺路线、工艺装备及装配要求。

（3）编制工艺规程卡　工艺规程是指规定零件的加工工艺过程和操作方法等。一般包括下列内容：零件加工的工艺路线、各工序的具体内容及所用的设备和工艺装备、零件的检验项目及检验方法、切削用量、工时定额等。工艺规程的形式和内容与生产类型有关，一般为编制机械加工工艺卡片。

（4）工艺装备的设计和制造　工艺装备（简称工装）通常是对工具、夹具、量具、相关模具和工位器具等的总称。工装分为通用和专用两类，通用工装可用来加工不同的产品，专用工装只能用于特定产品的加工。通用的、重要复杂的工艺装备一般由工艺工程师设计，简易工装可由生产车间（或分厂）自行设计。

凡制造完成并经检验合格的专用工装设备，在投入产品零件生产前应在现场进行试验，其目的是通过实际操作来检验工艺规程和工艺装备的实用性、正确性，并帮助操作者正确掌握生产技术要求，以达到规定的加工质量和生产率。

3. 零件加工

零件的加工包括毛坯的生产及对毛坯进行各种机械加工、特种加工和热处理等，使其成为合格零件的过程。极少数零件加工采用精密铸造或精密锻造等无屑加工方法。通常毛坯的生产有铸造、锻造、焊接等；常用的机械加工方法有钳工加工、车削加工、钻削加工、刨削加工、铣削加工、镗削加工、磨削加工、数控机床加工、拉削加工、研磨加工、珩磨加工等；常用的热处理方法有退火、正火、淬火、回火、调质、时效等；特种加工有电火花成形加工、电火花线切割加工、电解加工、激光加工、超声波加工等。只有根据零件的材料、结构、形状、尺寸和使用性能等，选用适当的加工方法，才能保证产品的质量，生产出合格零件。

4. 检验

检验是采用测量器具对毛坯、零件、成品、原材料等进行尺寸精度、形状精度、位置精度的检测，以及通过目视检验、无损探伤、力学性能试验及金相检验等方法对产品质量进行的鉴定。

测量器具包括量具和量仪（参见本书单元五的介绍）。常用的量具有钢直尺、卷尺、游标卡尺、卡规、塞规、千分尺、角度尺、百分表等，用以检测零件的长度、厚度、角度、外圆直径、孔径等。另外，螺纹的测量可用螺纹千分尺、三针量法、螺纹样板、螺纹环规、螺纹塞规等。

常用量仪有浮标式气动量仪、电子式量仪、电动式量仪、光学量仪、三坐标测量仪等，除可用以检测零件的长度、厚度、外圆直径、孔径等尺寸外，还可对零件的形状误差和位置误差等进行测量。

特殊检验主要是指检测零件内部及外表的缺陷。其中无损探伤是在不损害被检对象的前提下，检测零件内部及外表缺陷的现代检验技术。无损检验方法有直接肉眼检验、射线探伤、超声波探伤、磁力探伤等，使用时应根据无损检测的目的，选择合适的方法和检测规范。

5. 装配

任何机械产品都是由若干个零件、组件和部件组成的。根据规定的技术要求，将零件和部件进行必要的配合及连接，使之成为半成品或成品的工艺过程称为装配。将零件、组件装配成部件的过程称为部件装配；将零件、组件和部件装配成为最终产品的过程称为总装配。装配是机械制造过程中的最后一个生产阶段，其中还包括调整、检验、试验、油漆和包装等工作。

机器的质量、工作性能、使用效果、可靠性和使用寿命除与产品的设计和材料选择有关外，还取决于零件的制造质量和机器的装配质量。通过装配，可以发现设计上的不足和零件加工工艺中存在的问题。装配工作对机器质量的影响很大，若装配不当，即使所有零件合格，也不一定能装配出合格的、高质量的机械产品。反之，若零件制造精度不高，而在装配中采用适当的装配工艺方法，进行选配、刮研、调整等，也能使产品达到规定的要求。

6. 入库

企业生产的成品、半成品及各种物料为防止遗失或损坏，放入仓库进行保管，称为入库。

入库时应进行入库检验，填好检验记录及有关原始记录；对量具、仪器及各种工具做好保养、保管工作；对有关技术标准、图样、档案等资料要妥善保管；保持工作地点及室内外整洁，注意防火防湿，做好安全工作。

二、机械加工工种分类

1. 冷加工工种

（1）钳工　钳工是制造企业中不可缺少的一个用手工方法来完成加工工种。

钳工工种按专业工作的主要对象不同又可分为普通钳工、装配钳工、模具钳工、修理钳工等。不管是那一种钳工，要完成好本职工作，首先要掌握好钳工的各项基本操作技术。它主要包括划线、錾削、锯割、锉削、钻孔、扩孔、锪孔、铰孔、攻螺纹和套螺纹、刮削、研磨、测量、装配和修理等。

（2）车工　车削加工是一种应用广泛且典型的加工方法。车工是指操作车床（车床按结构及其功用可分为卧式车床、立式车床、数控车床以及特种车床等）对工件旋转表面进行切削加工的工种。车削加工的主要工艺内容为车削外圆、内孔、端面、沟槽、圆锥面、螺纹、滚花、成形面等。

卧式车床的加工工艺范围如图1-15所示。

（3）铣工　铣工是指操作各种铣床设备（铣床按结构及其功用可分为普通卧式铣床、普通立式铣床 、万能铣床、工具铣床、龙门铣床、数控铣床以及特种铣床等），对工件进行铣削加工的工种。

铣削加工的主要工艺内容为铣削平面、台阶面、沟槽（键槽、T形槽、燕尾槽、螺旋槽）以及成形面等。

铣床加工的工艺范围如图1-16所示。

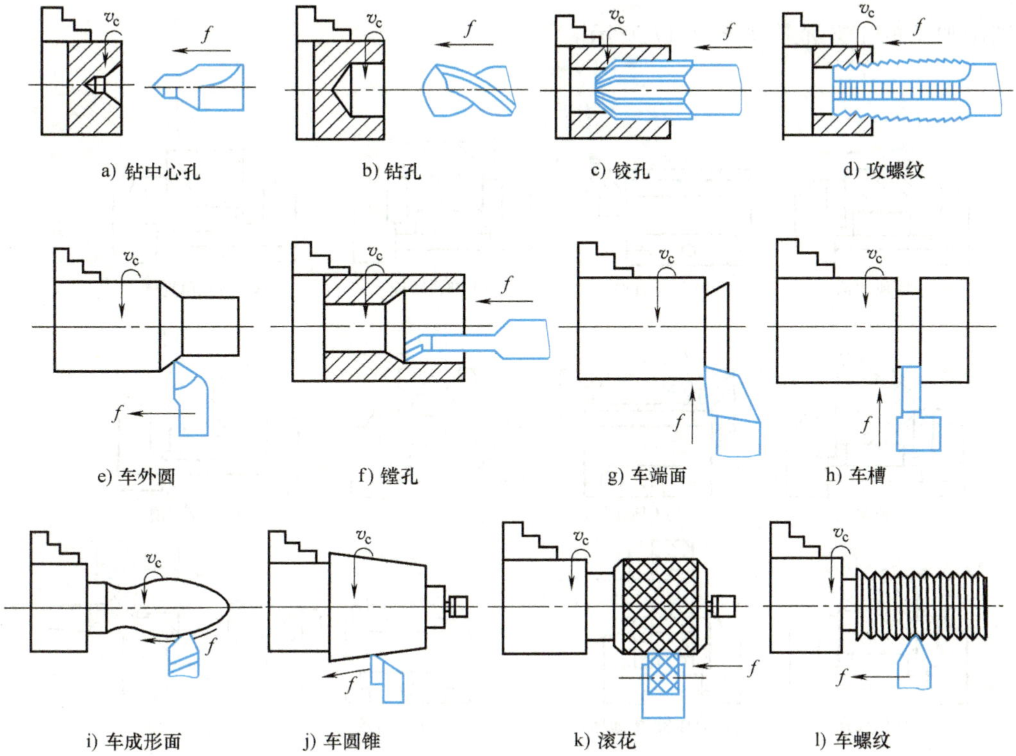

图 1-15　卧式车床的加工工艺范围

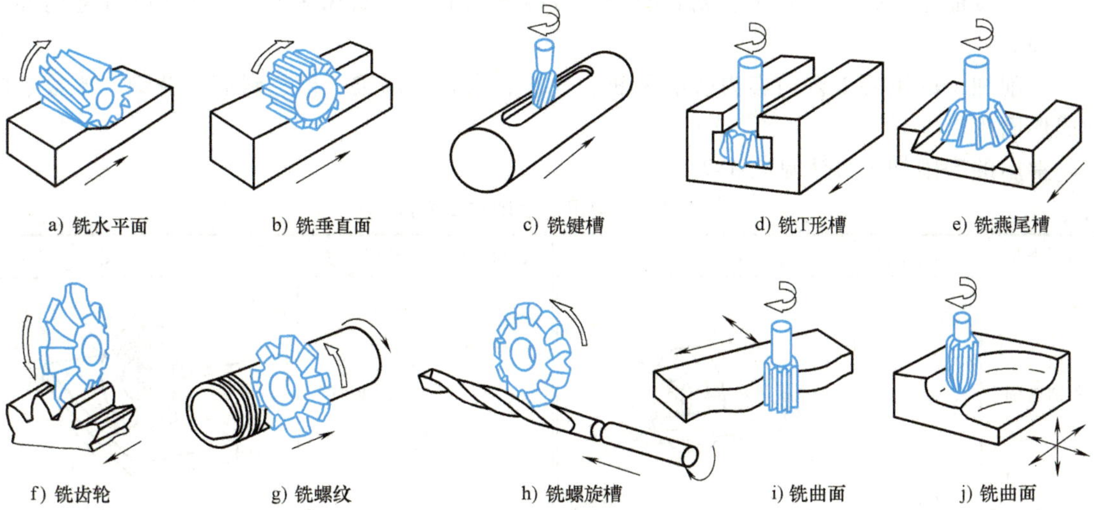

图 1-16　铣床加工工艺范围

（4）刨工　刨工是指操作各种刨床设备（常用的刨削机床有普通牛头刨床、液压刨床、龙门刨床和插床等），对工件进行刨削加工的工种。

刨削加工的主要工艺内容为刨削平面、垂直面、斜面、沟槽、V 形槽、燕尾槽、成形面等。

刨削加工的工艺范围如图 1-17 所示。

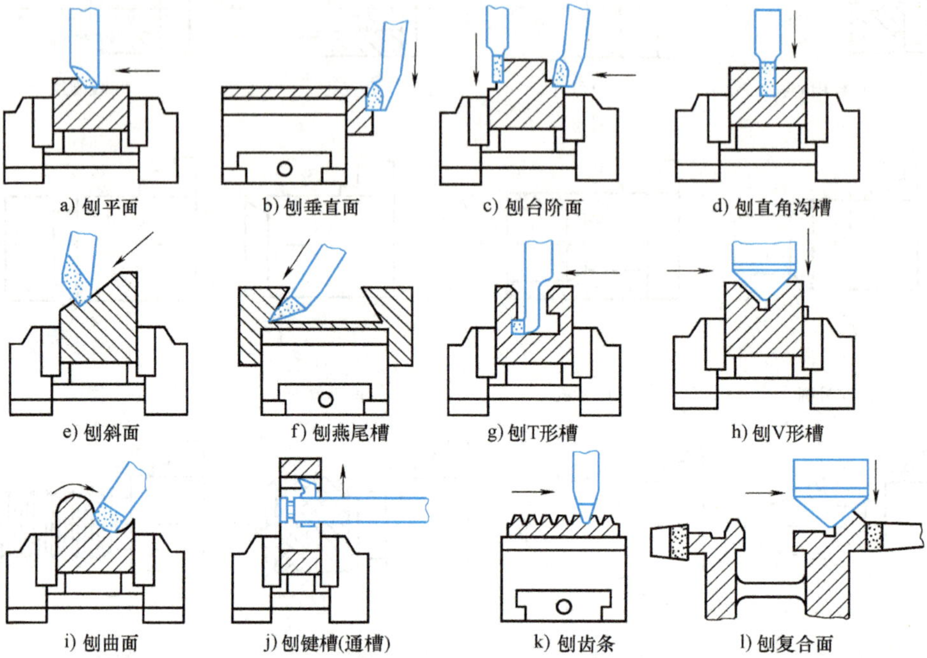

图 1-17 刨削加工工艺范围

（5）磨工 磨工是指操作各种磨床设备（常用的磨床有普通平面磨床、外圆磨床、内圆磨床、万能磨床、工具磨床、无心磨床、数控磨床和特种磨床等），对工件进行磨削加工的工种。

磨削加工的主要工艺内容为磨削平面、外圆、内孔、圆锥、槽、斜面、花键、螺纹、特种成形面等。

常用的磨削加工方法见表 1-2。

表 1-2 常用的磨削加工方法

磨削类型	磨削方法	简图	磨削类型	磨削方法	简图
外圆磨削	纵磨法		平面磨削	周磨法	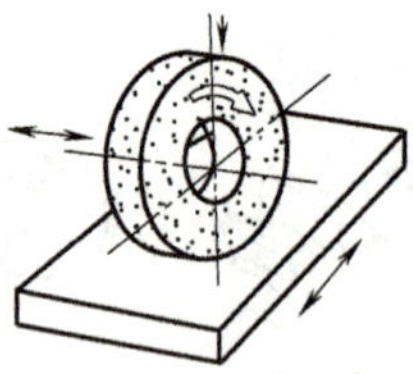
内圆磨削		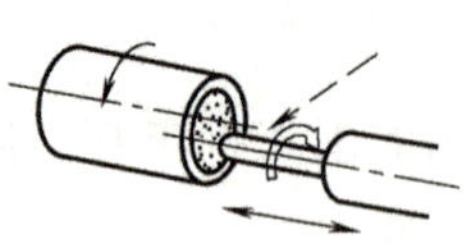		端磨法	

（续）

磨削类型	磨削方法	简　　图	磨削类型	磨削方法	简　　图
无心磨削	通磨法		成形磨削	齿轮磨削	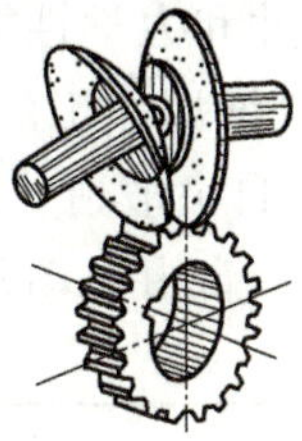
成形磨削	螺纹磨削	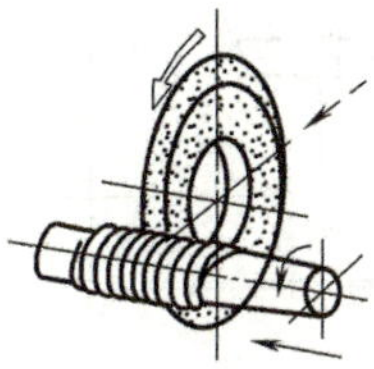		花键磨削	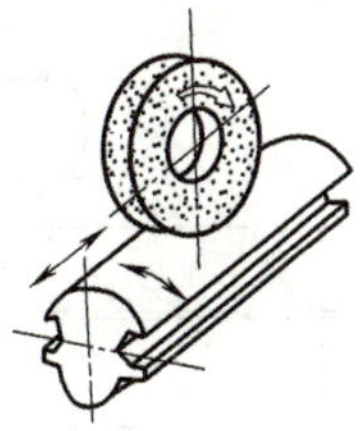

除上述工种外，常见的冷加工工种还有钣金工、镗工、冲压工、组合机床操作工等。

2. 热加工工种

（1）铸造工　铸造是将经过熔化的液态金属浇注到与零件形状、尺寸相适应的铸型中，冷却凝固后获得毛坯或零件的一种工艺方法。

图 1-18 所示是齿轮毛坯的砂型铸造示意，砂型铸造应用最广。

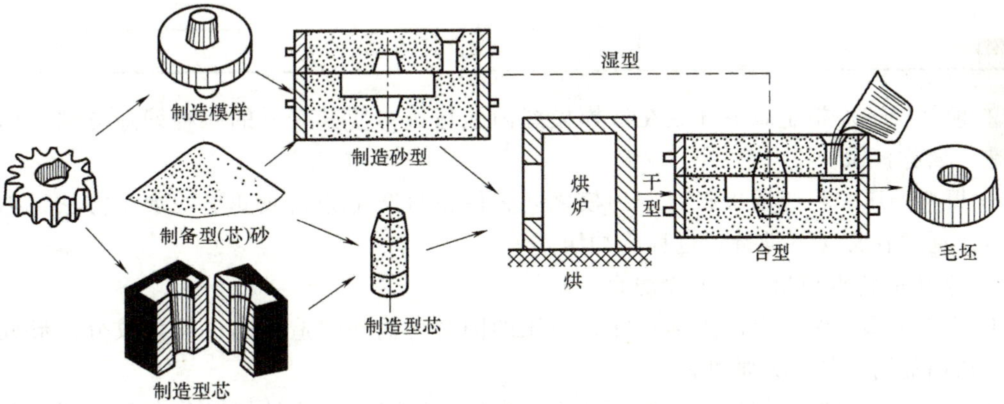

图 1-18　齿轮毛坯的砂型铸造示意

1）铸造的方法有以下几种。

① 砂型铸造。砂型铸造是以砂为主要造型材料制备铸型的一种铸造方法。目前 90% 以上的铸件是用砂型铸造方法生产的。

② 特种铸造。特种铸造是指砂型铸造以外的其他铸造方法。常用的方法有金属砂型铸造、熔模铸造、压力铸造、离心铸造和壳型铸造等。

2）铸造的特点包括以下几个方面。

① 成型方便，适应性强，利用液态成型，适应各种形状、尺寸，不同材料的铸件。

② 生产成本低，较为经济，节省金属，材料来源广泛，设备简单。

③ 铸件组织性能差，铸件晶粒粗大，力学性能差。

（2）锻压工　锻压是借助于外力作用，使金属毛坯产生塑性变形，从而获得所要求形状、尺寸和力学性能的毛坯或零件的一种压力加工方法。

1）锻压加工的方法有以下几种。

① 自由锻造。利用冲击力或静压力使经过加热的金属在锻压设备的上、下砧铁之间塑性变形、自由流动称为自由锻造。其基本工序见表 1-3。

表 1-3　自由锻造基本工序示意

图示	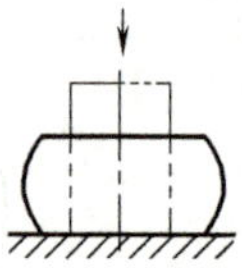	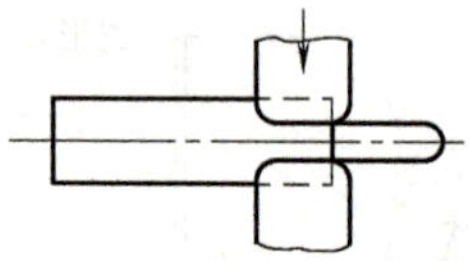	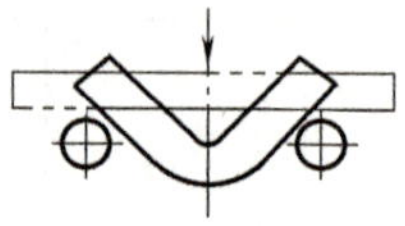
工序	镦粗	拔长	弯曲
图示	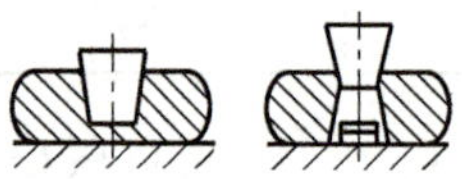	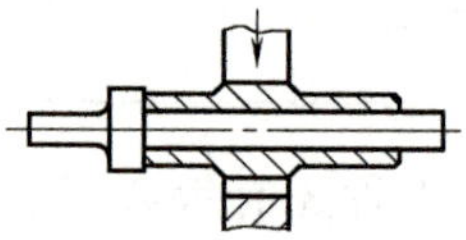	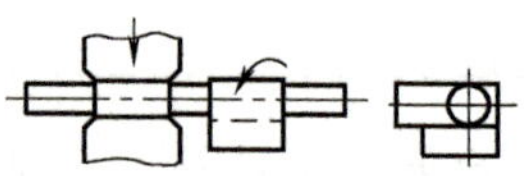
工序	冲孔	芯轴拔长	扭转
图示	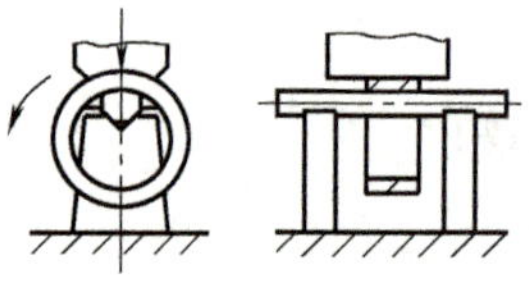	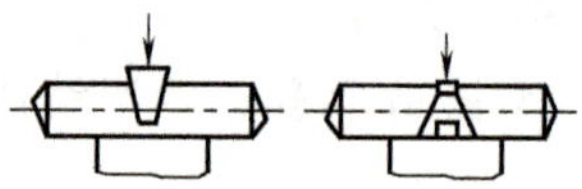	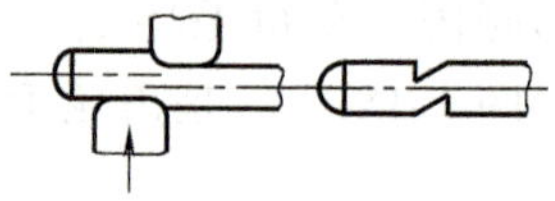
工序	马杠扩孔	切割	错移

② 模样锻造。把金属毛坯放在锻模模膛内施加压力使其变形的一种锻造方法，称为模样锻造，简称模锻。

③ 板料冲压。将金属板料置于冲模之间，使板料产生分离或变形的加工方法，称为板料冲压。通常在常温下进行，也称冷冲压。

2）锻压的特点包括以下几个方面。

① 改善金属组织，提高力学性能，锻压的同时可消除铸造缺陷，均匀成分，形成纤维组织，从而提高锻件的力学性能。

② 节约金属材料，例如，在热轧钻头、齿轮、齿圈及冷轧丝杠时节省了切削加工设备和材料的消耗。

③ 较高的生产率，例如，在生产六角螺钉时采用模锻成形就比切削加工效率约高 50 倍。

④ 锻压主要生产承受重载荷零件的毛坯，例如，机器中的主轴、齿轮等，但不能获得形状复杂的毛坯或零件。

（3）焊接工　焊接是通过加热或加压（或两者并用），并且用（或不用）填充材料，使焊件达到原子间结合的连接方法。

图 1-19 所示是焊条电弧焊示意。

1）焊接的种类。根据焊接的过程可分为以下三类。

① 熔化焊：将待焊处的母材金属熔化以形成焊缝的焊接方法。它主要有电弧焊、气焊、电渣焊、等离子弧焊、电子束焊、激光焊等。

② 压力焊：通过加压和加热的综合作用，以实现金属接合的焊接方法。它主要包括电阻焊、摩擦焊、爆炸焊等。

③ 钎焊：以熔点低于被焊金属熔点的焊料填充接头形成焊缝的焊接方法。它主要包括软钎焊和硬钎焊。

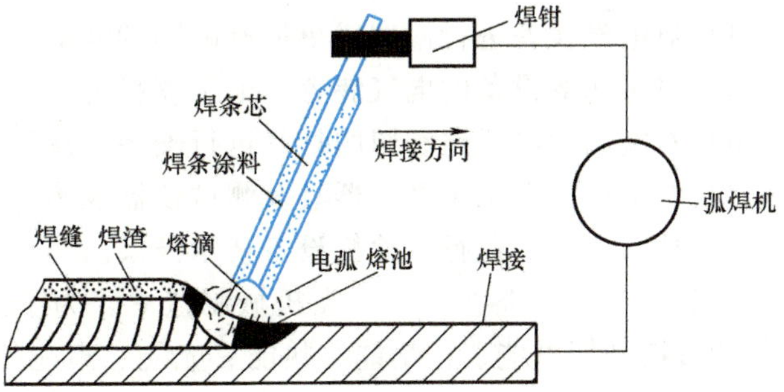

图 1-19　焊条电弧焊示意

2）焊接的特点包括以下几个方面。

① 焊接与其他连接方法有本质的区别，不仅在宏观上建立了永久性的联系，在微观上也建立了组织之间的原子级的内在联系。

② 焊接比其他连接方法具有更高的强度和密封性，并且质量可靠，生产率高，便于实现自动化。

③ 节省金属，工艺简单，可以很方便地采用锻-焊，铸-焊等复合工艺，生产大型复杂的机械结构和零件。

④ 焊接是一个不均匀加热的过程，焊后的焊缝易产生焊接应力，易引起变形。

（4）热处理工　金属材料可通过热处理改变其内部组织，从而改善材料的工艺性能和使用性能，因此热处理在机械制造业中占有很重要的地位。

热处理工是指操作热处理设备，对金属材料进行热处理加工的工种。根据不同的热处理工艺，一般可将热处理分成整体热处理、表面热处理、化学热处理和其他热处理四类。

3. 其他工种

（1）机械设备维修工　从事设备安装维护和修理的工种。其从事的工作主要包括以下内容。

1）选择测定机械设备安装的场地、环境和条件。

2）进行设备搬迁和新设备的安装与调试。

3）对机械设备的机械、液压、气动故障和机械磨损进行修理。

4）更换或修复机械零部件，润滑和保养设备。

5）对修复后的机械设备进行运行调试与调整。

6）巡回检修到现场，排除机械设备运行过程中的一般故障。

7）对损伤的机械零件进行钣金和钳加工。

8）配合技术人员预检机械设备故障，编制大修理方案，并完成大、中、小型修理。

9）维护保养工具、夹具、量具、仪器和仪表，排除使用过程中出现的故障。

（2）维修电工　从事工厂设备的电气系统安装、调试与维护、修理的工种。其从事的工作主要包括以下内容。

1）对电气设备与原材料进行选型。

2）安装、调试、维护和保养电气设备。

3）架设并接通送、配电线路与电缆。

4）对电气设备进行修理或更换有缺陷的零部件。

5）对机床等设备的电气装置、电工器材进行维护保养与修理。

6）对室内用电线路和照明灯具进行安装、调试与修理。

7）维护保养电工工具、器具及测试仪器仪表。

8）填写安装、运行、检修设备技术记录。

（3）电加工设备操作工　在机械制造中，为了加工各种难加工的材料和各种复杂的表面，常直接利用电能、化学能、热能、光能、声能等进行零件加工。这种加工方法一般称为特种加工。其中操作电加工设备进行零件加工的工种，称为电加工设备操作工。常用的加工方法有电火花加工和电解加工等。

三、机械加工工艺规程

1. 相关名词术语

在生产过程中，凡直接改变生产对象的尺寸、形状、性能（包括物理性能、化学性能等）以及相对位置关系的过程，统称为工艺过程。工艺过程又可分为铸造、锻造、冲压、焊接、机械加工、装配等工艺过程。这里只介绍机械加工工艺过程的初步知识。

把合理工艺过程的有关内容写在工艺文件中，用以指导生产。这些工艺文件统称为工艺规程。

一个（或一组）工人，在一台机床（或一个工作地点），对一个（或同时对几个）工件所连续完成的那部分工艺过程，称为工序。工序是组成工艺过程的基本单元，也是制定生产计划和进行成本核算的基本单元。

划分工序的主要依据是工作地点是否变动和工作是否连续。例如，图1-20所示的阶梯轴，当加工数量较少时，可按表1-4所列内容划分工序；当加工数量较大时，可按表1-5所列内容划分工序。

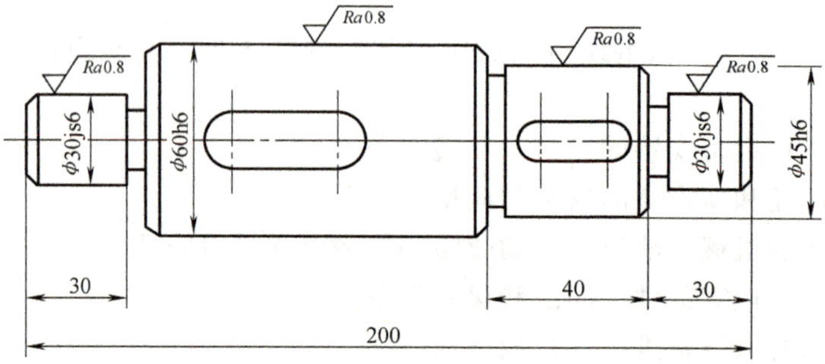

图1-20　阶梯轴

表1-4　阶梯轴工艺过程（生产批量较小时）

工序号	工序内容	设备
1	车端面，钻中心孔	车床
2	车外圆，车槽和倒角	车床
3	铣键槽，去毛刺	铣床
4	粗磨外圆	磨床

（续）

工序号	工序内容	设备
5	热处理	高频淬火机
6	精磨外圆	磨床

表 1-5　阶梯轴工艺过程（生产批量较大时）

工序号	工序内容	设备
1	两边同时铣端面,钻中心孔	铣端面、钻中心孔机床
2	车一端外圆,车槽和倒角	车床
3	车另一端外圆,车槽和倒角	车床
4	铣键槽	铣床
5	去毛刺	—
6	粗磨外圆	磨床
7	热处理	高频淬火机
8	精磨外圆	磨床

在加工工件前，先要把工件放准。确定工件在机床上或夹具中占有正确位置的过程，称为定位。工件定位后将其固定，使其在加工过程中保持定位位置不变的操作，称为夹紧。将工件在机床上或夹具中定位、夹紧的过程，称为装夹。

在同一工序中，工件的工作位置可能只装夹一次，也可能要装夹几次。在加工工件的过程中，应尽量减少装夹次数，以减少装夹误差和装夹工件所花费的时间。

为了减少工件装夹次数，常采用各种回转工作台、回转夹具或移动夹具，使工件在一次装夹中，先后处于几个不同的位置进行加工。工件相对于机床或刀具每占据一个加工位置所完成的那部分工艺过程，称为工位。例如，图 1-21 所示的工件在装夹完成后，先在工位 1 铣端面，然后移动到工位 2 钻顶尖孔。

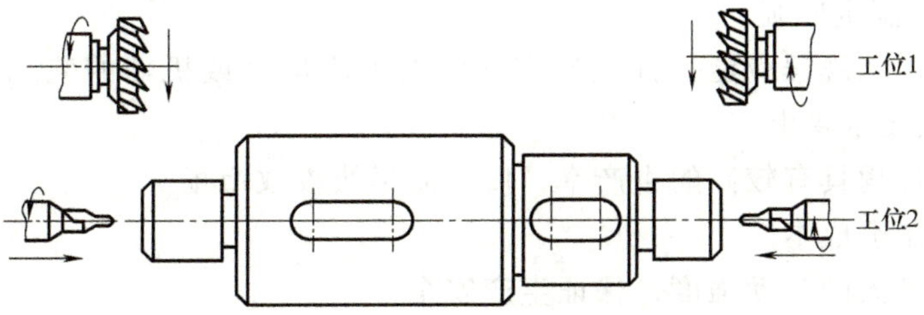

图 1-21　铣端面和钻中心孔

在一道工序中，可能要加工几个不同表面，也可能用几把不同刀具进行加工，还有可能用几种不同切削用量分几次进行加工。为了描述这个过程，工序下面又可细分工步。工步是指工序中加工表面、加工工具和切削用量（不包括背吃刀量）都不变的情况下连续完成的那一部分工序。一般情况下，上述三个要素任意改变一个，就认为是不同工步了。但下述两种情况可以作为一种例外。第一种情况，对那些连续进行的若干个相同的工步，可看作一个工步。如图 1-22 所示零件，连续钻四个 ϕ15mm 的孔，可看作一个工步钻 4×ϕ15 孔，以简化工艺文件。第二种情况，有时为了提高生产率，用几把不同刀具，同时加工几个不同表面，如图 1-23 所示，也可看作一个工步，称为复合工步。

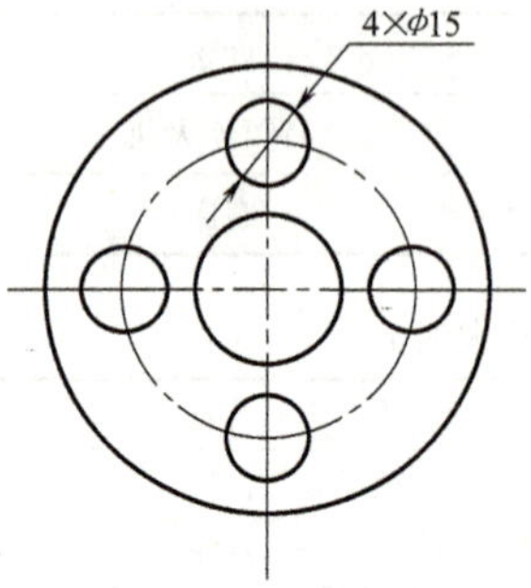

图 1-22　钻四个相同孔的工步

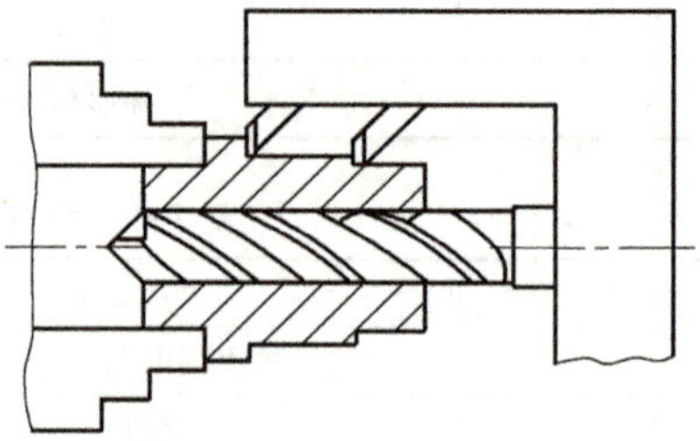

图 1-23　复合工步

2. 工艺规程的内容

零件的机械加工工艺规程包含的内容有工艺路线、各工序加工的内容与要求、所采用的机床和工艺装备、工件的检验项目及检验方法、切削用量及工时定额等。

3. 工艺规程的作用

1）它是指导生产的主要技术文件。

2）它是组织和管理生产的基本依据。

3）它是新建、扩建企业或车间的基本资料。

4. 工艺规程的格式

将工艺规程的内容填入一定格式的卡片，即成为生产准备和施工的工艺文件。工艺文件包括以下内容。

1）机械加工工艺过程卡片。

2）机械加工工艺卡片。

3）机械加工工序卡片。

5. 工艺规程的制定原则

1）所设计的工艺规程应能保证机器零件的加工质量（或机器的装配质量），达到设计图样上规定的各项技术要求。

2）应使工艺过程具有较高的生产率，使产品尽快投放市场。

3）设法降低制造成本。

4）注意减轻工人的劳动强度，保证生产安全。

6. 工艺规程制定所需原始资料

1）产品装配图、零件图。

2）产品验收质量标准。

3）产品的年生产纲领。

4）毛坯材料与毛坯生产条件。

5）制造厂的生产条件，包括机床设备和工艺装备的规格、性能和现在的技术状态，工人的技术水平，工厂自制工艺装备的能力以及工厂供电、供气的能力等有关资料。

6）工艺规程设计、工艺装备设计所用设计手册和有关标准。

7）国内外先进制造技术资料等。

7. 机械加工工艺规程的制定步骤

1）分析零件图和产品装配图。

2）对零件图和装配图进行工艺审查。

3）由今生产纲领研究零件生产类型。

4）确定毛坯。

5）拟定工艺路线。

6）确定各工序所用机床设备和工艺装备（含刀具、夹具、量具和辅具等），对需要改装或重新设计的专用工艺装备要提出设计任务书。

7）确定各工序的加工余量，计算工序尺寸及公差。

8）确定各工序的技术要求及检验方法。

9）确定各工序的切削用量和工时定额。

10）编制工艺文件。

四、机械制造工厂的安全生产与节能环保常识

机械制造工厂的安全主要是人身安全和设备安全，防止生产中发生意外安全事故，消除各类事故隐患。工厂要利用各种方法与技术，使工作者确立“安全第一”的观念，使工厂设备的防护及工作者的个人防护得以改善。劳动者必须加强法制观念，认真贯彻上级有关安全生产和劳动保护政策、法令和规定。严格遵守安全技术操作规程和各项安全生产制度。

1. 安全规章制度

在工厂中为防止事故的发生，应制定出各种安全规章制度，落实安全规章制度，强化安全防范措施。对新工人进行厂级、车间级、班组级三级安全教育。

（1）工人安全职责

1）参加安全活动、学习安全技术知识，严格遵守各项安全生产规章制度。

2）认真执行交接班制度，接班前必须认真检查本岗位的设备和安全设施是否齐全和完好。

3）精心操作，严格执行工艺规程，遵守纪律，记录清晰、真实、整洁。

4）按时巡回检查、准确分析、判断和处理生产过程中的异常情况。

5）认真维护保养设备，发现缺陷及时消除，并做好记录，保持作业场所清洁。

6）正确使用、妥善保管各种劳动防护用品、器具和防护器材、消防器材。

7）不违章作业、并劝阻或制止他人违章作业，对违章指挥有权拒绝执行的同时，及时向上级领导报告。

（2）车间管理安全规则

1）车间设备应保持整齐和清洁。

2）车间内的通道、安全门进出应保持畅通。

3）工具、材料等应分开存放，并按规定安置。

4）车间内保持通风良好、光线充足。

5）安全警示标图醒目到位，各类防护器具设放可靠，方便使用。

6）进入车间的人员应戴好安全帽，穿好工作服等防护用品。

（3）设备操作安全规则

1）严禁为了操作方便而拆下机器的安全装置。

2）使用机器前应熟读其说明书，并按操作规则正确操作机器。

3）未经许可或不太熟悉的设备，不得擅自操作使用。

4）禁止多人同时操作同一台设备，严禁用手摸机器运转着的部分。

5）定时维护、保养设备。

6）发现设备故障应作记录并请专人维修。

7）如发生事故应立即停机，切断电源，并及时报告，注意保持现场。

8）严格执行安全操作规程，严禁违规作业。

2. 节能常识

能源是为人类的生产和生活提供各种能力和动力的物质资源，是国民经济的重要物质基础。能源的开发和有效利用程度以及人均消费量是生产技术和生活水平的重要标志。

（1）能源的种类

1）一次能源和二次能源。自然界中本来就有的各种形式的能源，称为一次能源。一次能源可按其来源的不同划分为来自地球以外的、地球内部的、地球与其他天体相互作用的三类。来自地球以外的一次能源主要是太阳能。

凡由一次能源经过转化或加工制造而产生的能源，称为二次能源，例如电力、氢能、石油制品、煤制气、煤液化油、蒸汽和压缩空气等。但水力发电虽是由水的落差转换而来，一般均作为一次能源。

2）再生能源和非再生能源。人们对一次能源又进一步加以分类。凡是可以不断得到补充或能在较短周期内再产生的能源，称为再生能源；反之称为非再生能源。风能、水能、海洋能、潮汐能、太阳能和生物质能等是可再生能源；煤、石油和天然气等是非再生能源。

3）常规能源和新能源。世界大量消耗的石油、天然气、煤和核能等称为常规能源。新能源是相对于常规能源而言的，泛指太阳能、风能、地热能、海洋能、潮汐能和生物质能等。由于新能源还处于研究、发展阶段，只能因地制宜地开发和利用。但新能源大多数是再生能源，资源丰富，分布广阔，是未来的主要能源之一。

4）商品能源和非商品能源。凡进入能源市场作为商品销售的如煤、石油、天然气和电等均为商品能源。国际上的统计数字均限于商品能源。非商品能源主要指薪柴和农作物残余(秸秆等)。

（2）能源利用状况　能源利用状况是指用能单位在能源转换、输配和利用系统的设备及网络配置上的合理性与实际运行状况，工艺及设备技术性能的先进性及实际运行操作技术水平，能源购销、分配、使用管理的科学性等方面所反映的实际耗能情况及用能水平。

（3）节能　节能的中心思想是采取技术上可行、经济上合理以及环境和社会可接受的措施，来更有效地利用能源资源。为了达到这一目的，需要从能源资源的开发到终端利用，更好地进行科学管理和技术改造，以达到高的能源利用率和降低单位产品的能源消费。由于常规能源资源有限，而世界能源的总消费量则随着工农业生产的发展和人民生活水平的提高越来越大，世界各国十分重视节能技术的研究（特别是节约常规能源中的煤、石油和天然气，因为这些还是宝贵的化工原料，尤其是石油，它的世界储量相对很少），千方百计地寻求代用能源，开发利用新能源。

3. 环境保护常识

人类与环境的关系十分复杂，人类的生存和发展都依赖于对环境和资源的开发和利用，然而正是在人类开发利用环境和资源的过程中，产生了一系列的环境问题，种种环境损害行为归根结底是由于人们缺乏对环境的正确认识。

环境保护是指人类为解决现实的或潜在的环境问题，协调人类与环境的关系，保障经济社会的持续发展而采取的各种行动。其内容主要有以下几个方面。

（1）防治由生产和生活引起的环境污染　包括防治工业生产排放的“三废”（废水、废气、废渣）、粉尘、放射性物质以及产生的噪声、振动、恶臭和电磁微波辐射；交通运输活动产生的有害气体、废液、噪声，海上船舶运输排出的污染物；工农业生产和人民生活使用的有毒有害化学品，城镇生活排放的烟尘、污水和垃圾等造成的污染。

（2）防止由建设和开发活动引起的环境破坏　包括防止由大型水利工程、铁路、公路干线、大型港口码头、机场和大型工业项目等工程建设对环境造成的污染和破坏，农垦和围湖造田活动、海上油田、海岸带和沼泽地的开发、森林和矿产资源的开发对环境的破坏和影响；新工业区、新城镇的设置和建设等对环境的破坏、污染和影响。

（3）加强环境保护与教育　为保证企业的健康发展和可持续发展，文明生产与环境管理、保护的主要措施有以下几个方面。

1）严格劳动纪律和工艺纪律，遵守操作规程和安全规程。

2）做好厂区和企业生产现场的绿化、美化的净化，严格做好“三废”（废水，废气、废渣）处理工作消除污染源。

3）保持厂区和生产现场的清洁、卫生。

4）合理布置工作场地，物品摆放整齐，便于生产操作。

5）机器设备、工具、仪器、仪表等运转正常，保养良好。工位器具齐备。

6）坚持安全生产，安全设施齐备，建立健全的管理制度，消除事故隐患。

7）保持良好的生产秩序。

8）加强教育，坚持科学发展和可持续发展的生产管理观念。

习题与思考

一、填空题

1. ________________________是机器和机构的根本区别，它们的共同特征是________________________。

2. 工人生产的最小机械产品是__________。

3. 运动副是使构件__________并产生__________的动连接。

4. 常用的低副有______、______、______三种形式。

5. 制造系统覆盖产品的全部生产过程，即____、____、____、销售等的全过程。

6. 工艺设计的主要内容有________、________、________、工装设计制造。

7. 机加工中常见的冷加工工种有________、________、________、________等。

8. 热加工工艺是指________、________、________、________等。

9. 企业三级安全教育是指________、________、________。

10. 企业生产中常见的污染源有________、________、________、________等。

二、判断题

1. 因构件是最小的运动单元，故其工作中一定是运动的。（　）

2. 组成同一个构件的零件间能存在相对运动。（　）

3. 任何机器都是人类的劳动产品。（　）

4. 构成移动副的两个构件间只能做相对转动。（ ）
5. 运动副可分为面接触和线接触运动副。（ ）
6. 越是复杂的机器，从其功能上看，组成部分应越多。（ ）
7. 自由锻不但适于单件、小批生产中锻造形状简单的锻件，而且是锻造大型锻件唯一的锻造方法。（ ）
8. 焊接电弧是指电极与焊条间的气体介质强烈而持久的放电现象。（ ）

三、选择题

1. 人类为了适应生活和生产的需要，创造出各种（ ）来代替或减轻人的劳动。
A. 机构　　B. 机器　　C. 构件
2. 任何机构都有（ ）个共同的特性。
A. 一　　B. 两　　C. 三　　D. 四
3. 普通车床上的拖板与导轨间组成的运动副是（ ）。
A. 转动副　　B. 移动副　　C. 螺旋副　　D. 滚动副
4. 据零件和构件的定义可知，整体式曲轴（ ）。
A. 是零件　　B. 是构件　　C. 既是零件以又是构件
5. 同等条件下，两构件组成高副比组成低副传动时，传动效率（ ）。
A. 高　　B. 低　　C. 两种情况下相同
6. 机械效率值永远是（ ）。
A. 大于 1　　B. 小于 1　　C. 等于 1　　D. 负数
7. 下述哪一点是构件概念的正确表述？（ ）
A. 构件是零件组合而成的
B. 构件是机器的制造单元
C. 构件是机器的运动单元
D. 构件是机器的装配单元
8. 在铸造生产的各种方法中最基本的方法是（ ）。
A. 金属型铸造　　B. 熔模铸造　　C. 压力铸造　　D. 砂型铸造

四、综合题

1. 举例说明机器与机构的异同。
2. 举例说明构件与零件的异同。
3. 说明图 1-24 所示机构中各构件间组成的运动副形式。

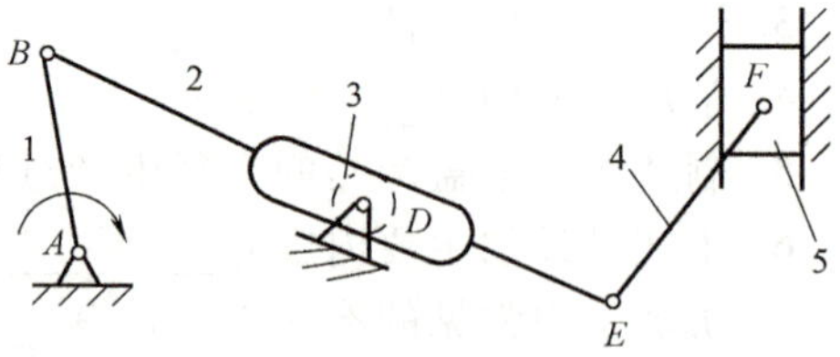

图 1-24　习题图

4. 简述生产过程的概念。
5. 产品生产过程中的物质流、信息流、资金流是何含义？
6. 机械产品的生产过程分几个阶段？它包括哪些主要组成部分？
7. 装配工作包含哪些内容？
8. 简述冷加工各工种的加工工艺范围。
9. 简述机械加工工艺规程制定步骤。
10. 文明生产与环境管理、保护的主要措施有哪些？

单元二 机械识图

学习目标

1. 了解机械制图国家标准的相关规定。
2. 了解正投影的概念，理解基本几何体的三视图，能识读简单组合体的三视图。
3. 理解并能识读基本视图、简单的剖视图和断面图。
4. 了解斜视图、局部视图和局部放大图的基本概念。
5. 了解零件图的基本内容、零件的表达形式。
6. 了解零件几何精度指标的基本概念及其符号标注。
7. 掌握识读零件图的方法和步骤，了解常用标准件的结构及规定画法，并能正确识读典型零件的零件图。
8. 掌握查阅机械制图国家标准的方法。
9. 了解配合的基本概念和种类。
10. 了解识读装配图的方法和步骤。

教学建议

1. 可采用实物、模型、挂图或多媒体等教学手段，让学生了解实物与视图的对应关系及特点，帮助学生正确理解和识读零件图及简单的装配图。

2. 教学总学时为 18 学时。

课题一　机械识图常识

一、机械制图国家标准的有关规定

机械图样是一门工程语言，是工程技术人员与技术工人对话的工具。本单元主要介绍机械制图国家标准中的图纸幅面和格式、比例、字体、图线以及尺寸注法等。

图纸的幅面和格式

1. 图纸幅面和格式（GB/T 14689—2008）

（1）基本幅面　为便于图样绘制、使用和管理，用于绘制图样的图纸，其幅面的大小和格式必须遵循 GB/T 14689—2008 中的规定。

绘制技术图样时，应优先采用表 2-1 中所规定的基本幅面及尺寸。

表 2-1　基本幅面及尺寸

幅面代号	A0	A1	A2	A3	A4
$B \times L$	841×1189	594×841	420×594	297×420	210×297
e	20		10		
c	10			5	
a	25				

（2）加长幅面　当基本幅面不能满足需要时，也允许采用加长幅面。加长幅面的尺寸是以某一基本幅面为基础的，即以基本幅面的长边尺寸成为其短边尺寸，短边尺寸成整数倍增加后成为其长边尺寸。例如，代号为 A3×3 的加长幅面，其短边尺寸为 420mm，是原 A3 幅面的长边尺寸；而其长边尺寸为 891mm，是由 A3 幅面的短边尺寸 294 乘以 3 后得到的。

（3）图框格式　绘制机械图样时，应绘制图框，图框线必须用粗实线绘制。图框格式分留装订边和不留装订边两种，但同一产品的图样只能采用一种格式。

留装订边的图纸，其图框格式如图 2-1a、b 所示。不留装订边的图纸，其图框格式如图 2-1c、d 所示。这两种格式的周边尺寸见表 2-1。加长幅面的周边尺寸按所选用的基本幅面大一号的周边尺寸确定。

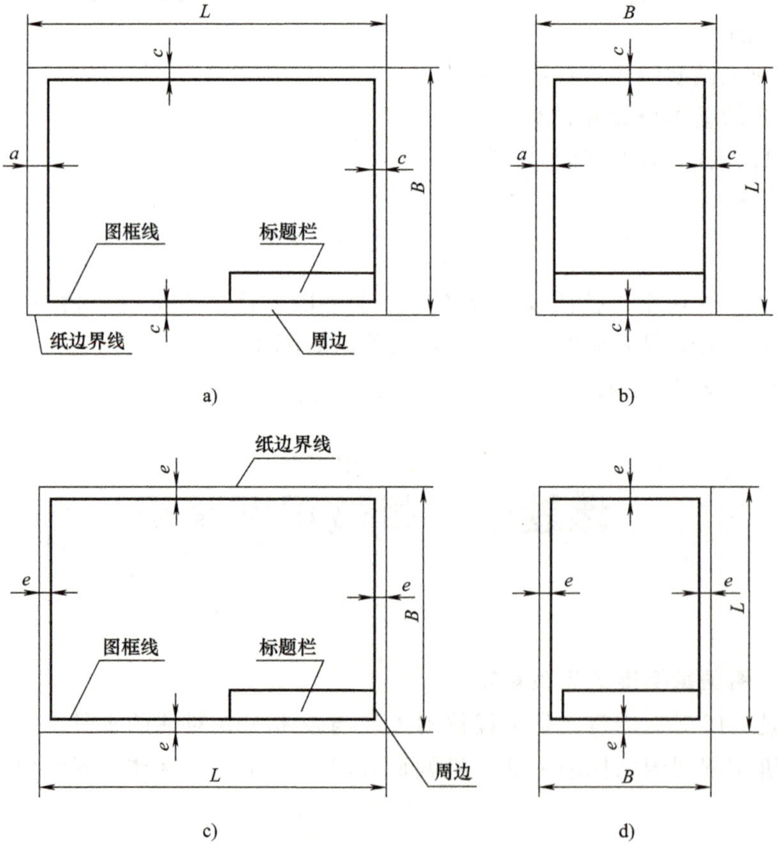

图 2-1　图框格式

图框格式和标题栏

（4）标题栏 每张图样图框的右下角必须画出标题栏，标题栏中文字的方向为读图方向。标题栏格式如图 2-2 所示。

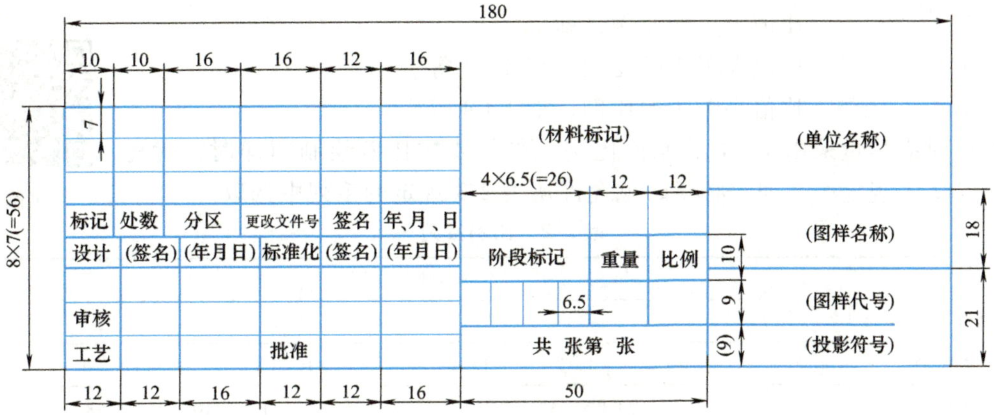

a) 标题栏格式举例

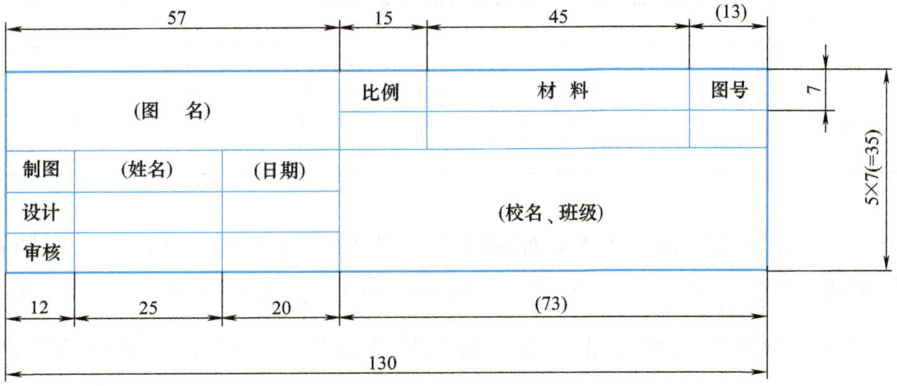

b) 学生制图用标题栏格式

图 2-2 标题栏格式

当使用预先印制好的图框及标题栏格式的图纸绘图时，为了满足合理安排图形的需要，允许看图方向与看标题栏的方向不同，但必须在图纸的下边对中符号处画一个方向符号，如图 2-3 所示，以明确表示看图方向。方向符号是一个用细实线绘制的，高度为 6mm 的等边三角形。其画法如图 2-4 所示。

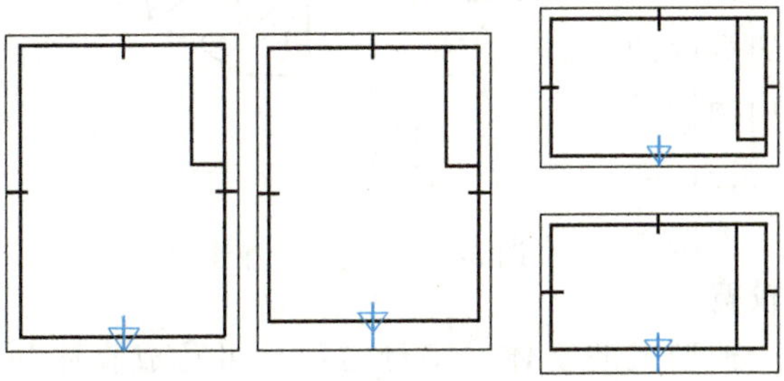

a) b)

图 2-3 对中符号和方向符号

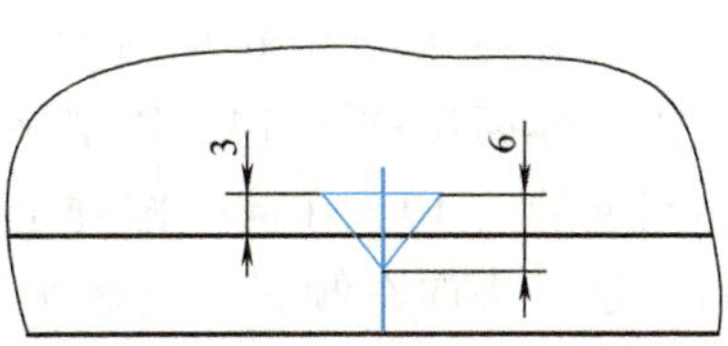

图 2-4 方向符号的大小和位置

2. 比例（GB/T 14690—1993）

比例是指图样中图形与其实物相应要素的线性尺寸之比。比例分为三种。

（1）原值比例　比值为 1 的比例，即 1∶1。

（2）放大比例　比值大于 1 的比例，如 4∶1 等。

（3）缩小比例　比值小于 1 的比例，如 1∶4 等。

比例

绘图时应尽量采用 1∶1 的原值比例，当需要按比例绘制图样时，优先选择表 2-2 中规定的系列，必要时也允许从表 2-3 规定的系列中选取。

表 2-2　比例系列一

种类	比　例					
原值比例	1∶1					
放大比例	2∶1	5∶1	1×10^n∶1	2×10^n∶1	5×10^n∶1	
缩小比例	1∶2	1∶5	1∶10	1∶1×10^n	1∶2×10^n	1∶5×10^n

注：n 为正整数。

表 2-3　比例系列二

种类	比　例				
放大比例	4∶1	2.5∶1	2.5×10^n∶1	4×10^n∶1	
缩小比例	1∶1.5 1∶1.5×10^n	1∶2.5 1∶2.5×10^n	1∶3 1∶3×10^n	1∶4 1∶4×10^n	1∶6 1∶6×10^n

注：n 为正整数。

对于同一张图样上的各个图形，原则上应采用相同的比例绘制，并在标题栏内的“比例”一栏中进行填写。比例符号以“∶”表示，如 1∶1 或 1∶2 等。当某个图形需采用不同比例绘制时，可在视图名称的下方以分数形式标注出该图形所采用的比例，如$\dfrac{\text{I}}{2:1}$、$\dfrac{A}{2:1}$、$\dfrac{B—B}{2.5:1}$等，标注示例如图 2-5 所示。

3. 字体（GB/T 14691—1993）

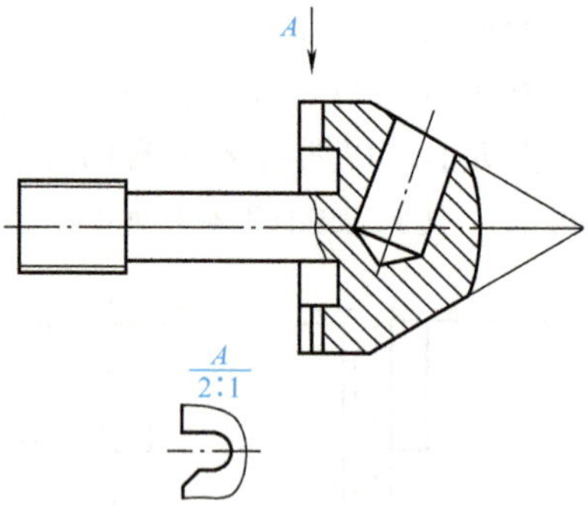

图 2-5　比例另行标注的形式

图样中的文字书写要做到字体工整、笔画清楚、间隔均匀、排列整齐。

字体的高度（用 h 表示）代表字体的号数，国家标准规定字体的高度系列为 1.8mm、2.5mm、3.5mm、5mm、7mm、10mm、14mm、20mm 八种。字体的宽度约为字高的 $h/\sqrt{2}$。汉字应写成长仿宋体，并应采用国家正式公布推行的简化字。汉字的高度 h 应不小于 3.5mm。字母与数字可分为 A 型和 B 型两种型式。A 型字体的笔画较窄，为字体高度的 1/14；B 型字体的笔画较宽，字宽为字体高度的 1/10。在同一图样上只能出现一种型式的字体。字母与数字可写成直体和斜体。斜体字字头向右倾斜，与水平基准线呈 75°。

字体示例如图 2-6 所示。

10号

字体端正　笔划清楚　排列整齐　间隔均匀

7号

装配时作斜度深沉最大小球厚直网纹均布锪平镀抛光
研视图向旋转前后表面展开图两端中心孔锥销

5号

技术要求对称不同轴垂线相交行径跳动弯曲形位移允许偏差
内外左右检验数值范围应符合于等级精热处理淬退回火渗碳
硬有效总圈并紧其余注明按全部倒角

0123456789

0123456789

ABCDEFGHIJKLMN

OPQRSTUVWXYZ

abcdefghijklmn

opqrstuvwxyz

字体

图 2-6　字体示例

4. 图线（GB/T 17450—1998、GB/T 4457.4—2002）

（1）图线的种类　图样中的图形是用各种不同粗细和形式的图线画成的，如图 2-7 所示。绘制图样时，应采用表 2-4 中规定的图线。

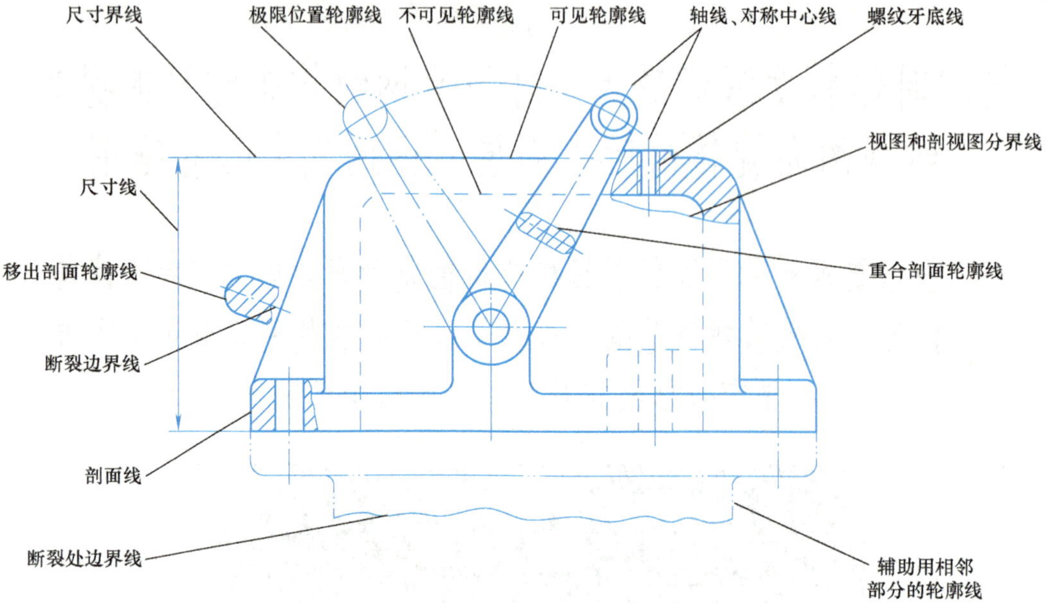

图 2-7　图线的应用示例

（2）图线画法　图线的宽度分粗、细两种，粗线的宽度为 d，图线的宽度（d）应按照图样的类型与尺寸的大小，在下列系数中选取：0.13mm、0.18mm、0.25mm、0.35mm、0.5mm、0.7mm、1mm、1.4mm、2mm。为了保证图样清晰、便于复制，图样上应尽量避免出现线宽小于 0.18mm 的图线。

图线

表 2-4　图线的形式及应用

图线名称	图线形式	图线宽度	主要用途
粗实线		粗线（d）	可见轮廓线、可见过渡线
细实线		细线（$d/2$）	尺寸线、尺寸界线、剖面线、引出线、辅助线
波浪线		细线（$d/2$）	断裂处的边界线、视图与剖视图的分界线
双折线		细线（$d/2$）	断裂处的边界线
虚线	2～6　≈1	细线（$d/2$）	不可见轮廓线、不可见过渡线
细点画线	≈20　≈3	细线（$d/2$）	轴线、对称中心线、节圆及节线
粗点画线	≈15　≈3	粗线（d）	有特殊要求的线或表面的表示线
双点画线	≈20　≈5	细线（$d/2$）	假想轮廓线、相邻辅助零件的轮廓线、中断线、轨迹线

(3) 绘制图样应遵守的规定和要求

1) 同一张图样中，同类图线的宽度基本一致。虚线、点画线和双点画线的线段长度和间隔，应各自大致相等。

2) 两条平行线（包括剖面线）之间的距离，应不小于粗实线的两倍宽度，其最小距离不得小于 0.7mm。

3) 轴线、对称中心线、双点画线应超出轮廓线 2~3mm。点画线和双点画线的末端应是线段，而不是短画。若圆的直径较小，两条点画线可用细实线代替。

4) 虚线、点画线与其他图线相交处，应是线段，不应在空隙或短画处相交。当虚线圆弧与虚线直线相切时，应相切于线，而不是间隙。

5. 尺寸注法（GB/T 4458.4—2003、GB/T 16675.2—2012）

(1) 基本规则

1) 机件的真实大小以图样上所注的尺寸数值为依据，与图形的大小和准确度无关。

2) 图样中的尺寸，如以 mm 为单位，则无须标注计量单位的符号（或名称），否则，必须予以说明。

尺寸注法

3) 图样中所注的尺寸为机件的最后完工尺寸，否则，应另加说明。

4) 一般情况下，机件的每一尺寸只标注一次，并标注在表达该结构最清晰的图形上。

5) 尺寸数字中间不允许有任何图线穿过。

(2) 尺寸组成　一个完整的尺寸应包括尺寸界线、尺寸线和尺寸数字。

1) 尺寸界线。尺寸界线表示尺寸的范围，如图 2-8 所示。尺寸界线用细实线绘制，由图形的轮廓线、轴线或对称中心线处引出，有时根据需要也可直接利用轮廓线、轴线或对称中心线作为尺寸界线。尺寸界线一般应与尺寸线垂直，并超出尺寸线的终端 2~3mm。

基本体的尺寸标注

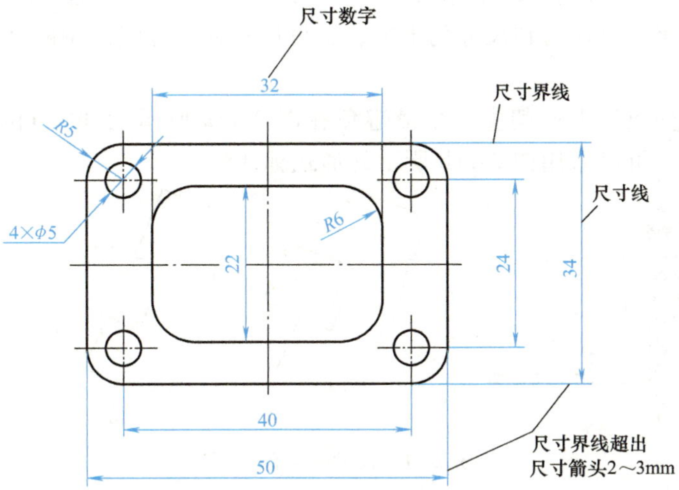

图 2-8　尺寸的组成

在光滑过渡处标注尺寸时，必须用细实线将轮廓线延长，从它们的交点处引出尺寸界线，如图2-9所示。

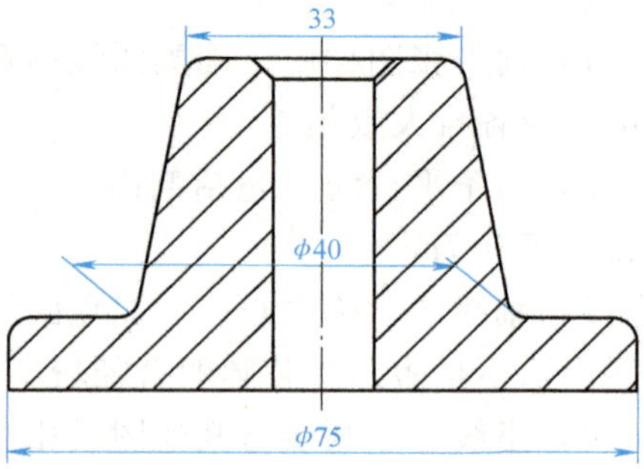

图2-9 光滑过渡处尺寸界线画法

2）尺寸线。尺寸线表示尺寸的方向。如图2-8所示，尺寸线用细实线绘制，必须单独绘制，不能用图样上任何其他图线代替，也不能与其他任何图线重合或在其延长线上。线性尺寸的尺寸线必须与所标注的线段平行。相同方向的各尺寸线之间应间隔均匀，一般间隔5~7mm。角度和弧长的尺寸线是以所标注对象的顶点为圆心所画的圆弧。尺寸线的终端有以下两种形式。

① 箭头。箭头的形式如图2-10a所示，适用于各种类型图样中尺寸的标注。

② 斜线。斜线用细实线绘制，画法如图2-10b所示。这种形式在机械图样中一般不用，常用于建筑图样。

同一图样中，箭头或斜线应大小一致。

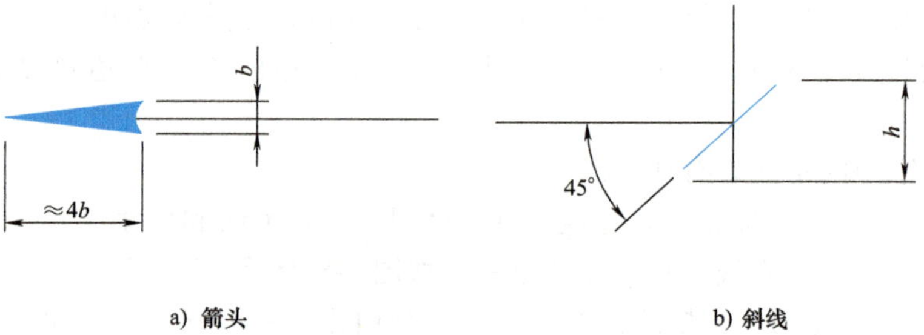

图2-10 尺寸线的终端形式

3）尺寸数字。尺寸数字表示机件尺寸的大小。

如图2-8所示，尺寸数字采用阿拉伯数字。同一图样中，尺寸数字的大小应一致。

线性尺寸的数字一般注写在尺寸的上方，也可以写在尺寸线的中断处，同一图样中最好保持一致。

尺寸数字的方向应朝上或朝左，尽量避免在图2-11a所示的30°范围内标注尺寸数字。如果实在无法避免，可以采用图2-11b所示的形式标注。

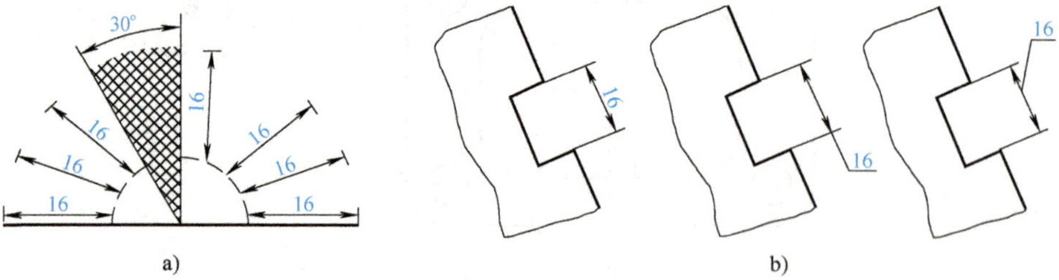

图2-11 尺寸数字的注写

尺寸数字与不同的符号组合，表示不同类型结构的尺寸大小。常见的尺寸符号及其意义见表2-5。

（3）尺寸标注示例　表2-5给出了国家标准所规定的常见尺寸注法。

表2-5　尺寸标注示例

标注内容	示例	说明
线性尺寸	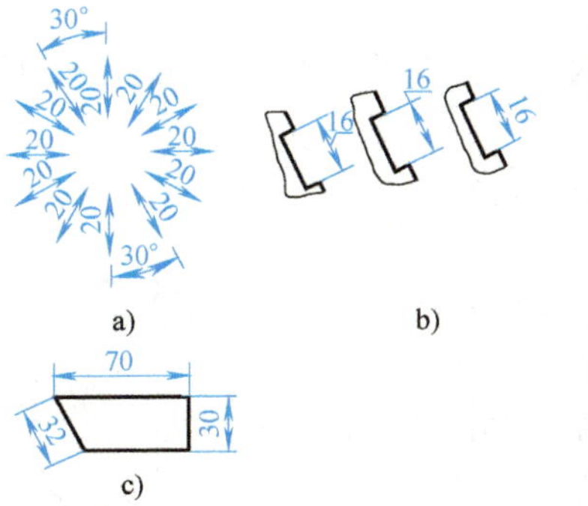	线性尺寸的数字应按图a中的方向书写，并尽量避免在图示30°范围内标注尺寸。当无法避免时，可按图b标注。在不致引起误解时，非水平方向的尺寸数字也允许水平地注写在尺寸线的中断处（图c），但在同一图样中注法应一致
角度尺寸	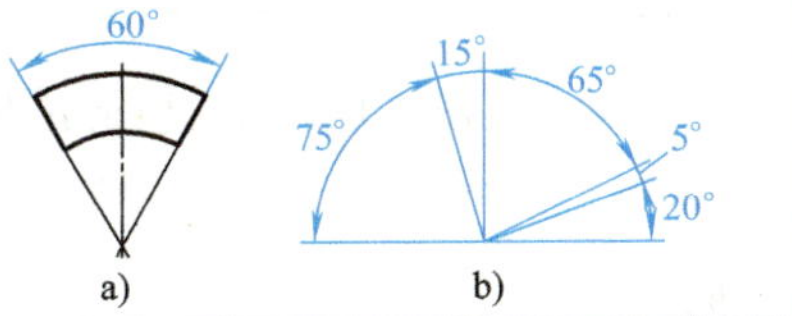	尺寸界线应沿径向引出，尺寸线画成圆弧，圆心是角的顶点。尺寸数字一律水平书写，一般注在尺寸线的中断处，必要时也可按图b的形式标注
圆、圆弧、大圆弧	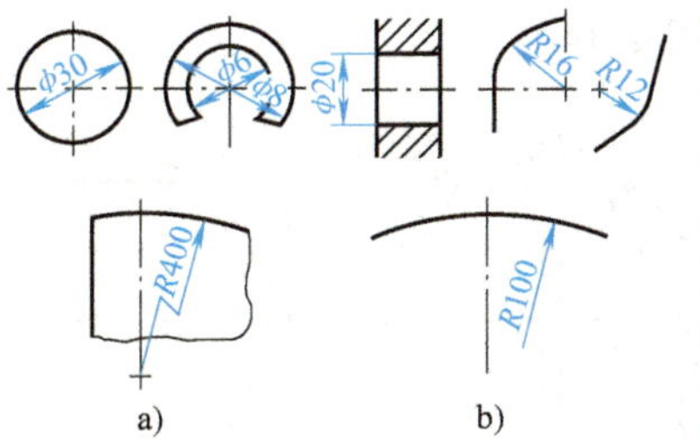	标注直径时，应在尺寸数字前加注符号“ϕ”；标注半径时，应在尺寸数字前加注符号“R”当圆弧的半径过大或在图纸范围内无法注出其圆心位置时，可按图a的形式标注；若不需要标出其圆心位置时，可按图b的形式标注，但尺寸线应指向圆心
小尺寸	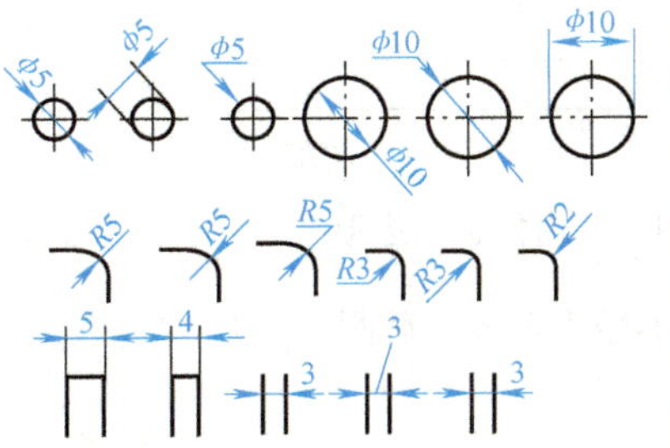	在没有足够的位置画箭头或标注数字时，可将箭头或数字布置在外面，也可将箭头和数字都布置在外面

二、平面图形的画法

机件的轮廓形状都是由一些直线、圆、圆弧或其他曲线组成的几何图形。熟练地掌握它们的基本作图方法，是绘制机械图样的基础。下面介绍几种常见几何图形的作图方法。

1. 等分线段

将线段AB六等分，如图2-12所示。画图步骤如下：

1）过端点A作一直线AC，用

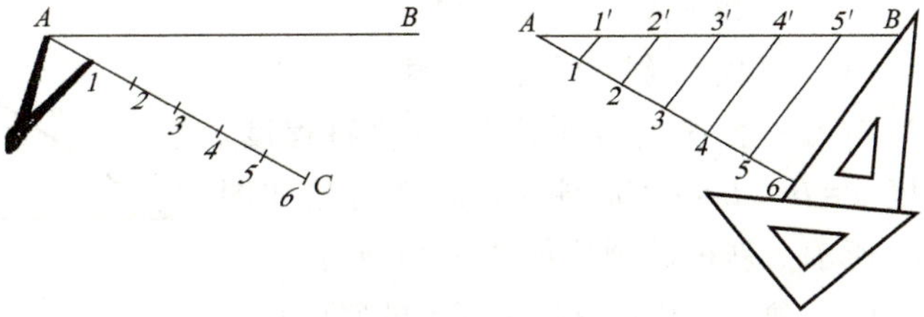

图2-12　线段六等分

分规以等距离在直线 AC 上量取点 1、2、3、4、5、6。

2）连接点 $6B$，过点 1、2、3、4、5 作线段 $6B$ 的平行线与线段 AB 相交，得等分点 $1'$、$2'$、$3'$、$4'$、$5'$ 即为所求。

2. 等分圆周和作正多边形

用绘图工具可作出正三、四、五、六……多边形。以圆内接正五边形、正六边形为例介绍正多边形的画法。

（1）圆周五等分和正五边形作法（图 2-13）

画图步骤如下：

1）以点 A 为圆心，OA 为半径，画弧交圆于点 B、C，连接 BC 得 OA 中点 M。

2）以点 M 为圆心，MI 为半径画弧，得交点 K，IK 线段长即为所求五边形的边长。

3）用 IK 长自点 I 起截圆周得点 Ⅱ、Ⅲ、Ⅳ、Ⅴ，依次连接，即得五边形。

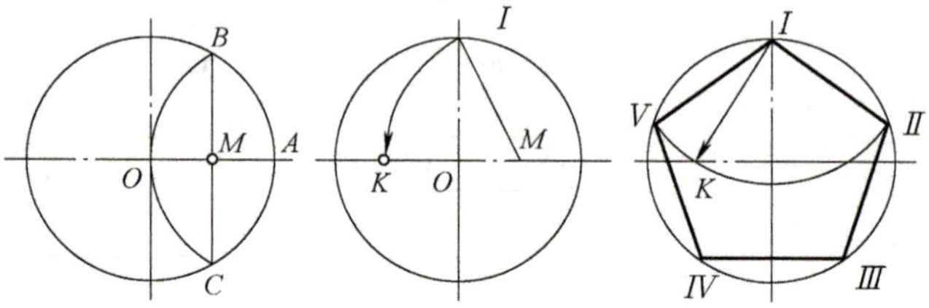

图 2-13　圆内接正五边形

（2）圆周六等分和正六边形作法（图 2-14）

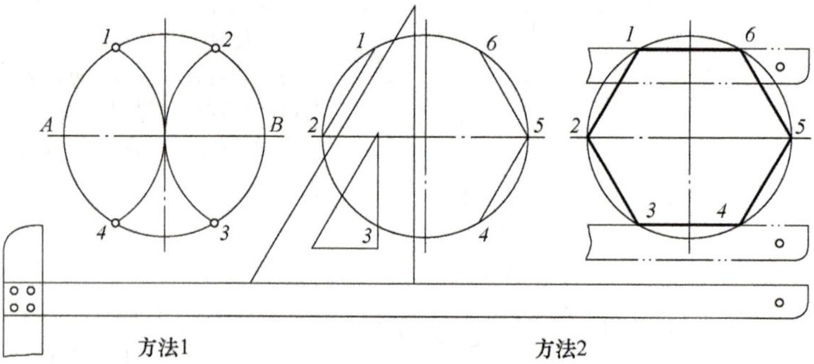

图 2-14　圆内接正六边形

方法 1：以点 A（或 B）为圆心，原圆半径为半径，截圆于点 1、2、3、4，即得圆周六等分。

方法 2：

1）用 60°三角板自点 2 作弦 21；水平向右移动三角板，自点 5 作弦 45；旋转三角板作 23、65 两弦。

2）以丁字尺连接 16、34，即得正六边形。

3. 斜度和锥度

（1）斜度　斜度是指一直线（或平面）对另一直线（或平面）的倾斜程度。斜度 $\alpha = H : L = 1 : n$ 斜度和斜度符号如图 2-15 所示。斜度的画法如图 2-16 所示。

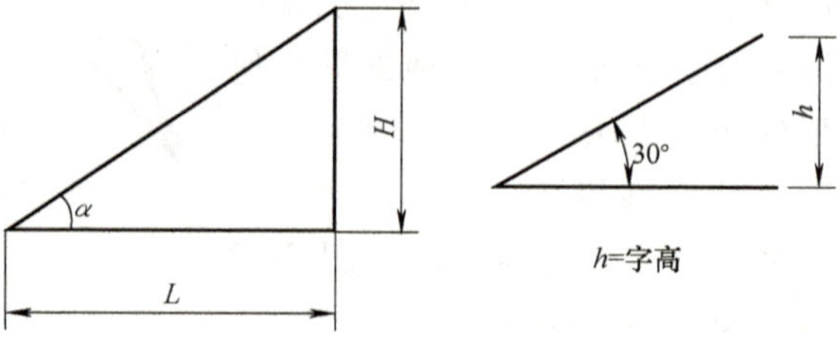

图 2-15　斜度和斜度符号

（2）锥度　锥度是指正圆锥的底面直径与锥体高度之比，如果是圆台，则为上、下

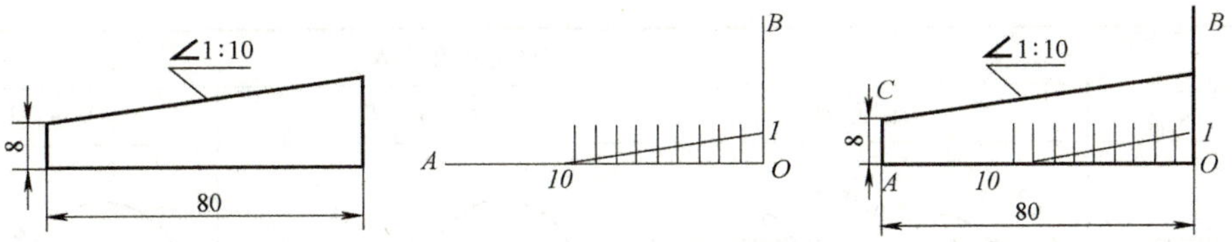

a) 求作如图所示斜楔　b) 作OB⊥OA,在OA上任意取10单位长度，在OB上取1单位长度，连接点10和点1，即为1:10的斜度　c) 按尺寸定出点C，过点C作线10—1的平行线，即完成作图

图 2-16　斜度的画法

两底圆的直径差与锥台高度之比值。锥度和锥度符号如图 2-17 所示。锥度的画法如图 2-18 所示。

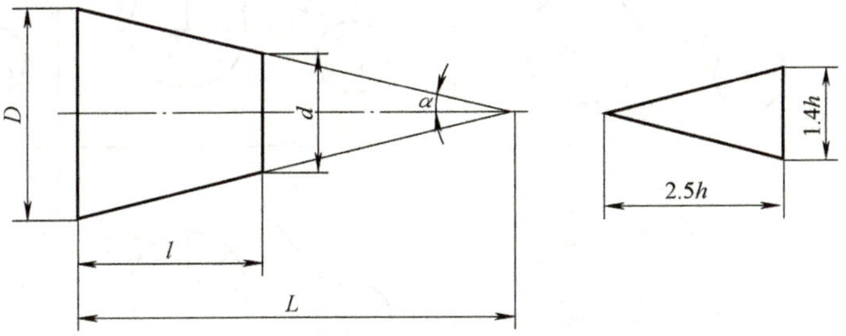

图 2-17　锥度和锥度符号

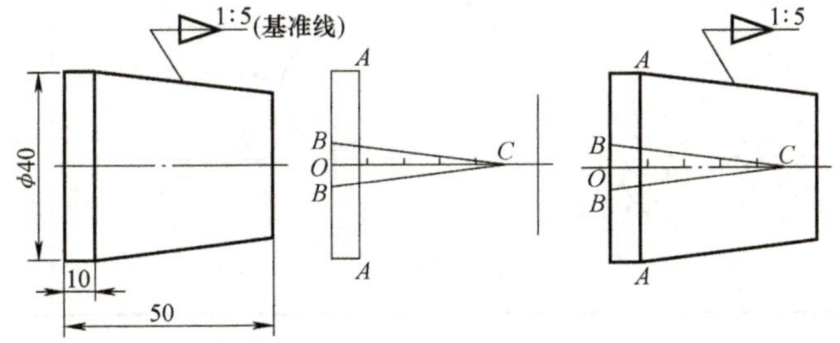

a) 求作如图所示图形　b) 从点O开始任意取5单位长度，得点C,在左端面上取直径为1单位长度，得点B，连接BC,即得锥度为1:5的圆锥　c) 过点A作线段BC的平行线,即完成作图

图 2-18　锥度的画法

4. 圆弧连接

由于圆弧连接的实质是相切，一般已知连接圆弧的半径长度，所以圆弧连接作图的关键就是寻找圆心与切点。具体作图方法与步骤见表 2-6。

表 2-6　圆弧连接作图示例

连接要求	作图方法和步骤		
	求圆心 O	求切点 K_1、K_2	画连接圆弧
直线间的圆弧连接	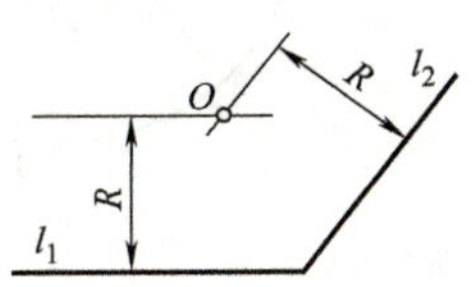	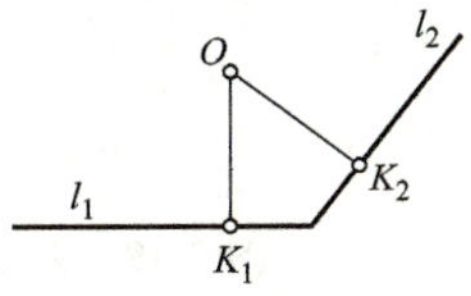	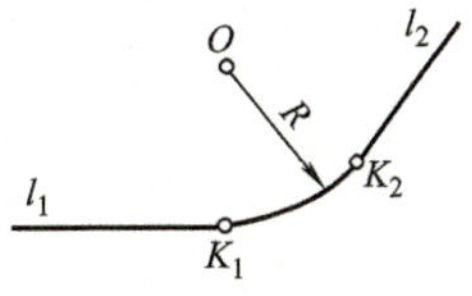

（续）

连接要求	作图方法和步骤		
	求圆心 O	求切点 K_1、K_2	画连接圆弧
直线与圆弧间的圆弧连接	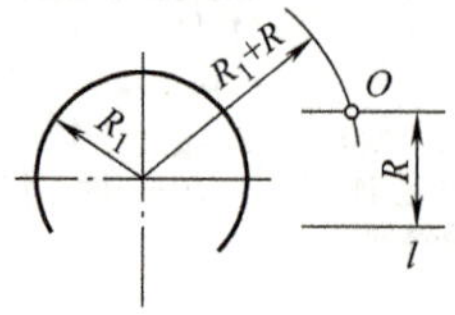	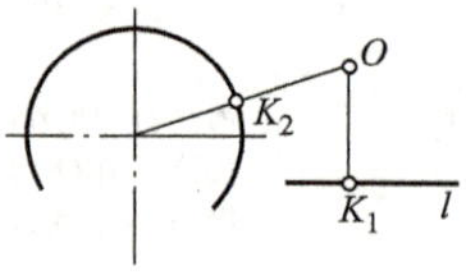	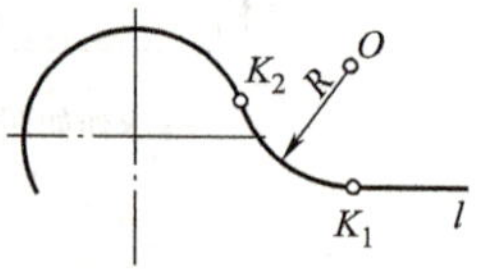
圆弧间的外连接	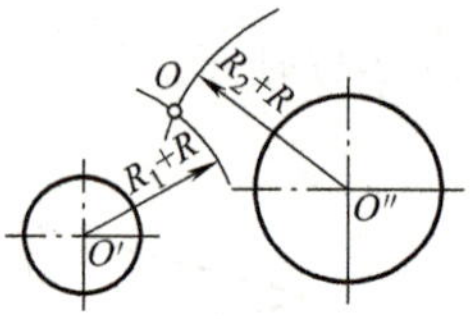	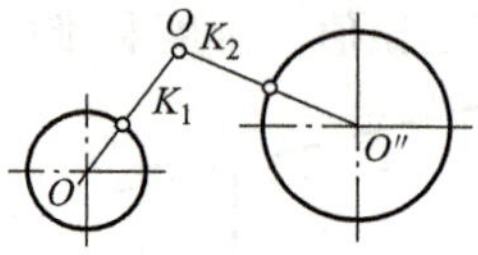	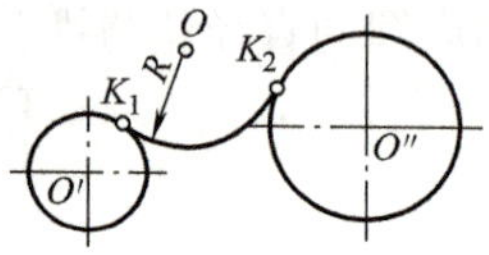
圆弧间的内连接	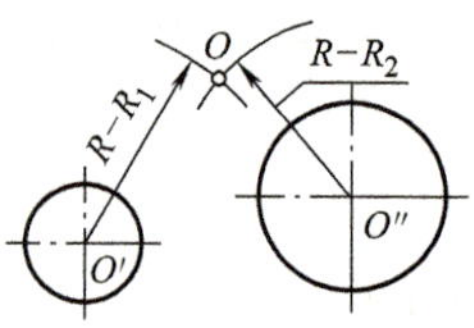	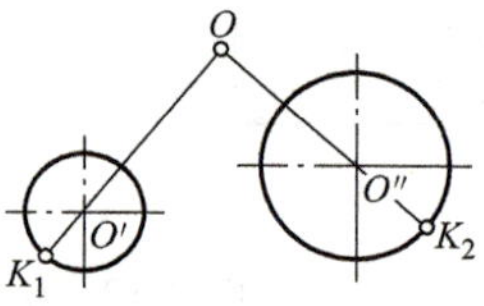	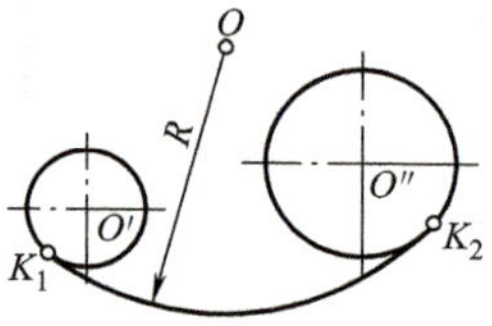
圆弧间的混合连接	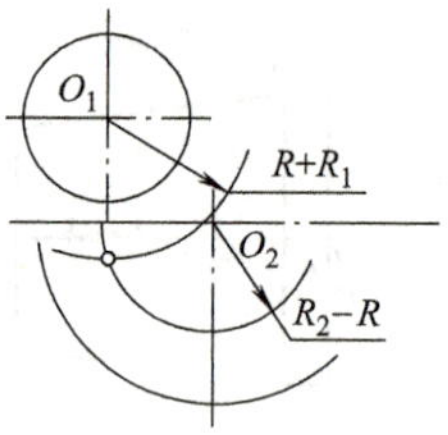	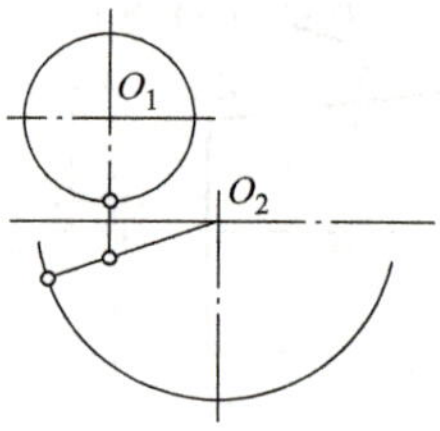	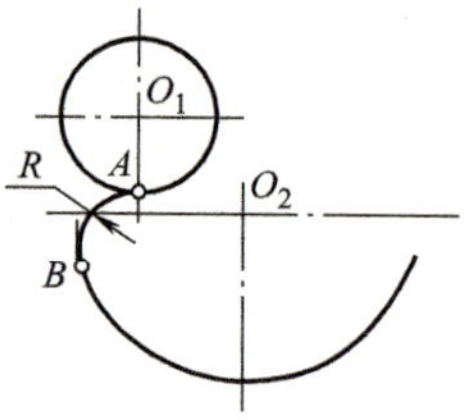

5. 椭圆

椭圆的画法常用四心圆弧法画，其画图步骤如下：

1）画出长、短轴 AB、CD，连接 AC、以点 C 为圆心，长半轴与短半轴之差为半径画圆弧交 AC 于点 E。

2）作 AE 的中垂线与长、短轴分别交于点 1、2，并作出其对称点 3、4。

3）分别以点 2、4 为圆心，$2C$ 为半径画大弧，以点 1、3 为圆心，$1A$ 为半径画小弧，即得椭圆，如图 2-19 所示。

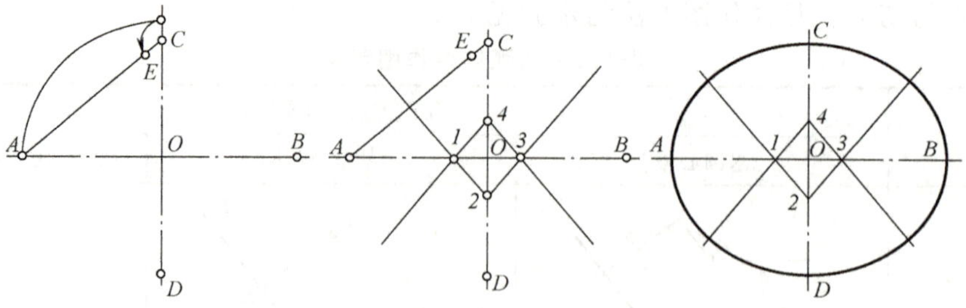

图 2-19　四心圆弧法画椭圆

三、三视图的形成与投影规律

1. 投影法的基本知识

根据投射线、投影物体和投影面之间关系的不同，投影法可分为两大类：中心投影法和平行投影法。

（1）中心投影法　如图 2-20 所示，投射线都是从投影中心 S（光源点）发出的，所得的投影大小总是随物体的位置不同而改变的。这种投射线互不平行且汇交于一点的投影法，称为中心投影法。

（2）正投影法　如图 2-20 所示，如果将投影中心 S 移到无穷远处，则投影面上的投影 ▱$abcd$ 就会与空间▱$ABCD$ 的轮廓大小相等，这时投射线互相平行，所得到的投影可以反映物体的实际形状，如图 2-21 所示。这种投射线相互平行的投影法，称为平行投影法。

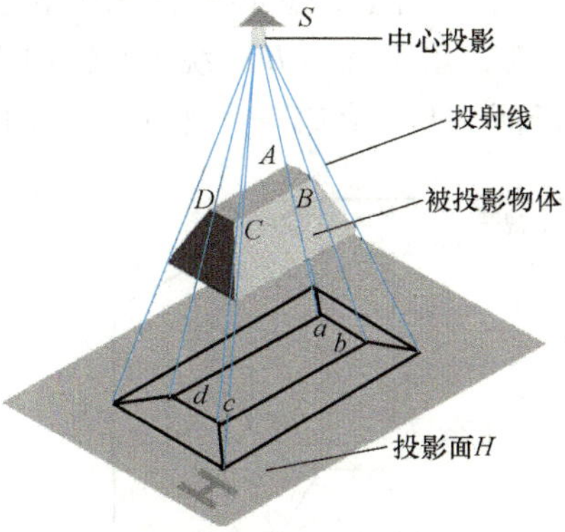

图 2-20　中心投影法

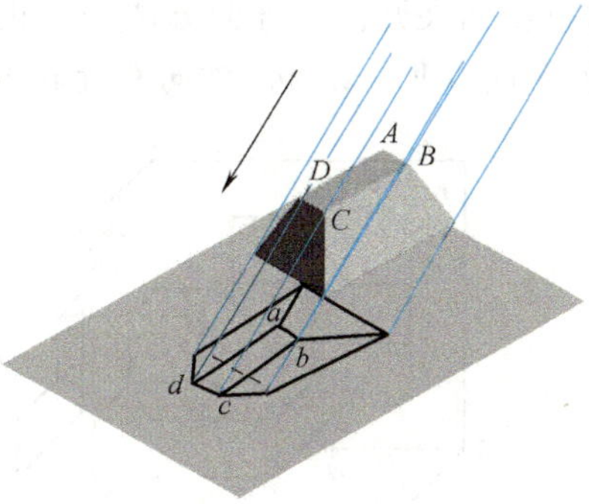

图 2-21　平行投影法

根据投射线与投影面所成的角度不同，平行投影法又可分为斜投影法和正投影法两种。

用正投影法得到的投影图能够表达物体的真实形状和大小，度量性好，绘制方法也较为简单，工程图样除有特别说明外一般都选择正投影法作图。

（3）正投影法的投影特性

1）从属性。若点在直线上，则点的投影仍然在该直线的投影上。

2）定比性。直线上的点分割该线段的长度之比等于它们的投影长度之比。

3）平行性。两平行直线的投影仍平行。

4）积聚性。当线段和平面图形垂直于投影面时，它们的投影积聚成一点和一条直线。

2. 三视图的形成

（1）投影面的设置和名称　为了准确地表达物体的形状和大小，常选取互相垂直的三个投影面，构成三面投影体系，如图 2-22 所示。

三个投影面的名称和代号如下。

正对观察者的投影面称为正立投影面，简称正面，代号用字母 V 表示。

水平位置的投影面称为水平投影面，简称水平面，代号用字母 H 表示。

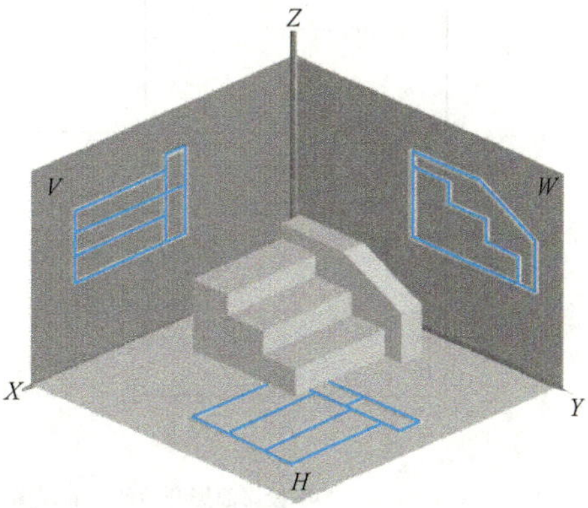

图 2-22　三投影面体系

右边侧立的投影面称为侧立投影面，简称侧面，代号用字母 W 表示。

三个投影面交线 OX、OY、OZ 称为投影轴，简称 X 轴、Y 轴、Z 轴。三条投影轴互相垂直相交于一点 O，称为原点。

（2）视图的形成和名称　正投影图与三投影面体系的建立为准确、完整地表达物体的形状和大小提供了方便。如图 2-23a 所示，假设把物体放在观察者与三投影面体系之间，将组成该物体的各几何要素分别向三个投影面投影，就可在三个投影面上画出三个图形，称为视图。

由物体的前方向后方投射所得到的视图（正面投影）称为主视图。

由物体的上方向下方投射所得到的视图（水平投影）称为俯视图。

由物体的左方向右方投射所得到的视图（侧面投影）称为左视图。

（3）投影面的展开　为了把空间的三个视图画在一个平面上，就必须把三个相互垂直相交的投影面展开。展开的方法是：正面（V）保持不动，水平面（H）绕 OX 轴向下旋转 90°，侧平面（W）绕 OZ 轴向右旋转 90°，使它们和正面（V）形成一个平面，如图 2-23b

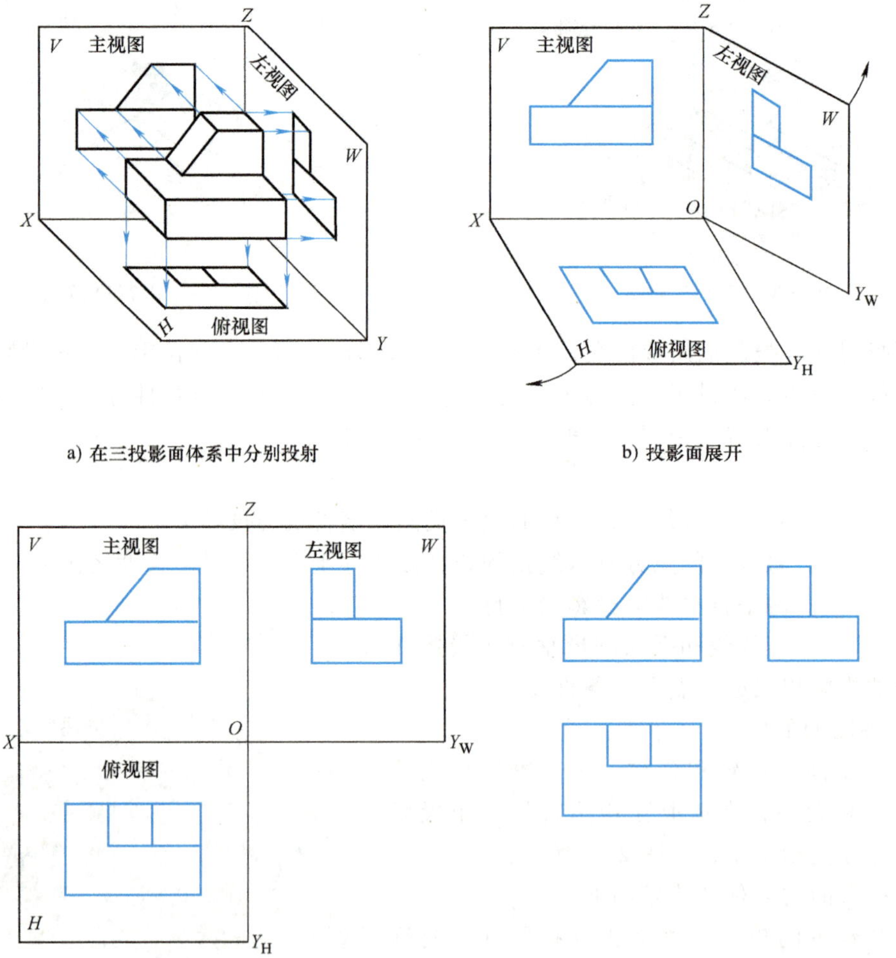

a) 在三投影面体系中分别投射　b) 投影面展开

c) 投影面展开后的三面视图　d) 三视图

图 2-23　三视图的形成

所示。这样展开在一个平面上的三个视图，称为物体的三面视图，简称三视图。由于投影面的边框是设想的，所以不必画出，各个投影面和视图名称也不需要标注，可由其位置来识别，去掉投影面边框后的物体的三视图，如图 2-23c、d 所示。

（4）三视图的关系及投影规律

1）位置关系。由图 2-23c、d 可知，物体的三个视图按规定展开在同一平面上以后，具有明确的位置关系，即主视图在上方，俯视图在主视图的正下方，左视在主视图的正右方。画三视图时必须以主视图为主按上述关系排列三个视图的位置，这个位置关系是不能变动的，并且视图之间要相互对齐、对正，不能错开。

2）投影关系。任何一个物体都有长、宽、高三个方向的尺寸。如图 2-24 所示，由物体的三视图可以看出：

主视图——反映物体的长度和高度。

俯视图——反映物体的长度和宽度。

左视图——反映物体的高度和宽度。

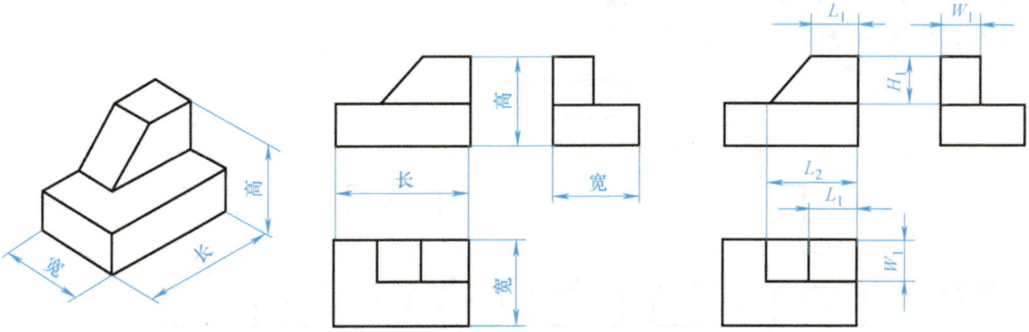

图 2-24　三视图的“三等”对应关系

由于三个视图反映的是同一物体，其长、宽、高是一致的，所以每两个视图之间必有一个相同的度量，即

主、俯视图反映了物体的同样长度（等长）。

主、左视图反映了物体的同样高度（等高）。

俯、左视图反映了物体的同样宽度（等宽）。

因此，三视图之间的投影对应关系可以归纳为

主、俯视图长对正（等长）。

主、左视图高平齐（等高）。

俯、左视图宽相等（等宽）。

上面所归纳的“三等”关系，简单地说就是“长对正，高平齐，宽相等”。对于任何一个物体，不论是整体，还是局部，这个投影对应关系都保持不变。“三等”关系反映了三个视图之间的投影规律，是工程识图、绘图和检查图样的基础和依据。

3）方位关系。三面视图中不仅反映了物体的长、宽、高，同时也反映了物体的上、下、左、右、前、后六个方位的位置关系，如图 2-25 所示。

主视图反映了物体的上、下、左、右方位。

俯视图反映了物体的前、后、左、右方位。

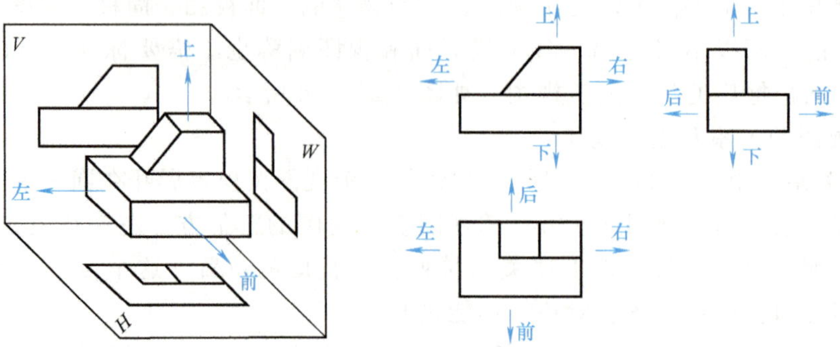

图 2-25　三视图的方位关系

左视图反映了物体的上、下、前、后方位。

在三视图的方位关系中，以主视图为主，对于俯视图和左视图来说，凡靠近主视图的一边（里面）是表示物体的后面；凡是远离主视图的一边（外面），是物体的前面。

四、基本几何体的投影及尺寸标注

基本几何体的分类如图 2-26 所示。

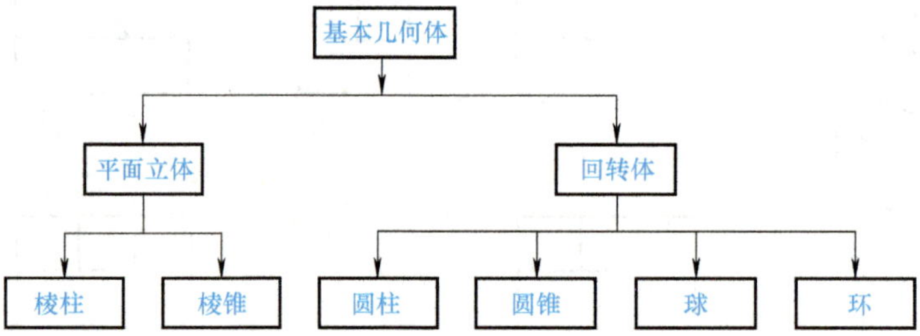

a) 基本几何体分类结构图

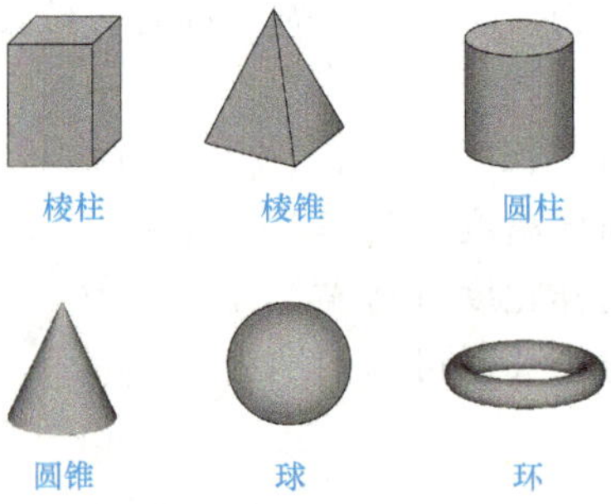

b) 基本几何体实物举例

图 2-26　基本几何体

熟练地掌握基本几何体视图的绘制和阅读，能为今后用视图表达较复杂几何体的形状，以及识读机械零件图打下坚实的理论基础。

1. 棱柱

常见棱柱为直棱柱，它的顶面和底面是两个全等且相互平行的多边形，称为特征面，各侧面为矩形，侧棱垂直于底面。顶面和底面为正多边形的直棱柱，称为正棱柱。

（1）正六棱柱的三视图　图 2-27a 所示为一正六棱柱，顶面和底面是正六边形的水平面，前后两个矩形侧面为正平面，其他侧面为矩形的铅垂面。

图 2-27b 所示为正六棱柱的三视图。

俯视图为一正六边形，是顶面和底面的重合投影，反映顶、底面的实形，为特征视图。六边形的边和顶点是六个侧面的投影和六条侧棱的积聚投影。

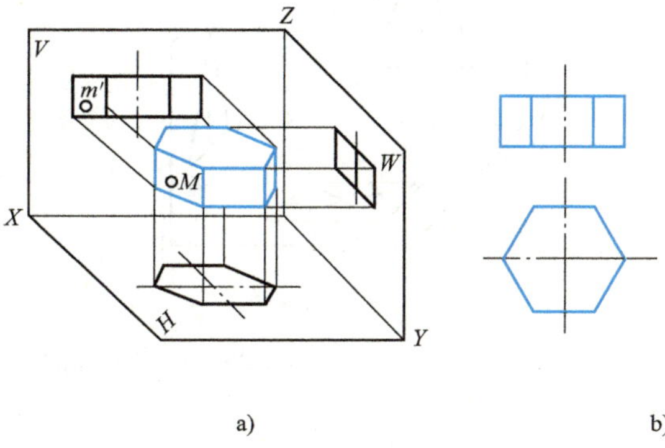

图 2-27　正六棱柱的三视图

主视图的三个矩形线框是六个侧面的投影，中间的矩形线框是前、后侧面的重合投影，反应实形；左、右两个矩形线框分别为六棱柱其余四个侧棱面的重合投影，是类似形；上、下两条图线是顶面和底面的积聚投影，另外四条图线是六条侧棱的投影。

左视图的两个矩形线框是六棱柱左边两个侧面的投影，且遮住了右边两个侧面，投影不反映实形，是类似形。

（2）棱柱三视图的画图步骤　正六棱柱三视图的画图方法如图 2-28 所示，一般先从反映形状特征的视图画起，然后按视图间投影关系完成其他两面视图。画图步骤如下：

1）先画出三个视图的中心线作为基准线，然后画出六棱柱的俯视图，如图 2-28a 所示。

2）根据“长对正”和高度画主视图，并按“高平齐”画左视图的高度线，如图 2-28b 所示。

3）按“宽相等”完成左视图，如图 2-28c 所示。

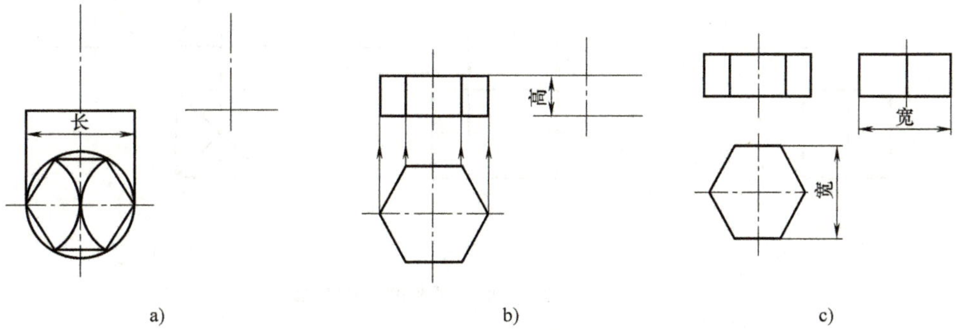

图 2-28　正六棱柱三视图的画图步骤

2. 棱锥

棱锥的底面为多边形，各侧面为若干具有公共顶点的三角形。当棱锥底面为正多边形，各侧面是全等的等腰三角形时，称为正棱锥。

（1）棱锥的三视图　图 2-29a 所示为一正四棱锥，底面为一正方形且为水平面，四个侧棱面均为等腰三角形，所有棱线都交于一点，即锥顶 S。图 2-29b 所示为正四棱锥的三视图。

主视图是一个三角形线框。三角形各边分别是底面与左、右两侧面的积聚性投影。整个三角形线框同时也反映了正四棱锥前侧面和后侧面在正面上的投影，但并不反映它们的

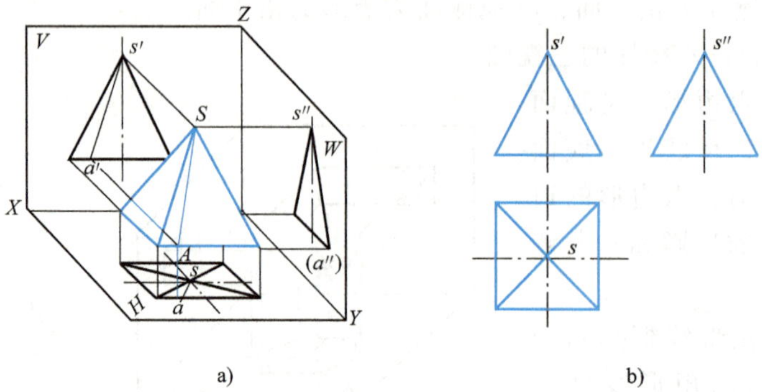

图 2-29　正四棱锥的三视图

实形。

四棱锥的俯视图是由四个三角形组成的外形为正方形的线框。正四棱锥的底面平行于水平面，因而它的俯视图反映实形，是一个正方形。四个侧面都与水平面倾斜，它们的俯视图应为四个不显实形的三角形线框，它们的四个底边正好是正方形的四条边线。

左视图也是一个三角形线框，但三角形两条斜边所表示的是四棱锥的前、后两侧面。

（2）棱锥三视图的画图步骤　正四棱锥的画图步骤如下。

1）先画出三个视图的基准线，然后画出正四棱锥的俯视图，如图 2-30a 所示。

2）根据“长对正”和高度画主视图的锥顶和底面，并按“高平齐，宽相等”画左视图的锥顶和底面，如图 2-30b 所示。

3）连棱线，完成全图，如图 2-30c 所示。

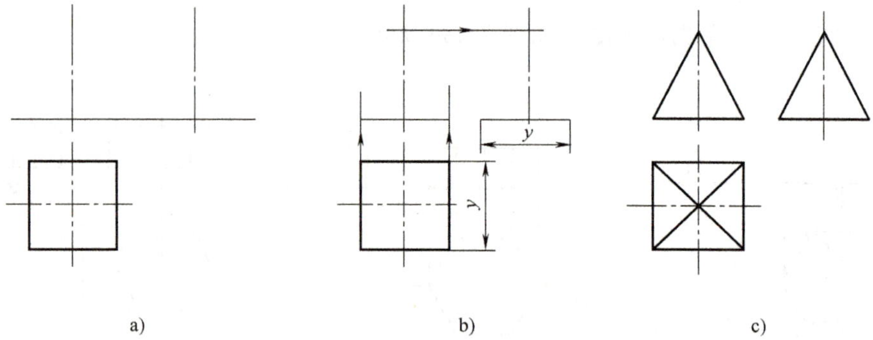

图 2-30　正四棱锥三视图的画图步骤

3. 圆柱

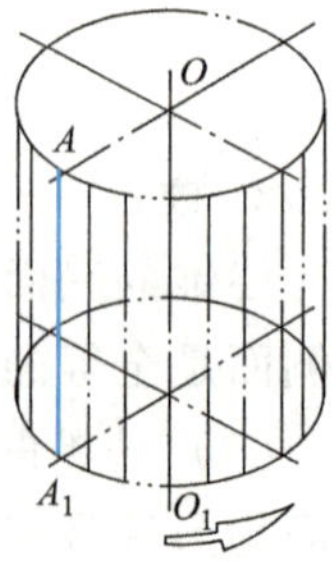

图 2-31　圆柱面的形成

（1）圆柱的形成　圆柱是由圆柱面、顶面和底面组成。圆柱面可以看成是由一条直母线 AA_1 围绕与它平行的轴线 OO_1 回转而成的，如图 2-31 所示。圆柱面上任意一条平行于轴线的直线称为圆柱面的素线。

（2）圆柱的三视图　图 2-32a 所示圆柱的轴线垂直于 H 面，其三视图如图 2-32b 所示。俯视图的圆反映圆柱顶面和底面的实形，圆周是圆柱面的积聚投影，圆柱面上任何点和线在 H 面上的投影都重合在圆周上。两条相互垂直的点画线，表示确定圆心的对称中心线。

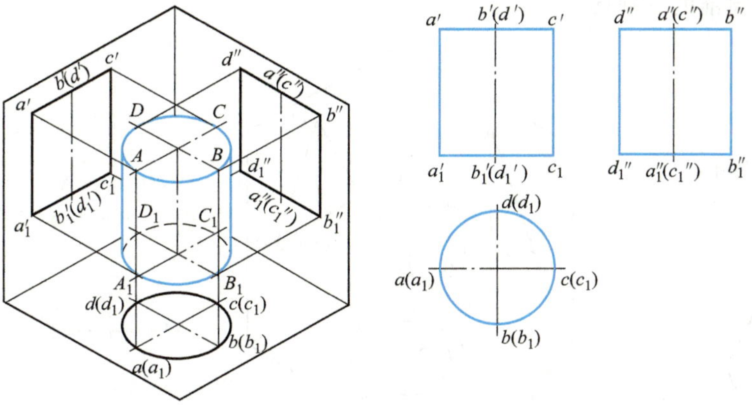

a)　　　　b)

图 2-32　圆柱的三视图

主视图的矩形线框是圆柱面的前半部分和后半部分的重合投影，上、下底边是圆柱的顶面、底面的积聚投影，线框的左、右两轮廓线是圆柱面上最左、最右素线的投影。

左视图的矩形线框是圆柱面的左半部分和右半部分的重合投影，其上、下边是圆柱上、下底面的投影，其左、右边则是圆柱面上最后、最前两条直素线的投影，也是左视图圆柱表面可见性分界线。

（3）圆柱三视图的画图步骤

1）先画出确定圆心的中心线，然后画出特征视图积聚的圆，如图 2-33a 所示。

2）以中心线和轴线为基准，根据投影的对应关系画出其余两个投影图，即两个全等矩形，如图 2-33b 所示。

3）连接轮廓线，完成全图，如图 2-33c 所示。

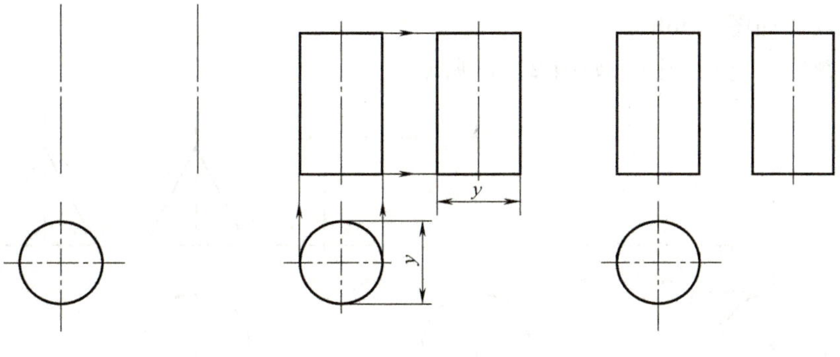

a)　　　　b)　　　　c)

图 2-33　圆柱三视图的画图步骤

4. 圆锥

（1）圆锥的形成　圆锥体的表面是由圆锥面和圆形底面围成的，而圆锥面则可看作是由一直母线 SA 绕和它相交的轴线 SO 回转而成的。在圆锥上通过锥顶 S 的任一直线称为圆锥面的素线。在母线上任一点的运动轨迹为圆，如图 2-34 所示。

（2）圆锥的三视图　图 2-35a 所示为一圆锥，其底面与水平面平行，底面为特征面。

图 2-35b 所示为圆锥的三视图。

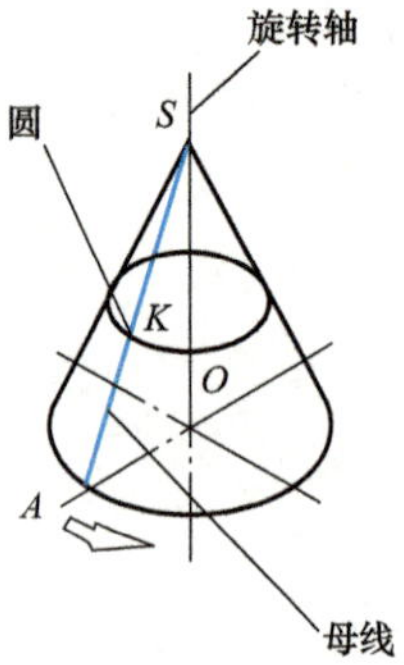

图 2-34　圆锥面的形成

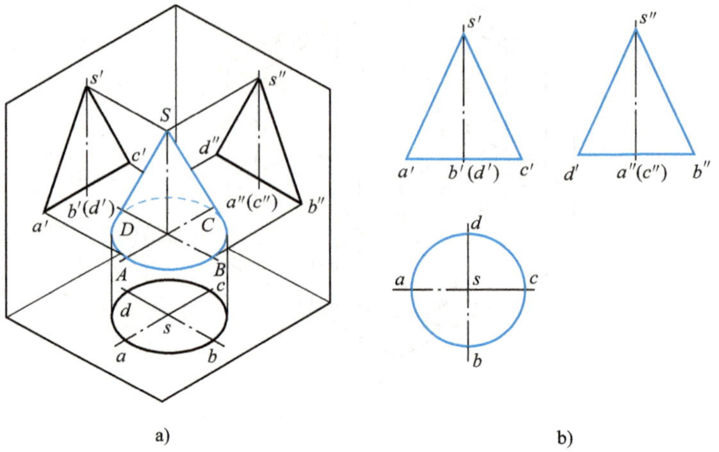

图 2-35　圆锥的三视图

因圆锥的轴线垂直于水平面，底面平行于水平面，故俯视图是一个反映实形的圆。这个圆也是圆锥面的水平投影。凡是在圆锥面上的点、线的水平投影都应在俯视图圆平面的范围内。

圆锥的主视图是一个等腰三角形，其底边表示圆形底面的投影，两腰是最左、最右直素线的投影。

圆锥的左视图跟它的主视图一样，也是一个等腰三角形，但其两腰所表示锥面的部位不同，可自行分析。

（3）圆锥三视图的画图步骤

1）先画出中心线，然后画出圆锥底圆，画出主视图、左视图的底部，如图 2-36a 所示。

2）画顶点，如图 2-36b 所示。

3）连轮廓线，完成全图，如图 2-36c 所示。

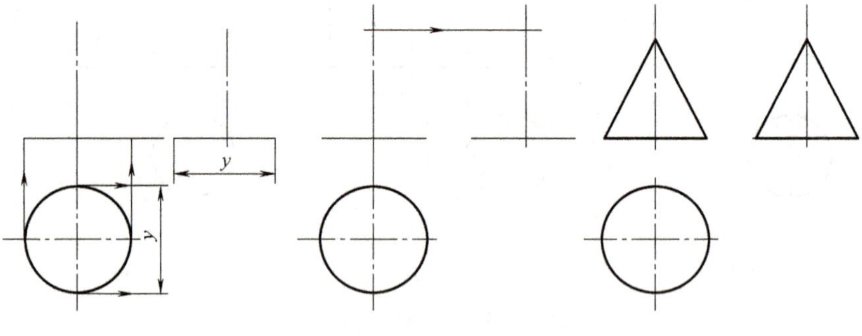

a)　　b)　　c)

图 2-36　圆锥三视图的画图步骤

5. 球

（1）球的形成　如图 2-37a 所示，圆球面是由一个圆作为母线，以其直径为轴线旋转而成。在母线上任一点的运动轨迹为大小不等的圆。

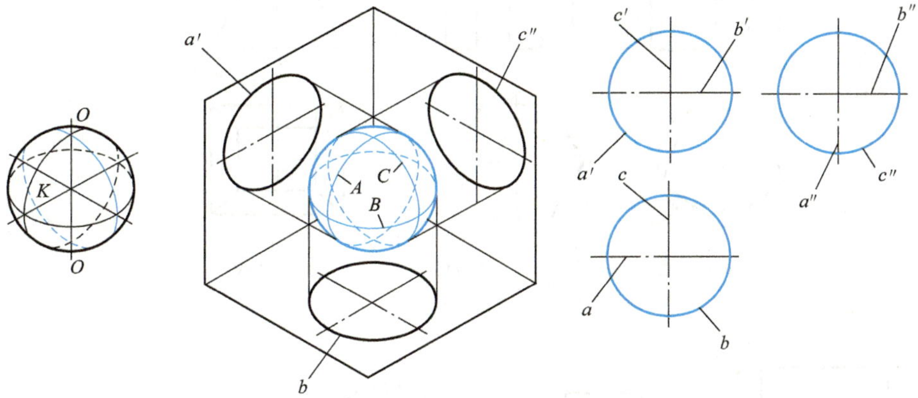

a)　　b)　　c)

图 2-37　球的形成及三视图

（2）球的三视图　如图 2-37b、c 所示，圆球从任何方向投射，所得到的投影都是与圆球直径相等的圆，因此其三面视图都是等半径的圆。但各个投影面上的圆，不能认为它们是球面上同一个圆的三个投影，而是三个方向球的转向轮廓素线圆的投影。

主视图中的圆 a'是轮廓素线圆 A 的 V 面投影，是球面上平行 V 面的素线圆，也就是前半球和后半球可见和不可见的分界圆，它在俯、左两个视图中的投影都与球的中心线 a、a'重合，不应画出。

俯视图中圆 b 表示上半球面和下半球面的分界线，是平行于 H 面上、下方向轮廓素线圆的投影，它的 V 面和 W 面投影与对称中心线 b 和 b''重合。

左视图中的轮廓圆，请自行分析。

（3）圆球三视图的画图步骤

1）画出各视图圆的中心线。

2）画出三个与球等直径的圆，如图 2-37c 所示。

6. 基本几何体的尺寸标注

图 2-38 所示为常见基本体的尺寸注法。标注基本体的尺寸时，一般要标注长、宽、高三个方向的尺寸，五棱柱的底面是圆内接正五边形，可标注出底面外接圆直径和高度尺寸；正六棱柱的正六边形不标注边长，而是标注对面距（或对角距）以及柱高；四棱台只标注上、下两个底面尺寸和高度尺寸。标注圆柱、圆台、圆环等回转体的直径尺寸时，应在数字前加注直径符号 ϕ，并且常注在其投影为非圆的视图上。用这种形式标注尺寸时，只要用一个视图就能确定其形状和大小，其他视图可省略不画。球也只需画一个视图，可在直径或半径符号前加注“S”。

五、组合体图形的识读

1. 读图技巧

（1）从主视图入手将几个视图联系起来分析　在机械图样中，机件的形状一般是通过几个视图来表达的，每个视图只能反映机件一个方向的形状。因此，仅由一个或两个视图往往不能唯一地表达机件的形状。例如，图 2-39 所示的四组图形，它们的俯视图均相同，但实际上是四种不同形状的物体的俯视图。只有把俯视图与主视图联系起来识读，才能判断它

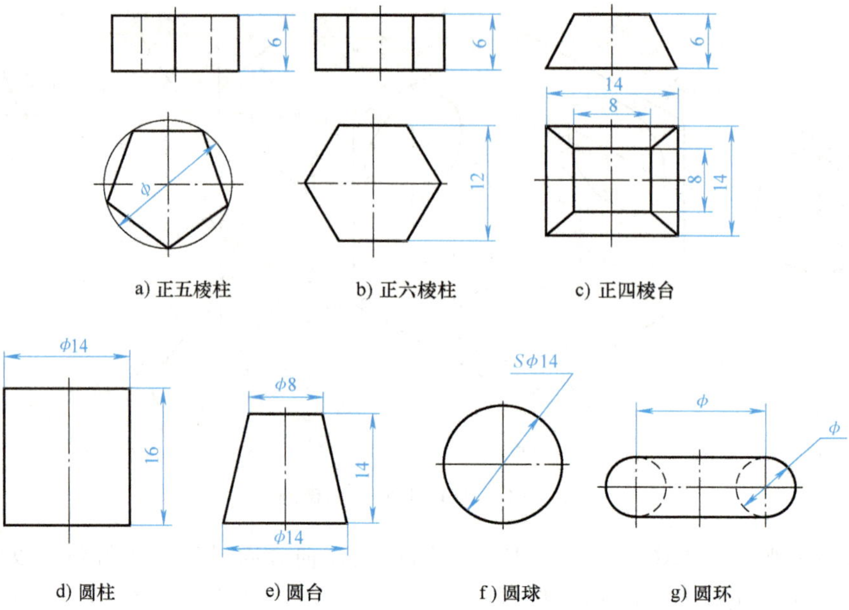

图 2-38 常见基本体的尺寸标注

们的形状。例如，图 2-40 所示的三组图形，它们的主、左视图均相同，但同样是三种不同形状的物体。

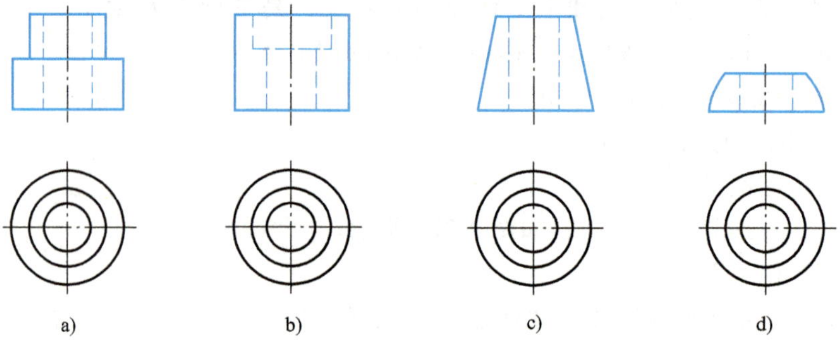

图 2-39 一个视图不能唯一确定物体形状的示例

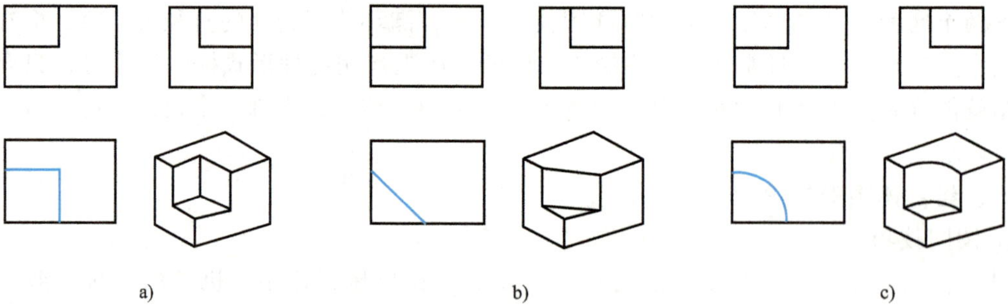

图 2-40 两个视图不能唯一确定物体形状的示例

由此可见，读图时必须将给出的全部视图联系起来分析，才能想象出物体的形状。

(2) 吃透视图中线框和图线的含义

1) 视图中的每个封闭线框，通常表示物体上一个表面（平面或曲面）的投影，例如，图 2-41a 所示主视图中有四个封闭线框，对照俯视图可知，线框 a'、b'、c'分别是六棱柱前（后）三个棱面的投影，线框 d'则是圆柱面前（后）的投影。

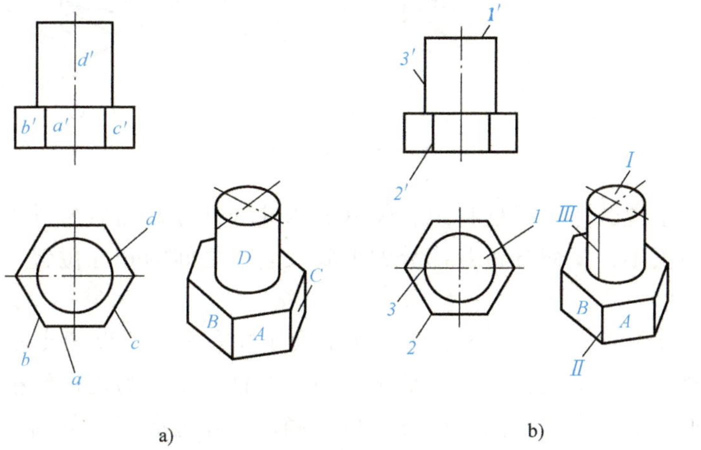

图 2-41　视图中线框和图线的含义

2) 相邻两线框或大线框中有小线框，则表示物体不同位置的两个表面。可能是两表面相交，例如，图 2-41a 所示的 A、B、C 面依次相交；也可能是同向错位（如上下、前后、左右），例如，图 2-41a 所示俯视图中大线框六边形中的小线框图，就是六棱柱顶面（下）与圆柱顶面（上）的投影。

3) 视图中的每条图线，可能是立体表面有积聚性的投影，例如，图 2-41b 所示主视图中的$1'$是圆柱顶面 I 的投影；或者是两平面交线的投影，例如，图 2-41b 所示主视图中的$2'$是面 A 与面 B 交线的投影；也可能是曲面转向轮廓线的投影，例如，图 2-41b 所示主视图中$3'$是圆柱面前后转向轮廓线的投影。

(3) 整体构思物体的形状　用以下一个例子来说明物体形状的构思方法和步骤。如图 2-42 所示，已知某一物体三个视图的外轮廓，要求通过构思想象出这个物体的形状。

构思过程如图 2-43 所示。

1) 主视图为正方形的物体，可以想象出很多，如立方体、圆柱等，如图 2-43a 所示。

2) 主视图为正方形，俯视图为圆的物体，必定是圆柱体，如图 2-43b 所示。

3) 左视图三角形只能由对称圆轴线的两相交侧垂面切出，而且侧垂面要沿圆柱顶面直径切下（保证主视图高度不变），并与圆柱底面交于一点（保证俯视图和左视图不变）。结果如图 2-43c 所示。

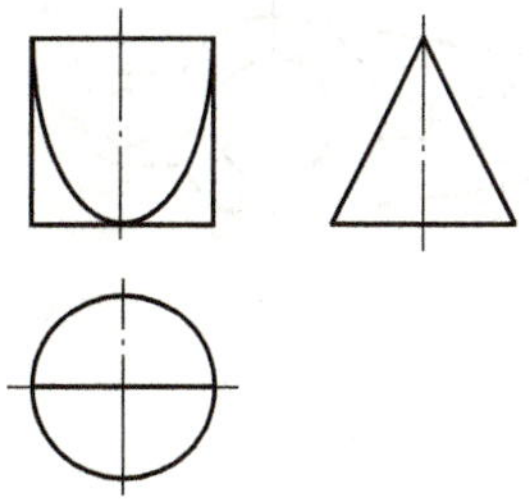

图 2-42　某一物体的三视图

4) 图 2-43c 中间所示为物体的实际形状。必须注意的是，主视图上应添加前、后两个半椭圆重合的投影，俯视图上添加两个截面交线的投影。

2. 读图的基本方法

(1) 形体分析法　读图的基本方法与画图一样，主要也是运用形体分析法。在反映形

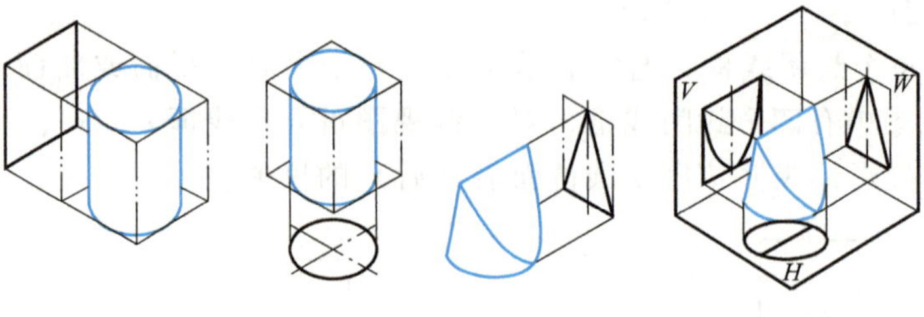

a)　　b)　　c)

图 2-43　构思过程

状特征比较明显的主视图上按线框将组合体划分为几个部分，然后通过投影关系，找到各线框在其他视图中的投影，从而分析各部分的形状及它们之间的相互位置，最后综合起来，想象组合体的整体形状。

图 2-44a 所示为支座，从主视图对应的几个大线框来看，可以把支座分成五个部分：左边底部是与圆筒相切的矩形线框，左中部是三角形线框，中间为矩形线框和圆形线框，右部是矩形线框。根据主视图和左视图对照分析可以确定：左边底部是与圆筒相切的底板，左中部是与圆筒相交的肋板，中间为直立圆柱筒和水平圆柱凸台，右部是与圆筒相交的耳板。支座由直立的圆筒、底板、肋板、凸台及耳板五部分组成，如图 2-44b 所示。由三个视图做进一步分析可以确定：底板左端面是圆柱面，并设有圆孔，其两侧面与直立圆筒相切；在主、左视图相切处不应该有线，底板顶面在主、左视图上的投影应画到相切处为止；肋板是三棱柱，耳板右端面是半圆柱，肋板和耳板的前、后两侧面均与直立圆筒相交，都有截交线；水平圆柱凸台与直立圆筒垂直相交，两者的内、外表面均有相贯线。形体分析结果如图 2-44c 所示。

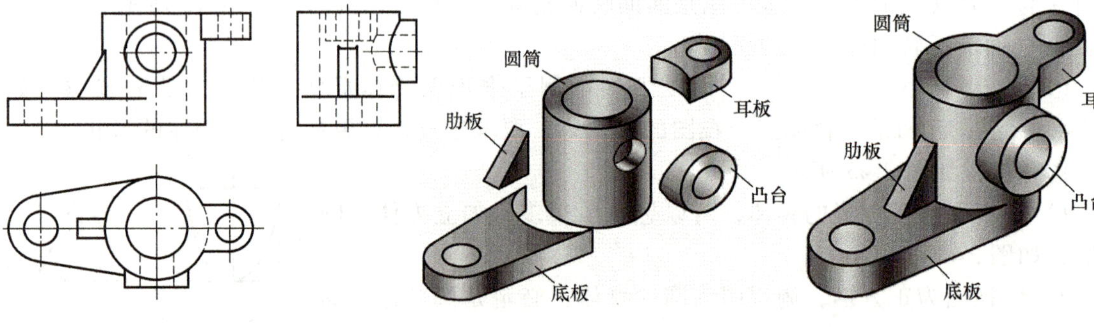

a)　　b)　　c)

图 2-44　形体读图

利用形体分析法，分析图 2-45 所示轴承座形状，具体过程如下。

1）从主视图入手，将其分为 *I* 、*II* 、*III* 、*IV* 四部分，其中 *II* 、*IV* 为两对称形体。

2）形体 *I* ：由反映特征轮廓的主视图对照俯、左视图，可想象出形体 *I* 是上部挖去了一个半圆槽的长方体，如图 2-45b 所示。

3）形体 *II* 、*IV* ：主视图为三角形，俯视图与左视图为矩形线框，想象其为一个三棱柱，如图 2-45c 所示。

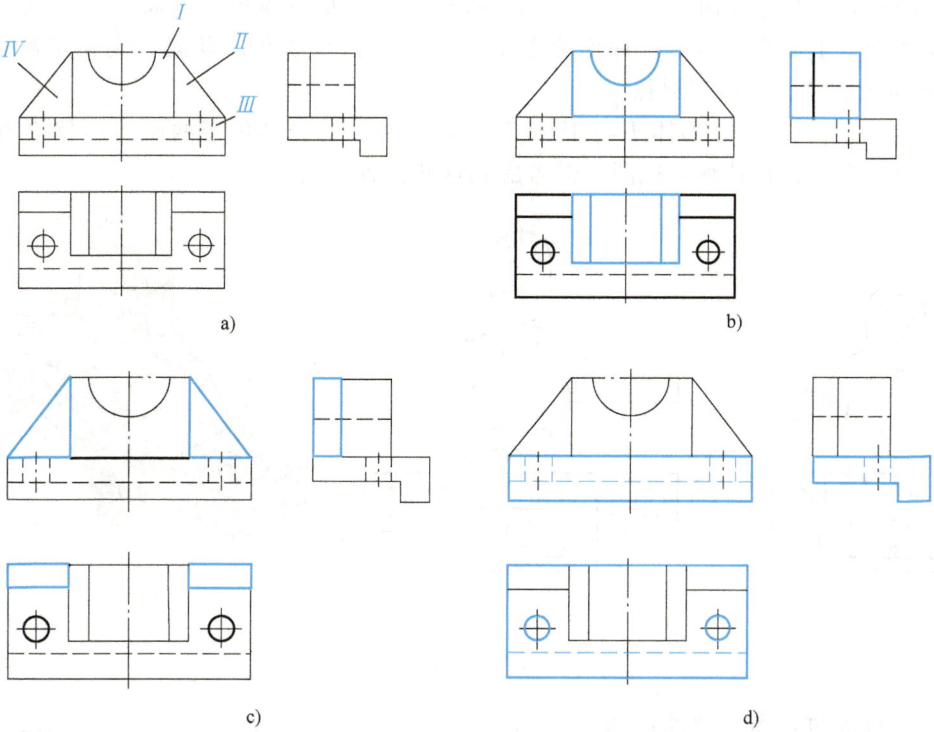

图 2-45　轴承座形体分析

4）形体Ⅲ：由左视图对照主、俯视图，可想象其为带弯边的左右有小圆孔四棱柱，如图 2-45d 所示。

5）由三视图来看，形体 I 在底板的上面居中靠后；形体Ⅱ、Ⅳ在形体 I 左右两侧，形体 I 、Ⅱ、Ⅳ的后面均平齐。

由以上分析可知，轴承座的形状如图 2-46 所示。

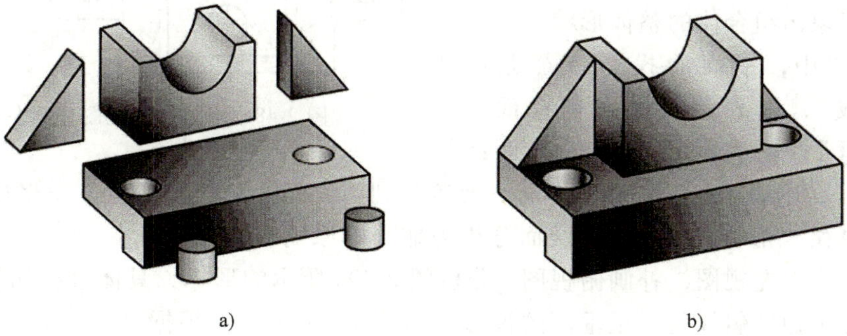

图 2-46　轴承座

已知组合体的主、俯视图补画其左视图，具体过程如下。

1）将主视图分为 I 、Ⅱ、Ⅲ、Ⅳ四部分。参见图 2-47 所示的立体图，其中Ⅲ、Ⅳ两部分从已知视图可知为对称形体，故讨论中考虑一个即可。

2）利用投影关系，把俯视图与主视图中几部分对应的投影图形分离出来，如图 2-47b

所示，此时可以初步想象出形体 *I* 是一端为圆柱面的小长方体板，上面有一圆孔；形体 *II* 是一个半圆筒，上面有一凹槽（底面为水平面）和一铅垂通孔，有截交线和相贯线；形体 *III*、*IV* 都是长方体，上面有圆孔。

3）由所给视图来看，形体 *I* 与形体 *II* 相交，*III*、*IV* 分别位于两侧与形体 *II* 相交，且四部分后表面平齐，在补画左视图时需考虑到这些位置特点。

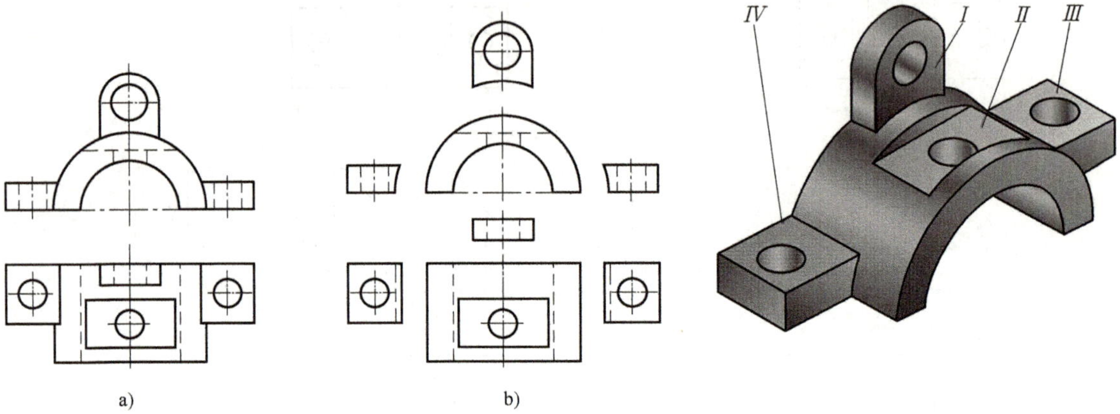

图 2-47　形体分析

综合上述分析，按三视图之间的“三等”关系，补画左视图如图 2-48 所示。

（2）线面分析法　对较复杂的组合体，除用形体分析法分析整体外，往往还要对一些局部结构采用线面分析的方法。所谓线面分析法，就是把组合体看成是由若干个平面或平面与曲面围成，面与面之间常存在交线，然后利用线面的投影特征，确定其表面的形状和相对位置，从而想象出组合体的整体形状。

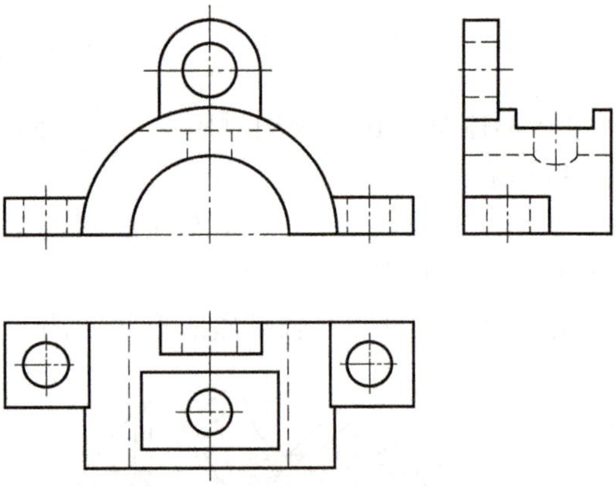

图 2-48　由主、俯视图补画左视图

在三视图中，平面的投影特征是：凡“一框对两线”，则表示投影面平行面；凡“一线对两框”，则表示投影面垂直面；凡“三框相对应”，则表示一般位置面平面。要善于利用线面投影的真实性、积聚性和类似性。读图时，应遵循“形体分析为主，线面分析为辅”的原则。

由形体的主、左视图，补画俯视图，分析图 2-49a 所示的形体，具体过程如下。

主视图左上边的斜线是一正垂面的投影，如图 2-49b 所示。根据“高平齐”的关系，正垂面的侧面投影为七边形，所以补画的俯视图为类似七边形；左视图中的两条斜线是两个侧垂面的投影，根据“高平齐”的关系，其正面投影为四边形，根据“宽相等”和“长对正”的关系，补画的俯视图为类似的两个四边形，如图 2-49c 所示；如图 2-49d 所示，最左边的直线是侧平面的投影，左视图反映侧平面的实形，俯视图为一直线；在图 2-49e 所示左视图中，前、后两条直线是正平面的投影，其主视图反映正平面的实形，俯视图为前、后两条直线。根据以上分析，形体是被一个正垂面和两个侧垂面截切而成，如图 2-50 所示。补全的俯视图如图 2-49f 所示。

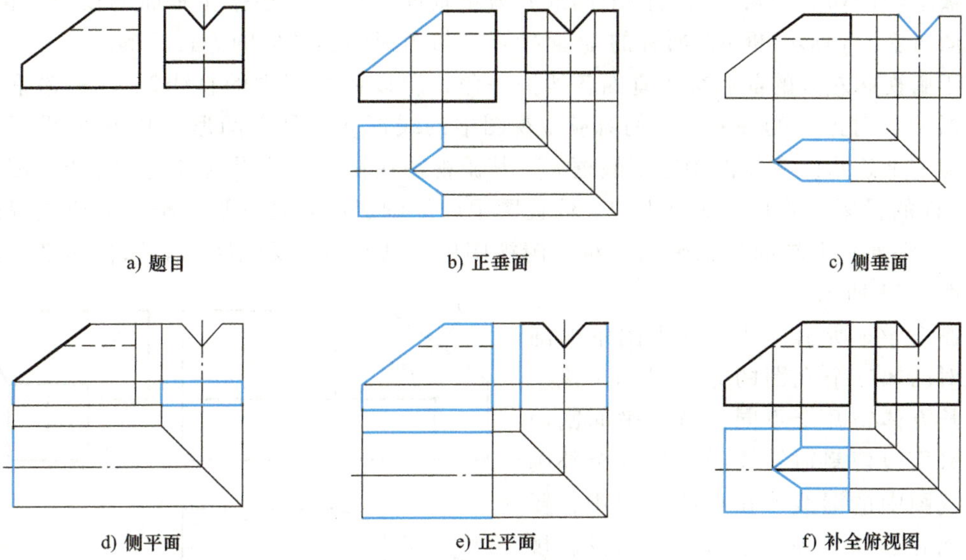

图 2-49　分析表面的形状

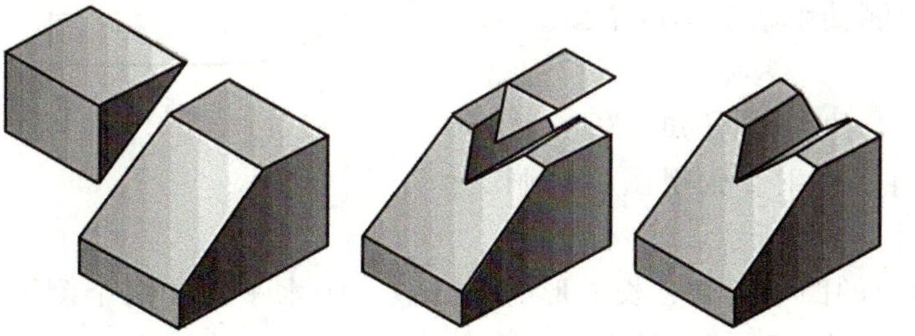

图 2-50　形体被一个正垂面和两个侧垂面截切

视图上任何相邻的封闭线框必定是物体上相交的或前后、上下、左右两个面的投影；但这两个面的相对位置究竟如何，必须根据其他视图来分析。

如图 2-51 所示，已知组合体的主视图和俯视图，补画左视图如图 2-52 所示。

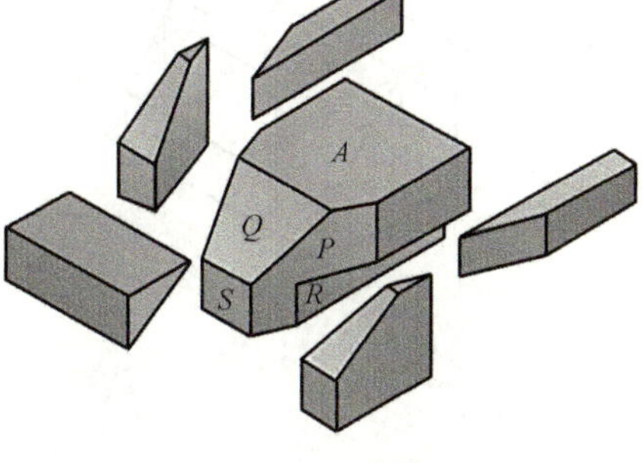

图 2-51　分析形体图

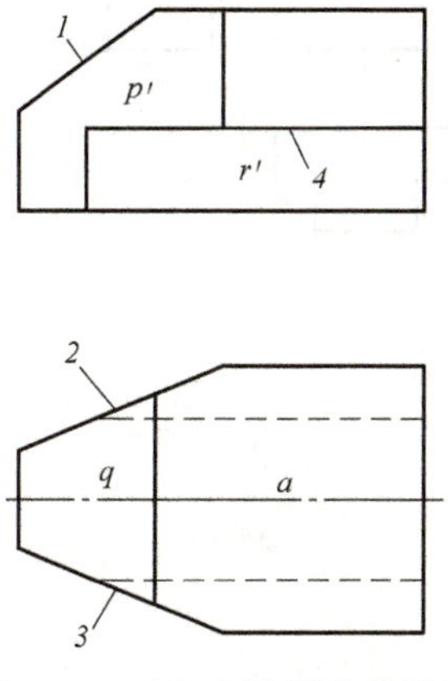

图 2-52　已知主视图和俯视图

由图 2-52 所示的主视图和俯视图可知，该物体是长方体经过切割后形成的。主视图的左上角被正垂面切去一角，主视图上的线 *1* 为正垂面的投影，根据正垂面的投影特征可知，其俯视图对应一梯形线框 q，所补的 W 面投影是与俯视图相类似的等腰梯形。

由于俯视图左方的前后被铅垂面各切掉一角，所以俯视图中的直线 *2*、*3* 是铅垂面的投影。根据“长对正”的关系，它们对应主视图中的线框 p'，其空间形状和 W 面投影是与线框 p' 类似的七边形。主视图中矩形线框 r'，其俯视图在长对正范围内对应一虚线，因此线框 r' 为正平面的投影，并且是凹进去的。俯视图中虚线围成的直角梯形线框，对应主视图中的线 *4*，为水平面；上端面为水平面，对应俯视图中的线框 a，反映实形。综合起来，其整体形状如图 2-53 所示。

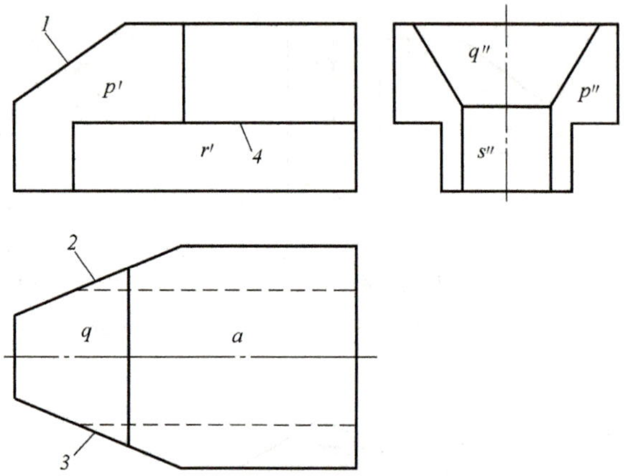

图 2-53　补画左视图

如图 2-54a 所示，补画三视图中的漏线。从对已知三个视图的分析可知，该组合体是长方体被几个不同位置的平面割而成。可采用边切割边补线的方法逐个补画出三个视图中的漏线。在补线过程中，要应“长对正、高平齐、宽相等”的投影规律，特别要注意俯、左视图宽相等及前后对应的投影关系。三个视图中均没有圆或圆弧，可采用正等测徒手绘制轴测草图。

作图步骤如下。

1）从左视图上的斜线可知，长方体被侧垂面切去一角。在主、俯视图中补画相应的漏线，如图 2-54b 所示。

2）从主视图上的凹槽可知，长方形的上部被一个水平面和两个侧平面开了一个槽。补画俯、左视图中相应的漏线，如图 2-54c 所示。

3）从俯视图可知，长方体前面被两组正平面和侧平面左、右对称切去一角。补全主、左视图中相应的漏线，如图 2-54d 所示。按徒手画出的轴测草图检查三视图。

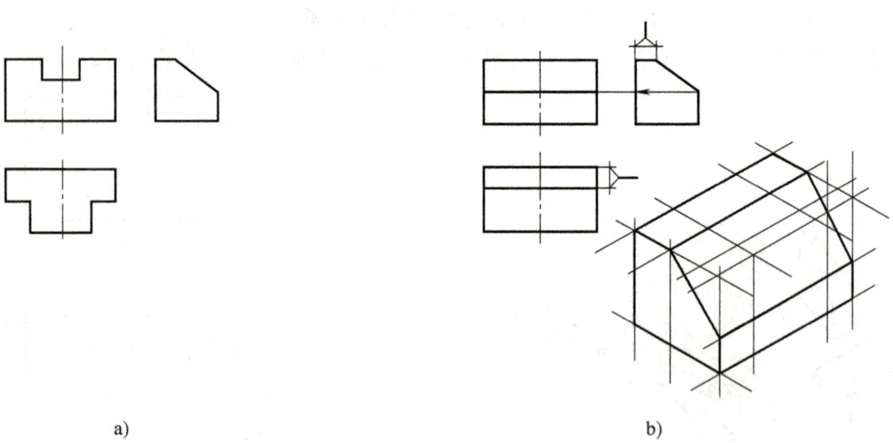

图 2-54　补画三视图中的漏线

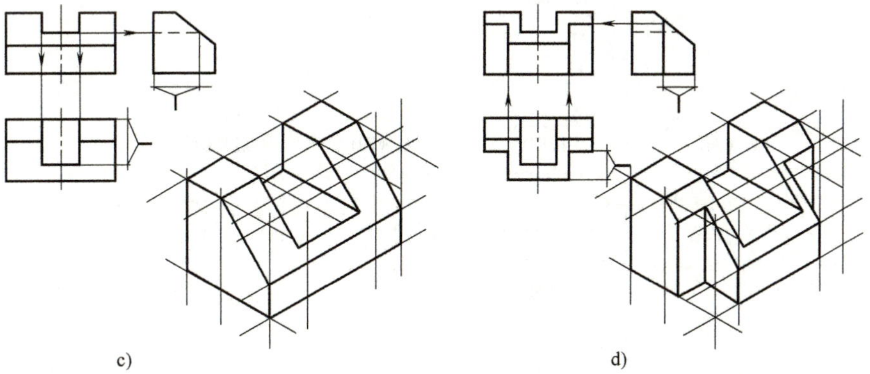

c)　　　　　　　　d)

图 2-54　补画三视图中的漏线（续）

课题二　机械图样的表达方法

一、视图

视图分为基本视图、向视图、局部视图和斜视图四种。

1. 基本视图

为了清晰地表达机件上下、左右、前后六个方向的形状和结构，在 H、V、W 三投影面的基础上，再增加三个基本投影面。这六个基本投影面组成了一个方箱，把机件围在当中，如图 2-55a 所示。机件在每个基本投影面上的投影，称为基本视图。图 2-55b 所示为机件六个基本视图展开的方法。展开后，六个基本视图的视图配置和视图名称如图 2-55c 所示。

六个基本视图之间，仍然保持着与三视图相同的投影规律，即

主、俯、仰、后：长对正。

主、左、右、后：高平齐。

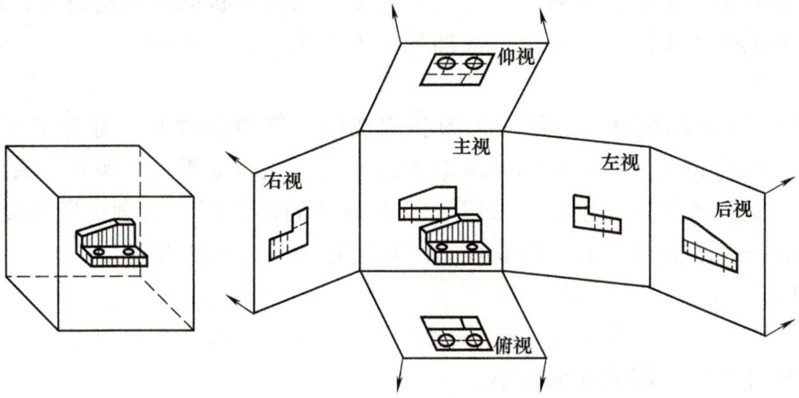

a)　　　　　　　　b)

图 2-55　基本视图

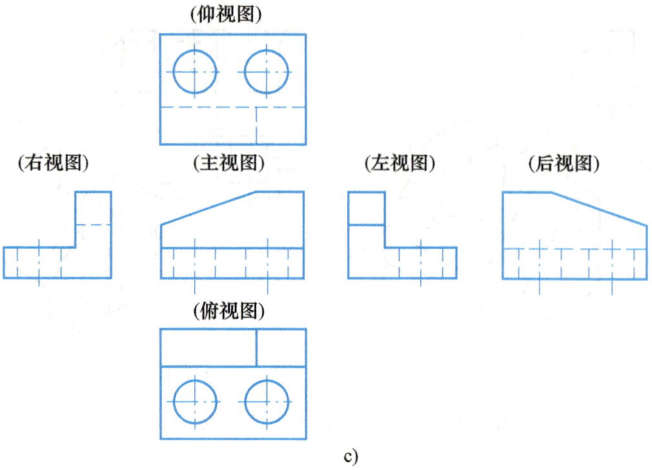

c)

图 2-55　基本视图（续）

俯、左、仰、右：宽相等。

虽然机件可以用六个基本视图来表示，但实际上需要几个视图表达，要根据表达机件结构的具体需要来确定。

2. 向视图

当基本视图的图形布置受到限制时，为了便于合理地布置视图，可以采用向视图表达法。

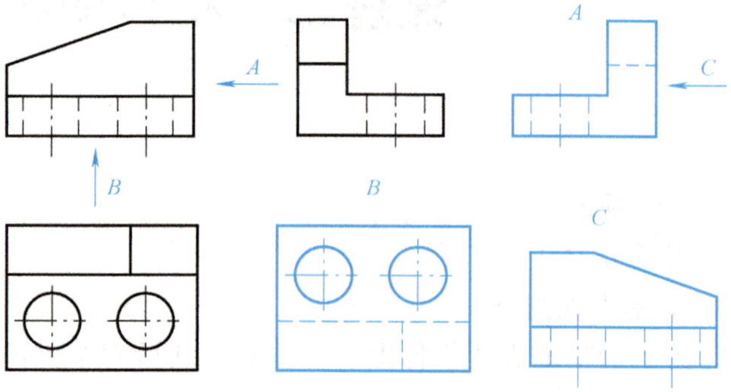

图 2-56　向视图

向视图是可自由配置的视图。为了便于读图，向视图必须予以标注。方法为：在向视图的上方注写“×”（×为大写的英文字母，如“A”“B”“C”等），并在相应视图的附近用箭头指明投影方向，并注写相同的字母，如图 2-56 所示。

3. 局部视图

当采用一定数量的基本视图后，机件上仍有部分结构形状尚未表达清楚，而又没有必要再画出完整的其他基本视图时，可采用局部视图来表达。只将机件的某一部分向基本投影面投射所得到的图形，称为局部视图。

例如，图 2-57a 所示机件，利用主视图和俯视图，已将机件基本部分的形状表达清楚，只有左、右两侧凸台和左侧肋板的厚度尚未表达清楚，此时如果再利用左、右两视图来表达这两部分结构，则显得烦琐和重复。采用 *A* 和 *B* 两个局部视图，只画出所需要表达的部分，如图 2-57b 所示。这样重点突出、简单明了，而且有利于画图和看图。

4. 斜视图

将机件向不平行于任何基本投影面的投影面进行投射，所得到的视图称为斜视图。斜视图适合于表达机件上的倾斜表面的实形。

图 2-58 所示是一个弯板形机件，它的倾斜部分在俯视图和左视图上的投影都不是实形。为了表达倾斜部分的真实形状，可另外设置一个平行于该倾斜部分的辅助投影

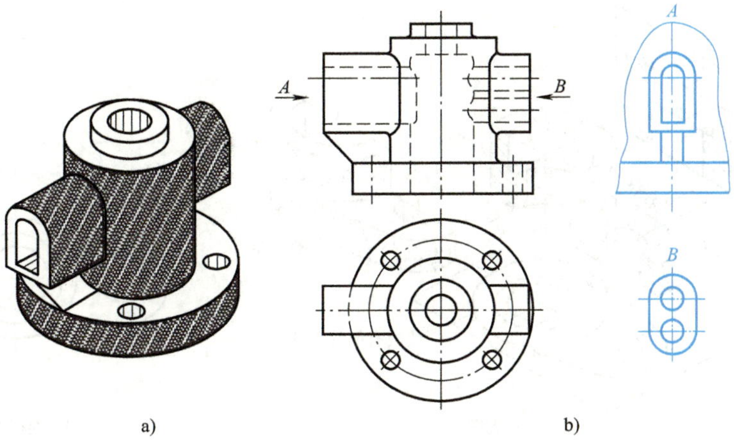

图 2-57　局部视图

面，在该投影面上的投影则可以反映机件倾斜部分的真实形状，例如，图 2-58 所示的“A”向视图。

斜视图的标注方法与局部视图相似，当斜视图是按投影关系配置，中间又没有其他视图时，可省略标注，如图 2-58a 所示。斜视图也可以平移到图样内的适当地方，但必须进行标注，如图 2-58b 所示。有时为了画图方便，也可以旋转，但必须在斜视图上方注明旋转标记符号，而且字母须靠近旋转符号箭头，如⌒A。

画斜视图时增设的辅助投影面只垂直于一个基本投影面。因此，机件上原来平行于基本投影面的一些结构，在斜视图中最好省略不画，以波浪线为边界断开，以避免出现失真的投影。在基本视图中也要注意处理好这类问题。如图 2-58 所示，不用俯视图而用“A”向视图，即是一例。

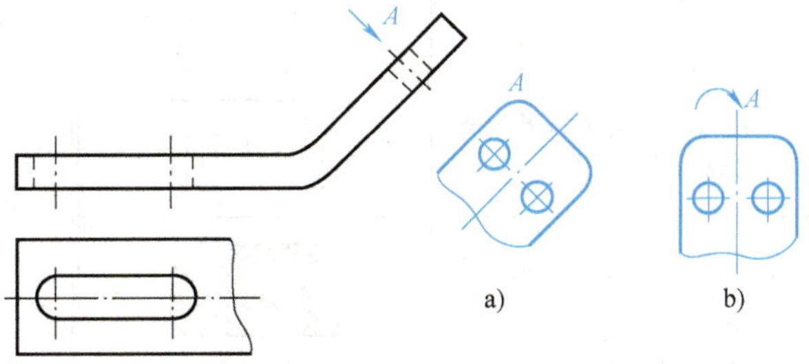

图 2-58　斜视图

二、剖视图

假想用剖切面剖开机件，将处在观察者与剖切面之间的部分移去，而将其余部分向投影面投射所得的图形，称为剖视图（简称剖视）。剖视图主要用于表达机件的内部结构形状。

如图 2-59b 所示，其主视图是沿前、后对称平面剖切后画出的剖视图。

1. 剖视图的画法

（1）确定剖切面的位置　如图 2-59b 所示，选取沿前、后对称平面为剖切面。

（2）画剖视图　移开机件的前半部分，将后半部分向投影面投射，如图 2-59a 所示，画出图 2-59b 所示的剖视图。

（3）剖面符号　根据国家标准 GB/T 4457.5—2013 中的规定，剖切面与物体的接触部分，即剖切区域要画出与材料相应的剖面符号。国家规定的不同材料的剖面符号见表 2-7 所示。

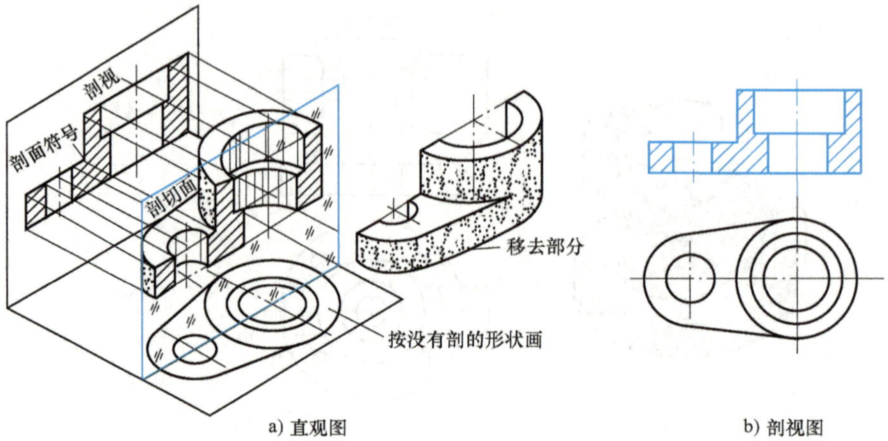

a) 直观图　　b) 剖视图

图 2-59　剖视图的形成

表 2-7　剖面符号

金属材料(已有规定剖面符号者除外)		木质胶合板(不分层数)	
线圈绕组元件		基础周围的泥土	
转子、电枢、变压器和电抗器等的叠钢片		混凝土	
非金属材料(已有规定剖面符号者除外)		钢筋混凝土	
型砂、填砂、粉末冶金、砂轮、陶瓷刀片，硬质合金刀片等		砖	
玻璃及供观察用的其他透明材料		格网(筛网、过滤网等)	
木材　纵剖面		液体	
木材　横剖面			

2. 剖视图的标注（GB/T 4457.5—2013）

1）用线宽为（1~1.5）b、长为5~10mm断开的粗实线（粗短画）表示剖切面的起始和转折位置。为了不影响图形的清晰度，剖切符号中的粗短画应避免与图形轮廓线相交或重合。

2）在表示剖切平面起始的粗短画外侧画出与其相垂直的箭头，表示剖切后的投射方向。

3）在表示剖切平面起始和转折位置的粗短画外侧写上相同的大写拉丁字母“×”，并在相应剖视图的上方正中位置用同样字母标注出剖视图的名称“×—×”，字母一律按水平位置书写，字头朝上。

4）被剖切物体的材料用剖面符号在剖切区域表示。

剖视图省略标注有以下两种情况。

1）当剖视图按投影关系配置，中间又没有其他图形隔开时，可省略剖切符号中的箭头，例如图 2-59 所示的俯视图画成剖视图，*A—A* 的剖切符号中省略了箭头。

2）用单一剖切平面通过机件的对称平面或基本上对称的平面，且剖视图按投影关系配置，中间又没有其他图形隔开时，可省略标注，例如图 2-60 所示的主视图画成的全剖视图省略了标注。

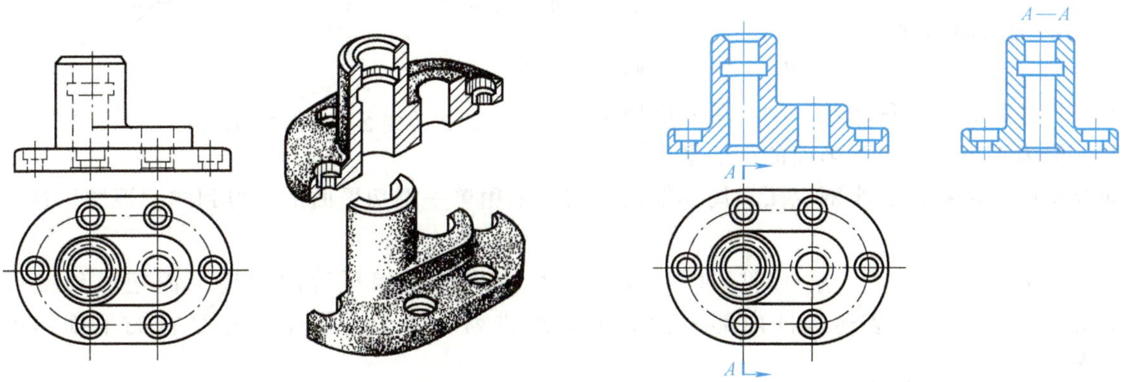

a) 视图　　b) 直观图　　c) 剖视图

图 2-60　泵盖的剖视图

3. 剖视图的种类

剖视图可分为全剖视图、半剖视图、局部剖视图。

(1) 全剖视图　用剖切平面，将机件全部剖开后进行投射所得到的剖视图，称为全剖视图（简称全剖视）。图 2-59 中的主视图为全剖视图。

(2) 半剖视图　当机件具有对称平面时，以对称中心线为界，在垂直于对称平面的投影面上投射得到的，由半个剖视图和半个视图合并组成的图形，称为半剖视图。

半剖视图既充分地表达了机件的内部结构，又保留了机件的外部形状，因此它具有内外兼顾的特点。半剖视图适宜于表达对称的或基本对称的机件，例如图 2-61 所示的机件。

半剖视图的标注方法与全剖视图相同。图 2-61a 所示的机件为前后对称。采用剖切平面

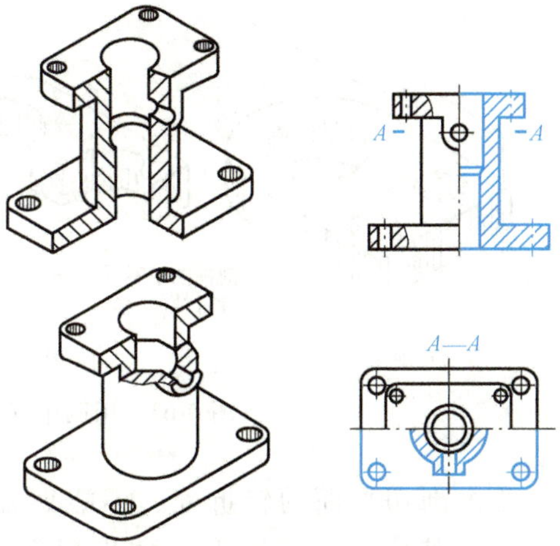

a)　　b)

图 2-61　半剖视图及其标注图

通过机件的前后对称平面画出半剖视图作为主视图，不需要标注；而俯视图所采用的剖切平面并非通过机件的对称平面，所以必须标出剖切位置和名称。由于按照投射关系配置，中间又没有其他视图隔开，箭头可以省略，如图 2-61b 所示。

（3）局部剖视图　将机件局部部位剖开后进行投射得到的剖视图称为局部剖视图。局部剖视图也是在同一视图上同时表达机件内外形状的方法，并且用波浪线作为剖视图与视图的界线。图 2-62 所示的主视图就采用了局部剖视图表达方法。

局部剖视是一种比较灵活的表达方法，剖切范围根据实际需要决定。但使用时要考虑到看图方便，剖切不要过于零碎。

局部剖视图的标注方法和全剖视相同。当局部剖视图的剖切位置非常明显，则可不标注。

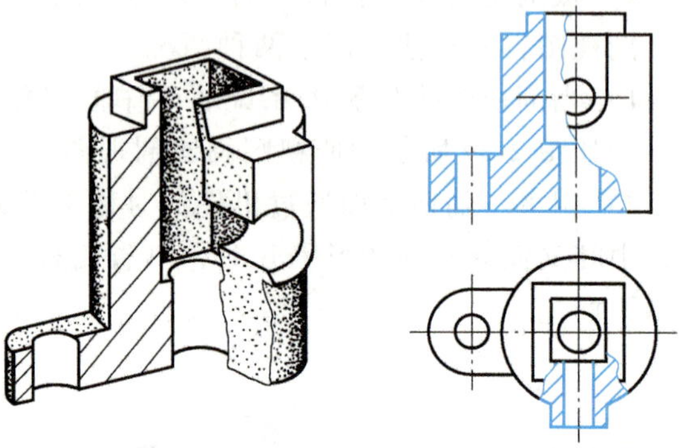

a)　　b)

图 2-62　局部剖视图

4. 剖切面的种类

（1）单一剖切平面　用一个剖切平面剖开机件的方法，称为单一剖。单一剖切平面一般为平行于基本投影面的剖切平面。前面介绍的全剖视图、半剖视图、局部剖视图均为采用单一剖切平面剖切得到的剖视图，这种方法应用最多。

（2）几个互相平行的剖切平面　即用两个或多个互相平行的剖切平面把机件剖开的方法。它适宜于表达机件内部结构的中心线排列在两个或多个互相平行的平面内的情况。

例如图 2-63a 所示机件，其内部结构（小孔和沉孔）的中心位于两个平行的平面内，不能用单一剖切平面剖开，而是采用两个互相平行的剖切平面将其剖开。图 2-63c 中的主视图即为采用这种方法得到的全剖视图。

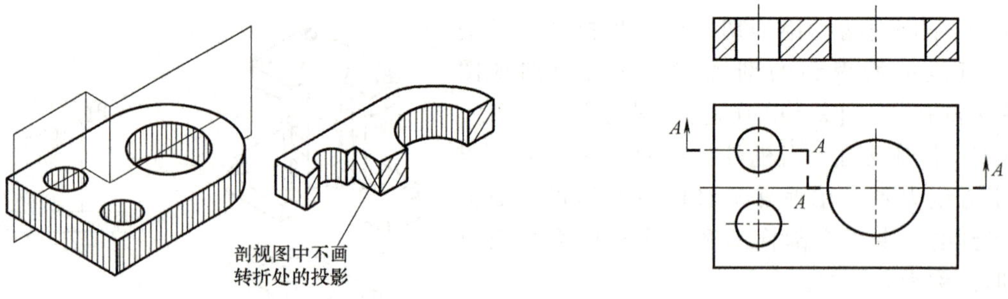

a)　　b)　　c)

图 2-63　用两个互相平行的剖切平面剖切的剖视图

两个剖切平面的转折处，不能划分界线，如图 2-63b 所示。因此，要选择一个恰当的位置，使之在剖视图上不致出现孔、槽等结构的不完整投影。当它们在剖视图上有共同的对称中心线和轴线时，也可以各画一半，这时细点画线就是分界线，如图 2-64

所示。

（3）两个相交的剖切平面 即用两个或两个以上相交的剖切平面（交线垂直于某一基本投影面）剖开机件的方法。例如图 2-65 所示的法兰盘，它中间的大圆孔和均匀分布在四周的小圆孔都需要剖开表示。如果用相交于法兰盘轴线的侧平面和正垂面去剖切，并将位于正垂面上的剖切面绕轴线旋转到和侧面平行的位置，这样画出的剖视图采用的剖切方法就是用两个相交的剖切平面剖切。可见，这种剖切方法适用于有回转轴线的机件，而轴线恰好是两剖切平面的交线，两剖切平面一个为投影面平行面，一个为投影面垂直面。图 2-65b 所示为采用这种方法得到的全剖视图。

同理，图 2-65c、d 所示的摇臂，也是采用这种剖切方法进行表达。

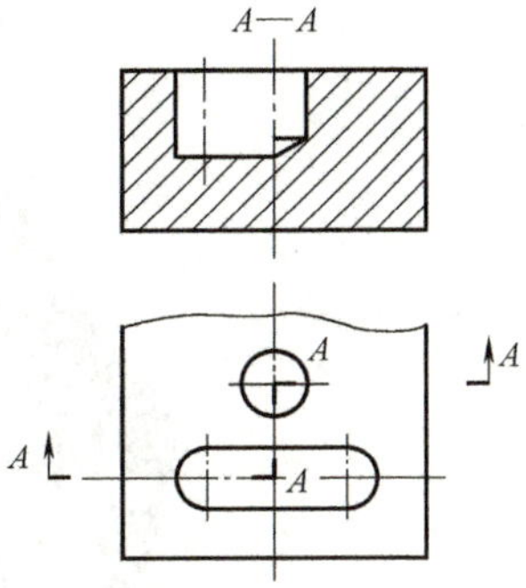

图 2-64 用两个互相平行的剖切平面剖切的剖视图

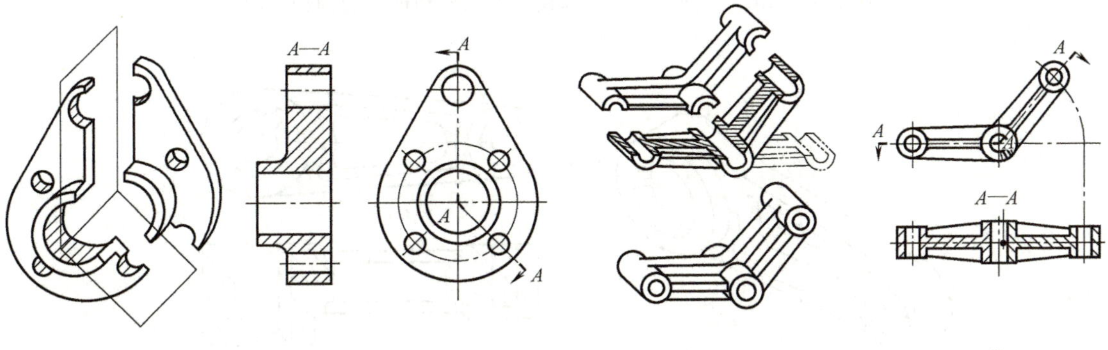

图 2-65 用两个相交的剖切平面剖切的剖视图

（4）不平行于任何基本投影面的剖切平面 即用不平行于任何基本投影面的剖切平面剖开机件的方法。这种剖切方法适用于机件的倾斜部分需要剖开，以表达内部实形的时候，并且内部实形的投影是借助于辅助投影面法求得的。

例如图 2-66 所示机件，它的基本轴线与底板不垂直。为了清晰表达小孔的结构，可用这种剖切方法表达。用剖切面“*B—B*”剖开机件，然后在辅助投影面上画出剖切部分的投影。

（5）复合剖 当机件的内部结构比较复杂，用上述剖切方法仍不能完全表达清楚时，可以采用以上几种剖切方法的组合来剖开机件，这种剖切方法称为复合剖。

例如图 2-67a 所示的机件，为了在一个图上表达各孔、槽的结构，便采用了组合的剖切方法，如图 2-67b 所示。应特别注意剖视图中的标注方法。

三、断面图

假想用剖切平面将机件在某处切断，只画出断面形状的投影并画上规定的剖面符号的图形，称为断面图，简称断面，如图 2-68b 所示。

断面图与剖视图的区别在于：断面图仅画出机件断面的图形，而剖视图则要画出剖切平面后面的所有部分的投影，如图 2-68c 所示。

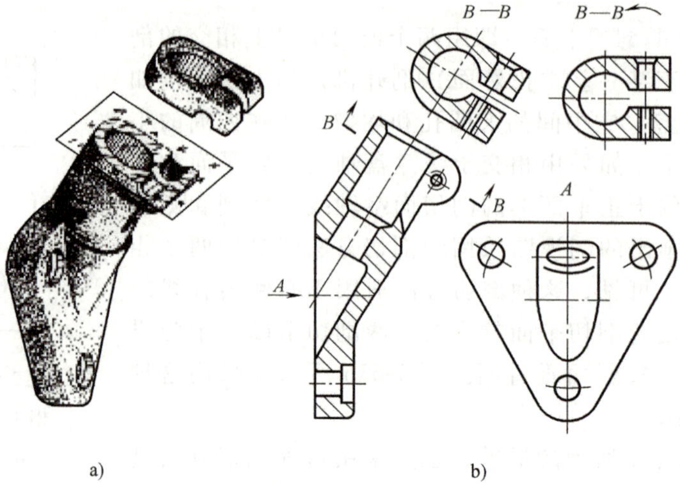

图 2-66 用不平行于任何基本投影面的剖切面剖切的剖视图

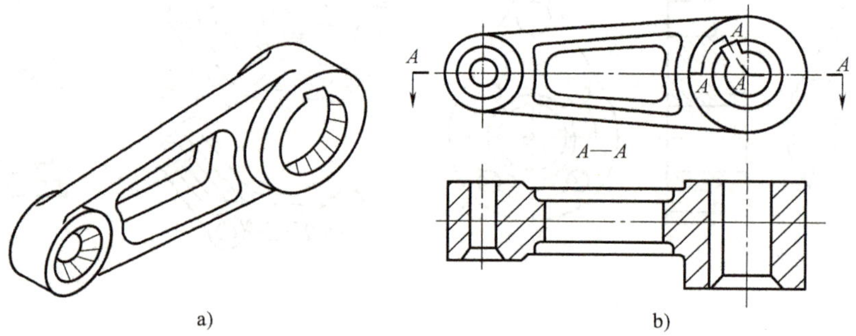

图 2-67 用组合的剖切平面剖切的剖视图

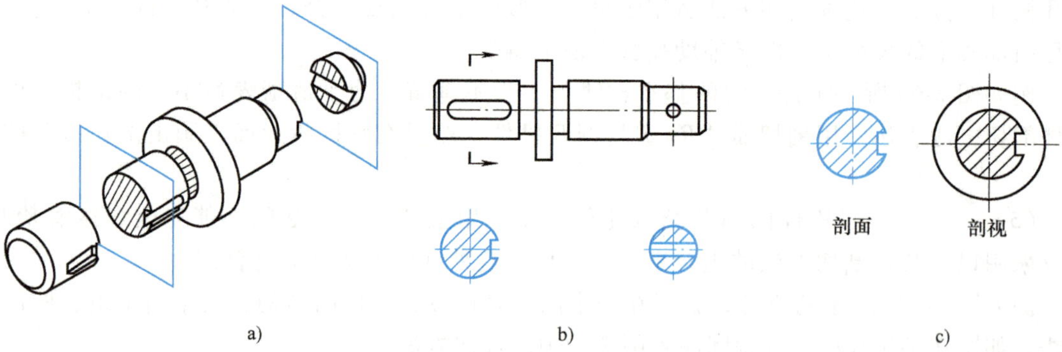

图 2-68 断面图的画法

断面图主要用于表达机件某一部位断面的形状，例如机件上的肋板、轮辐、键槽及型材的断面等。

断面图根据画在图上的位置不同，可分为移出断面图和重合断面图两种。

（1）移出断面图　画在视图轮廓之外的断面图，称为移出断面图。图 2-69 所示断面图为移出断面。移出断面图由于画在视图之外，能保证图形清晰。

移出断面的标注与剖视图基本相同，一般也用剖切符号表示剖切平面剖切位置，箭头表示剖切后的投射方向，标注方法见表 2-8。

（2）重合断面图　画在视图轮廓之内的断面图，称为重合断面图。图 2-70 所示的断面图为重合断面图。

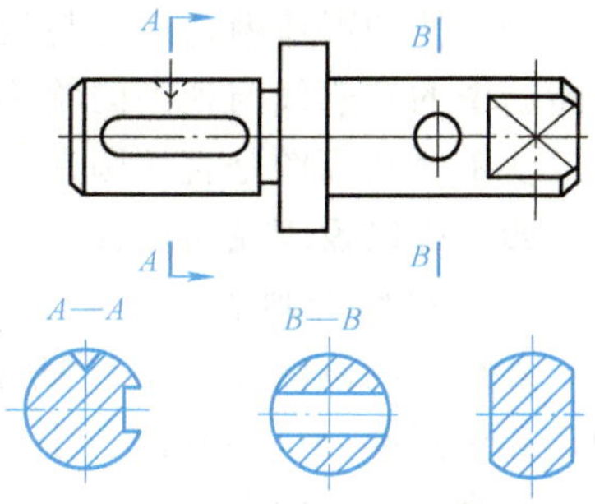

图 2-69　移出断面图的画法

表 2-8　移出断面图的标注

<table>
<tr><th>断 面 位 置</th><th>对称的移出断面图</th><th>不对称的移出断面图</th></tr>
<tr><td>配置在剖切线或剖切符号延长线上</td><td>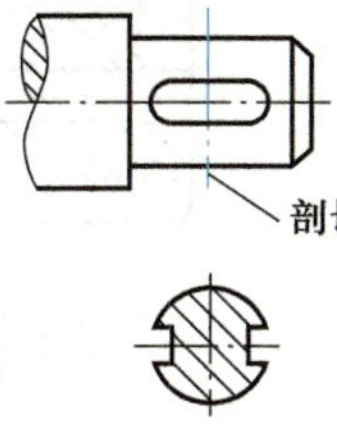

不标字母和剖切符号</td><td>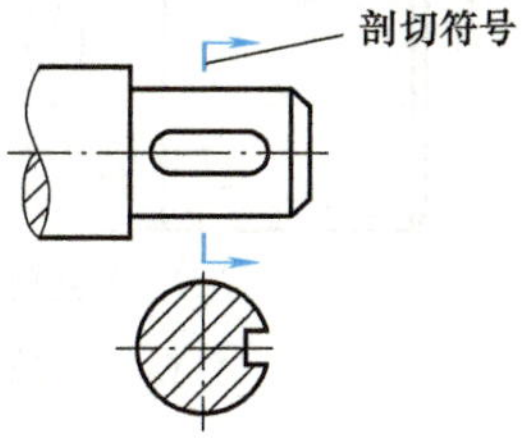

标注剖切符号和投射方向箭头</td></tr>
<tr><td rowspan="2">配置在剖切线或剖切符号延长线之外</td><td rowspan="2">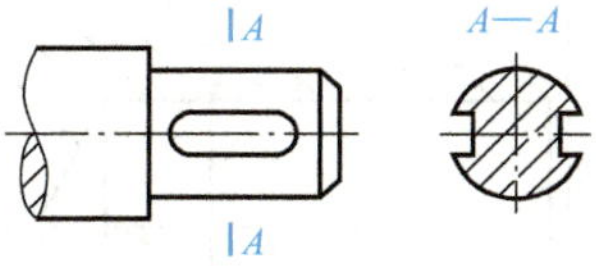

标注剖切符号和字母</td><td>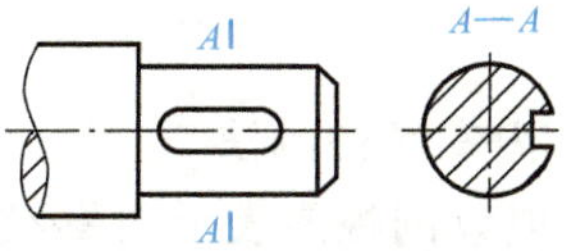

标注剖切符号和字母</td></tr>
<tr><td>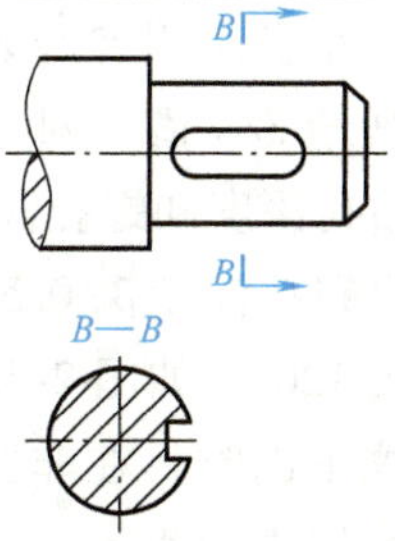

标注剖切符号、投射方向箭头、字母</td></tr>
</table>

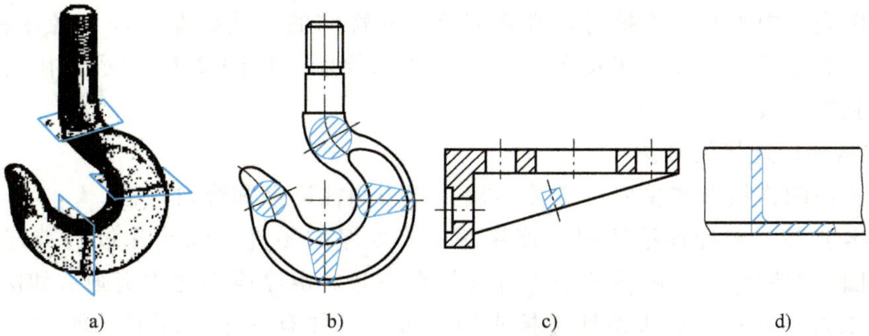

图 2-70　重合断面图

为了使图形清晰，避免与视图中的线条混淆，重合断面图的轮廓线用细实线画出。当重合断面图的轮廓线与视图的轮廓线重合时，仍按视图的轮廓线画出，不应中断，如图 2-70d 所示。重合断面图是直接画在视图内剖切位置上，不必标注。

四、螺纹及螺纹紧固件

1. 外螺纹的画法

外螺纹的画法如图 2-71 所示。外螺纹大径用粗实线表示，小径用细实线表示，螺杆的倒角和倒圆部分也要画出，小径可近似地画成大径的 0.85 倍，螺纹终止线用粗实线表示。在投影为圆的视图上，表示牙底的细实线只画约 3/4 圈，螺杆端面的倒角圆省略不画。

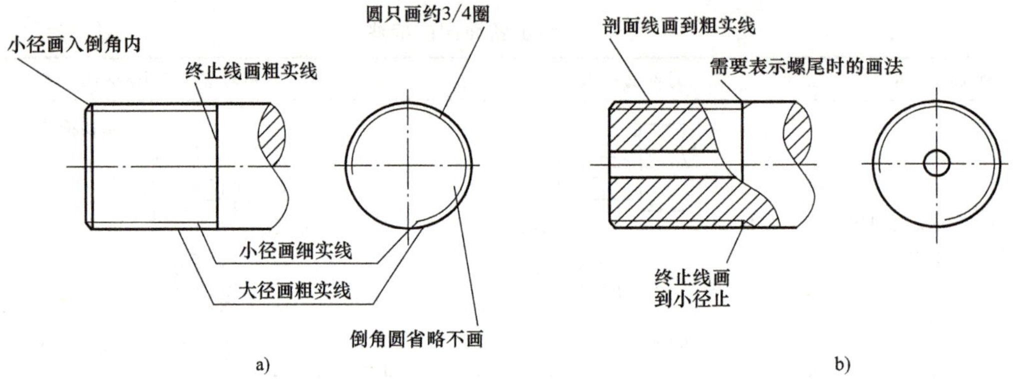

图 2-71　外螺纹的画法

2. 内螺纹的画法

一般以剖视图表示内螺纹。此时，大径用细实线表示，小径和螺纹终止线用粗实线表示，剖面线画到粗实线处。在投影为圆的视图上，小径用粗实线表示，大径用细实线只画约 3/4 圈。对于不穿通的螺孔，应将钻孔深度和螺孔深度分别画出，钻孔深度比螺孔深度深 0.5d。底部的锥顶角应画成 120°，如图 2-72 所示。

内螺纹不剖时，在非圆视图上其大径和小径均用虚线表示。

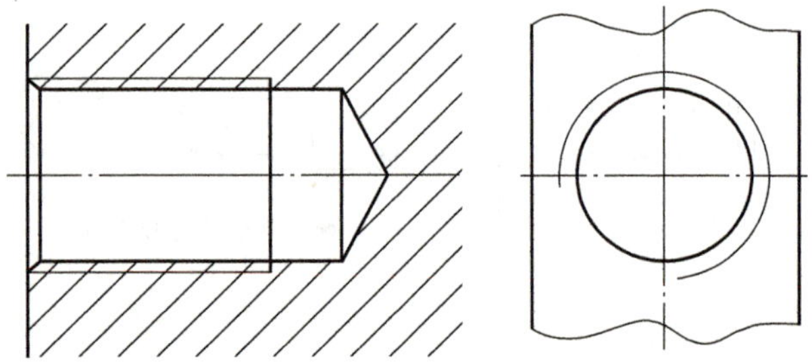

图 2-72　内螺纹的画法

3. 螺纹连接的画法

以剖视图表示内外螺纹连接时，旋合部分按外螺纹的画法绘制，即大径用粗实线表示，小径用细实线表示。其余部分仍按各自的规定画法绘制，如图 2-73 所示。在剖视图上，剖面线均应画到粗实线。

4. 螺纹紧固件连接的画法

螺纹紧固件的连接形式主要有螺栓连接、双头螺柱连接和螺钉连接。

（1）螺栓连接　螺栓连接适用于连接两个不太厚的零件。螺栓穿过两被连接件上的通孔，加上垫圈，拧紧螺母，就将两个零件连接在一起。螺栓连接的比例画法如图 2-74 所示。

（2）双头螺柱连接　双头螺柱连接常用于被连接件有一个太厚而不能加工成通孔的情况。双头螺柱连接的比例画法如图 2-75 所示。

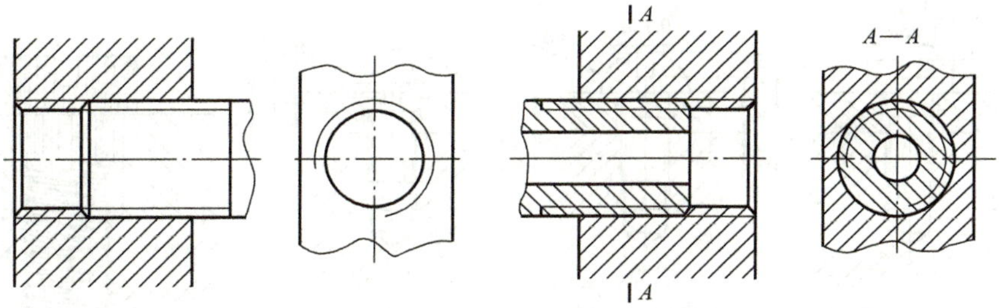

a)　　b)

图 2-73　螺纹连接的画法

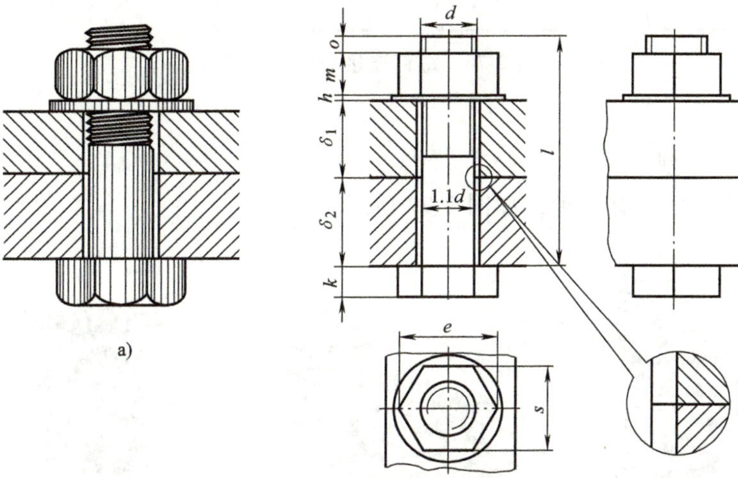

a)　　b)

图 2-74　螺栓连接的比例画法

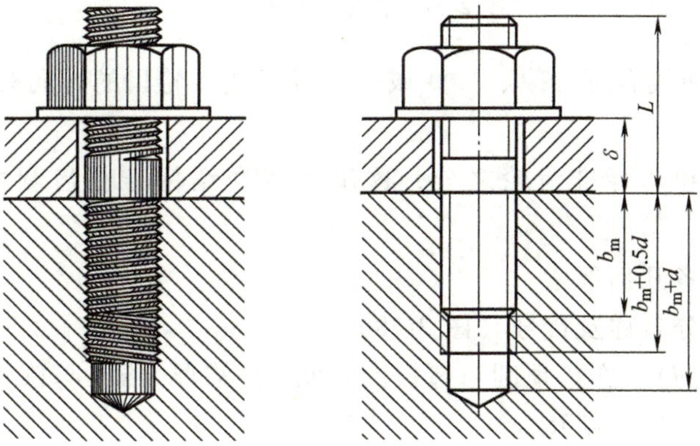

图 2-75　双头螺柱连接的比例画法

（3）螺钉连接　螺钉连接一般用于受力不大而又不经常拆卸的地方。被连接的零件中一个为通孔，另一个为不通的螺纹孔。螺孔深度和旋入深度的确定与双头螺柱连接基本一致。螺钉头部的形式很多，应按规定画出。螺钉连接的比例画法如图 2-76 所示。

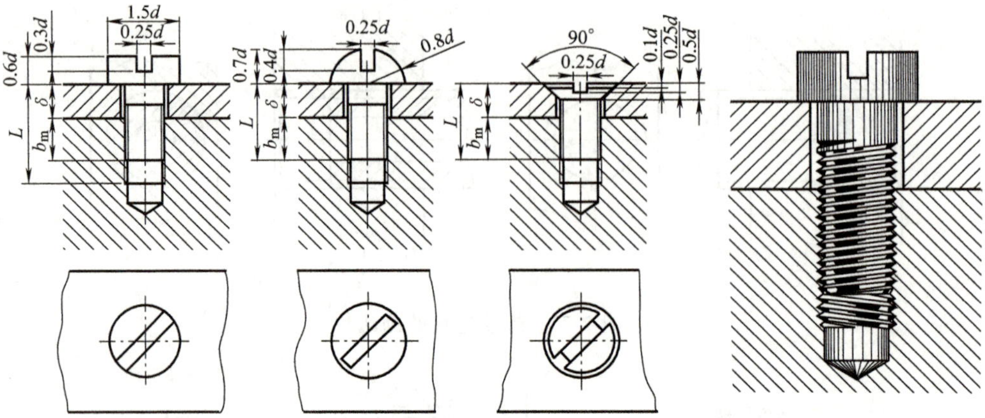

图 2-76 螺钉连接的比例画法

五、齿轮

1. 齿轮传动的类型

常见的齿轮传动形式有三种，如图 2-77 所示。

a) 圆柱齿轮　　b) 锥齿轮　　c) 蜗杆与蜗轮

图 2-77 常见的齿轮传动

齿轮轮齿的齿廓曲线有渐开线、摆线或圆弧等形式。轮齿的方向有直齿、斜齿、人字齿和弧形齿。

齿轮有标准齿轮和非标准齿轮之分，这里主要介绍标准直齿圆柱齿轮的几何要素和画法。

2. 直齿圆柱齿轮各几何要素

（1）直齿轮各部分名称及代号（图 2-78）

1）分度圆直径（d）。在齿顶圆与齿根圆之间，使齿厚（s）与槽宽（e）的弧长相等的圆称为分度圆，其直径以 d 表示。

2）齿距（p）和齿厚（s）。分度圆上相邻两齿对应点之间的弧长，称为分度圆齿距，以 p 表示，两啮合齿轮的齿距应相等；每个轮齿齿廓在分度圆上的弧长，称为分度圆齿厚，以 s 表示；相邻轮齿之间的齿槽在分度圆上的弧长，称为槽宽，用 e 表示。在标准齿轮中，$s=e$，$p=s+e$，$s=e=p/2$。

3）模数（m）。以 z 表示齿轮的齿数，则分度圆周长 $=\pi d=zp$，所以 $d=zp/\pi$。

令 $m=p/\pi$，则 $d=mz$。

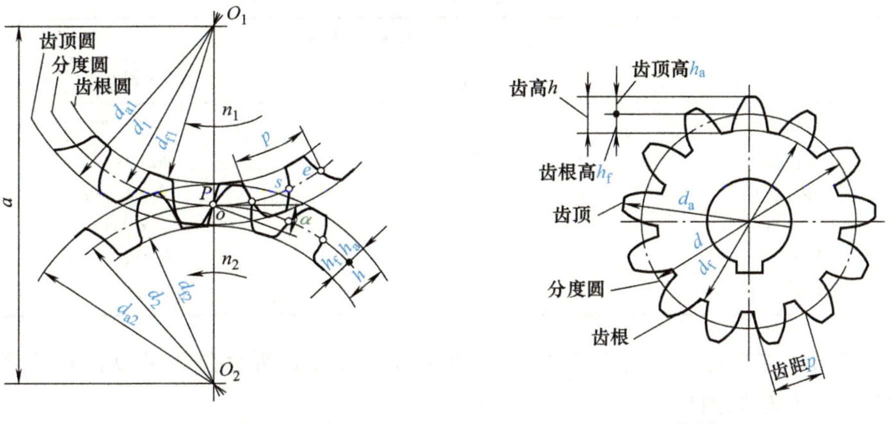

a) 啮合图　　　b) 投影图

图 2-78　直齿轮各部分名称及代号

模数 m 是设计、制造齿轮的重要参数。模数大，齿距 p 也大，随之齿厚 s、齿高 h 也大，因而齿轮的承载能力也增大。

不同模数的齿轮要用不同模数的刀具来加工制造，为了便于设计和加工，模数的数值已系列化，其数值见表 2-9。

表 2-9　齿轮模数系列（GB/T 1357—2008）　　（单位：mm）

第一系列	1　1.25　1.5　2　2.5　3　4　5　6　8　10　12　16　20　25　32　40　50
第二系列	1.125　1.375　1.75　2.25　2.75　3.5　4.5　5.5　(6.5)　7　9　11　14　18　22　28　36　45

注：选用模数时，应优先选用第一系列，其次选用第二系列；括号内的模数尽可能不用。本表未摘录小于 1 的模数。

4）压力角。齿轮分度圆上，齿廓曲线的公法线（齿廓的受力方向）与该点的运动方向之间所夹的锐角，称为分度圆压力角，以 α 表示，我国采用的压力角一般为 20°。

5）传动比 i。传动比 i 为主动齿轮的转速 n_1（r/min）与从动齿轮的转速 n_2（r/min）之比，或从动齿轮的齿数与主动齿轮的齿数之比，即

$$i=n_1/n_2=z_2/z_1$$

6）中心距 a。两圆柱齿轮轴线之间的最短距离称为中心距，即

$$a=(d_1+d_2)/2=m(z_1+z_2)/2$$

（2）直齿圆柱齿轮几何要素的名称、代号及其计算　通过圆柱齿轮轮齿顶部的圆，称为齿顶圆，其直径用 d_a 表示。通过圆柱齿轮齿根部的圆，称为齿根圆，其直径用 d_f 表示。齿顶圆 d_a 与分度圆 d 之间的径向距离，称为齿顶高，用 h_a 来表示。齿根圆 d_f 与分度圆 d 之间的径向距离，称为齿根高，用 h_f 表示。齿顶高与齿根高之和，称为齿全高，以 h 表示，即齿顶圆与齿根圆之间的径向距离。

以上所述的几何要素均与模数 m 有关，其计算公式见表 2-10。

表 2-10 直齿圆柱齿轮各几何要素的名称、代号及计算公式

基本几何要素：模数 m、齿数 z		
名称	代号	计算公式
齿顶高	h_a	$h_a=m$
齿根高	h_f	$h_f=1.25m$
齿高	h	$h=2.25m$
分度圆直径	d	$d=mz$
齿顶圆直径	d_a	$d_a=m(z+2)$
齿根圆直径	d_f	$d_f=m(z-2.5)$

从表中可知，如果已知齿轮的模数 m 和齿数 z，可按表所示公式可以计算出各几何要素的尺寸，绘制出齿轮的图形。

3. 直齿圆柱齿轮的规定画法

（1）单个圆柱齿轮的画法

1）根据国家标准 GB/T 4459.2—2003 规定，表达齿轮的图样，一般用两个视图来表达齿轮的结构形状，如图 2-79a 所示。也可采用剖视表示如图 2-79b 所示。

2）在表达外形的视图中，齿顶圆和齿顶线用粗实线绘制；分度圆和分度线用点画线绘制；齿根圆用细实线绘制（也可省略不画），而齿根线在外形视图中用细实线绘制（也可省略不画），在剖视图中则用粗实线绘制。齿轮其他结构按常规绘制。

3）在剖视图中，当剖切平面通过齿轮轴线时，轮齿一律按不剖绘制，如图 2-79b、c、d 所示。对于斜齿圆柱齿轮和人字齿圆柱齿轮，其轮齿用三条倾斜平行的细实线画出，如图 2-79c、d 所示。

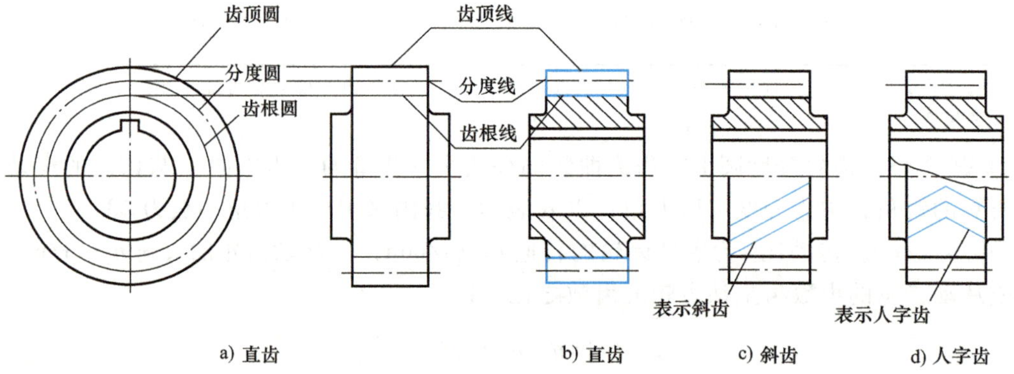

图 2-79 圆柱齿轮的画法

（2）一对相互啮合的圆柱齿轮的画法　在平行于圆柱齿轮轴线的投影面上的全剖视图中，啮合区的一个齿轮的轮齿用粗实线绘制，另一个齿轮轮齿的齿顶被遮住，应画虚线。在平行于圆柱齿轮轴线的投影面上的外形视图中，啮合区不画齿顶线，只用粗实线画出节线，如图 2-80 所示。

（3）齿轮与齿条啮合的画法　当齿轮的直径无限增大时，齿轮的齿顶圆、分度圆、齿根圆和轮齿的齿廓曲线的曲率半径也无限增大而成为直线，齿轮变形为齿条。齿轮与齿条的啮合画法按相互啮合圆柱齿轮的规定画法处理，如图 2-81 所示。

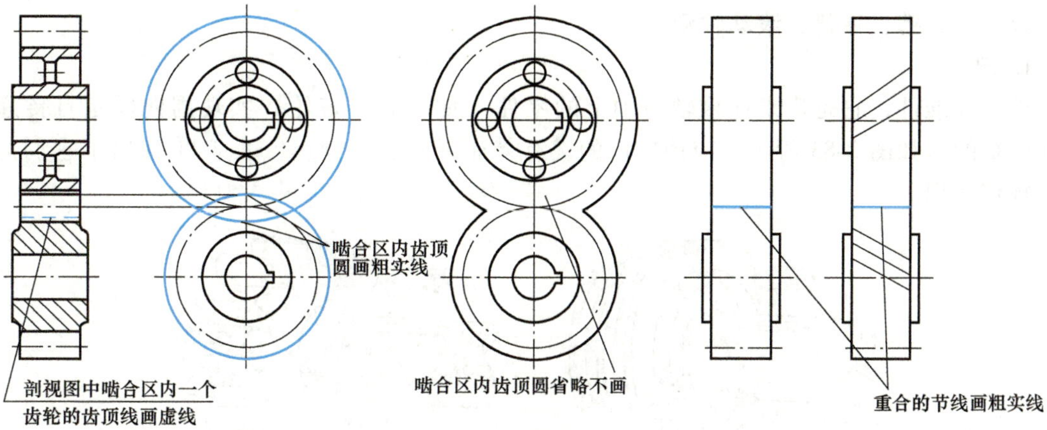

a) 规定画法　　b) 省略画法　　c) 外形画法(直齿与斜齿)

图 2-80　齿轮的啮合画法

（4）圆柱齿轮的零件图　图 2-82 是圆柱齿轮的零件图，用两个视图表达齿轮的结构形状：主视图画成全剖视图，局部视图表达齿轮的轮孔。

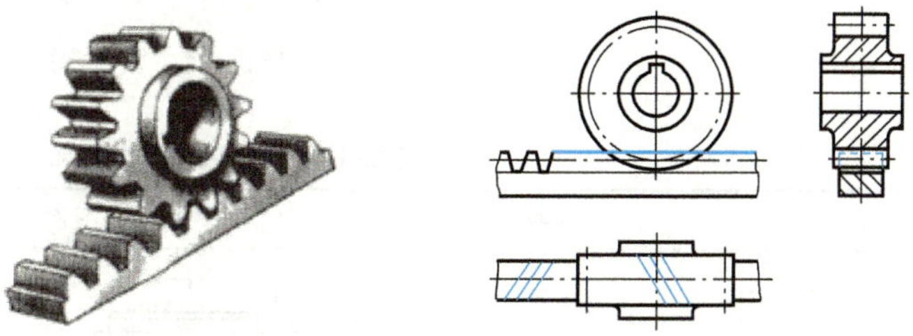

a) 轴测图　　b) 规定画法

图 2-81　齿轮与齿条啮合的画法

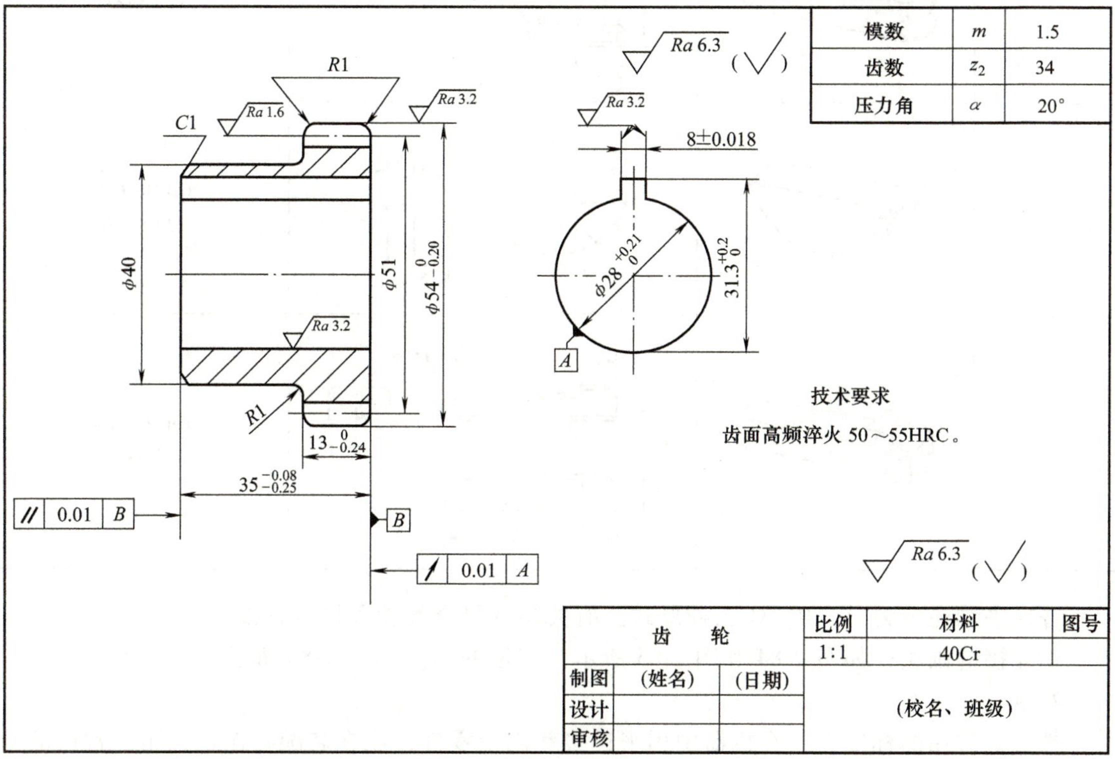

模数	m	1.5
齿数	z_2	34
压力角	α	20°

齿　轮			比例	材料	图号
			1:1	40Cr	
制图	(姓名)	(日期)	(校名、班级)		
设计					
审核					

图 2-82　圆柱齿轮零件图

六、键、销、弹簧、滚动轴承

1. 键

键是标准件，它是用来连接轴与轴上的零件（如齿轮、带轮）实现周向固定且传递动力和转矩的，如图 2-83 所示。应用较广的键有普通平键和半圆键。表 2-11 列出了它们的形式和规定标记。

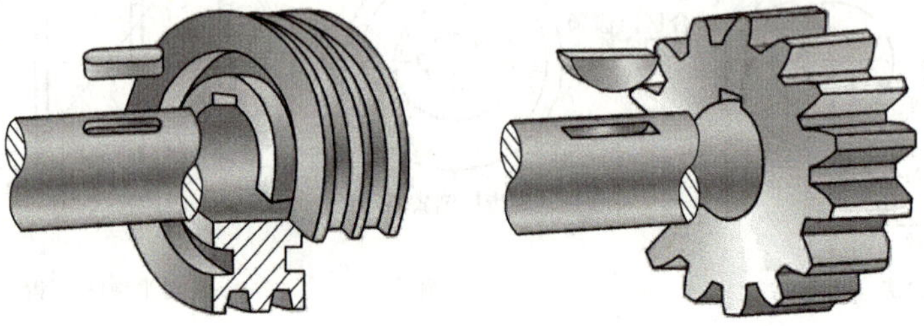

a) b)

图 2-83 键连接

表 2-11 常用键的形式和规定标记

名称	实物	图例	规定标记
普通平键	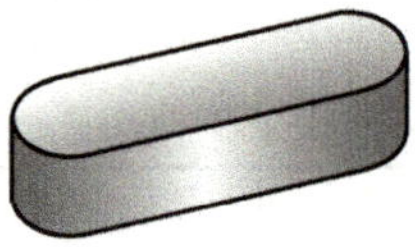	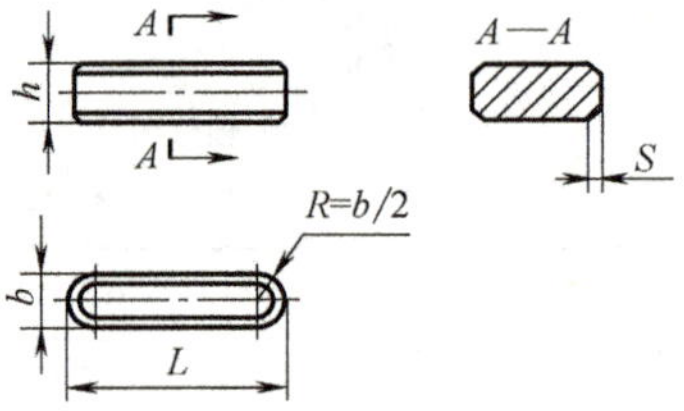	GB/T 1096 键 $b \times h \times L$
半圆键		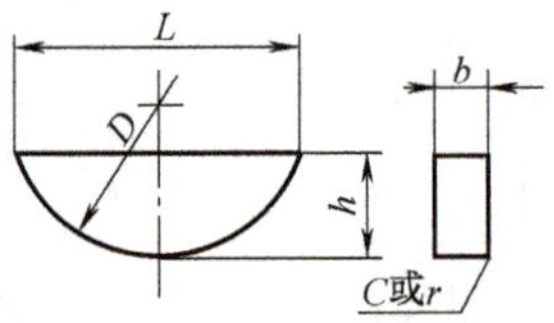	GB/T 1099 键 $b \times h \times D$
钩头楔键	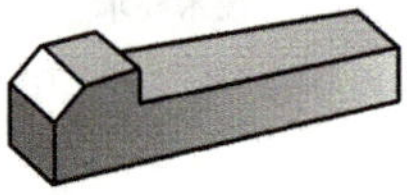	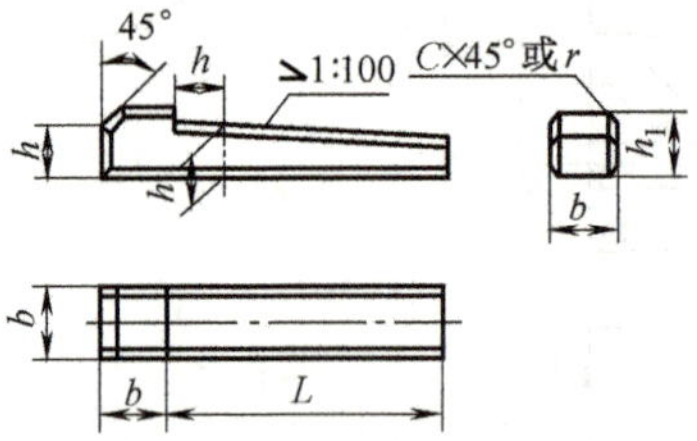	GB/T 1565 键 $b \times L$

普通平键还分为 A、B、C 三种形式。有关参数可查阅相关国家标准。

键连接的画法，如图 2-84 和图 2-85 所示。键槽的画法如图 2-86 所示。

2. 销

销也是常用的标准件，在机器中用来连接和固定零件，或在装配时作定位用。常用的销有圆柱销、圆锥销和开口销，如图 2-87 所示。销连接的画法如图 2-88 所示。

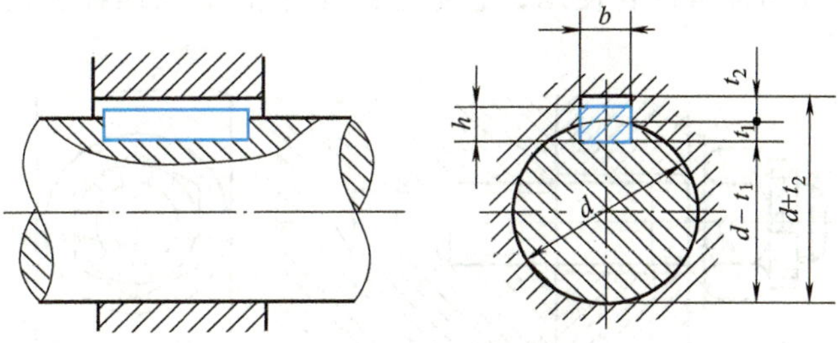

图 2-84　平键连接的画法

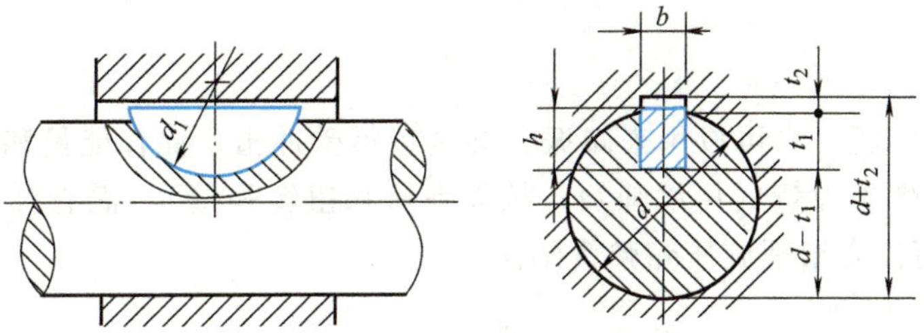

图 2-85　半圆键连接的画法

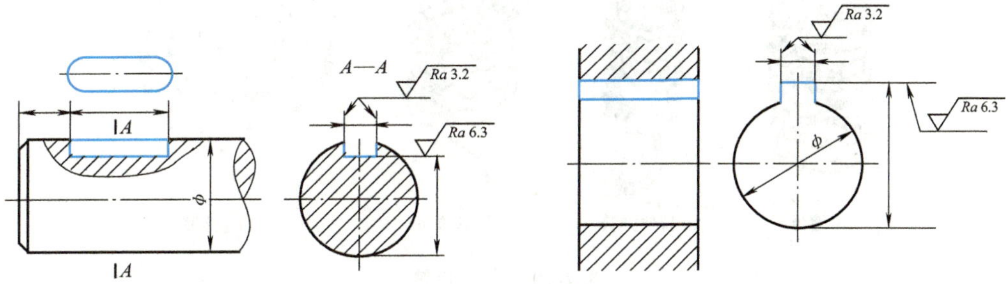

a) 轴上的键槽　　　　b) 轮毂上的键槽

图 2-86　键槽的画法

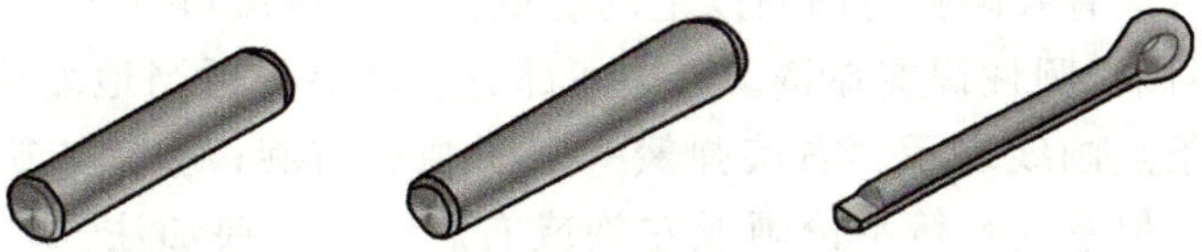

a) 圆柱销　　b) 圆锥销　　c) 开口销

图 2-87　常用的销

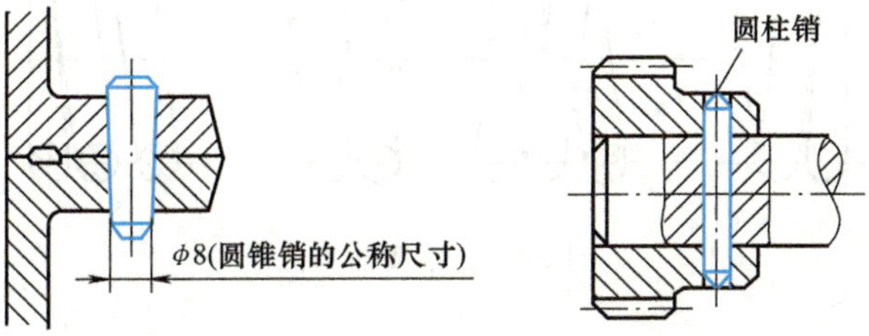

a) 圆锥销连接画法　　　　b) 圆柱销连接画法

图 2-88　销连接的画法

开口销常与六角开槽螺母配合使用，它穿过螺母上的槽和螺杆上的孔以防止螺母松动，如图 2-89 所示。

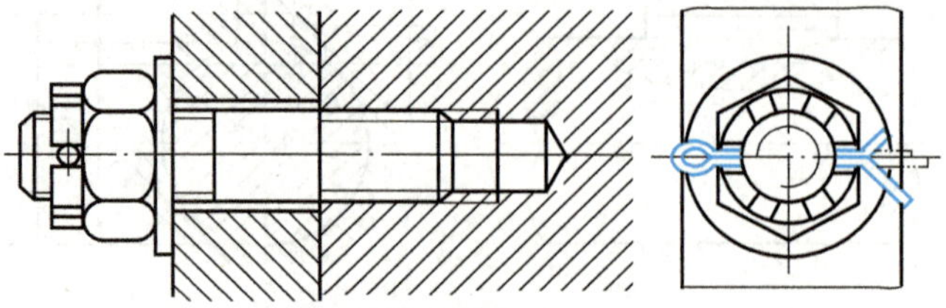

图 2-89　开口销连接的画法

3. 弹簧

弹簧的用途很广泛，它可以用来减振、夹紧、承受冲击、储存能量和测力等。常用的弹簧按其用途可分为螺旋弹簧（压缩弹簧、拉伸弹簧和扭转弹簧）、涡卷弹簧、板弹簧等，如图 2-90 所示。下面仅介绍螺旋压缩弹簧画法。

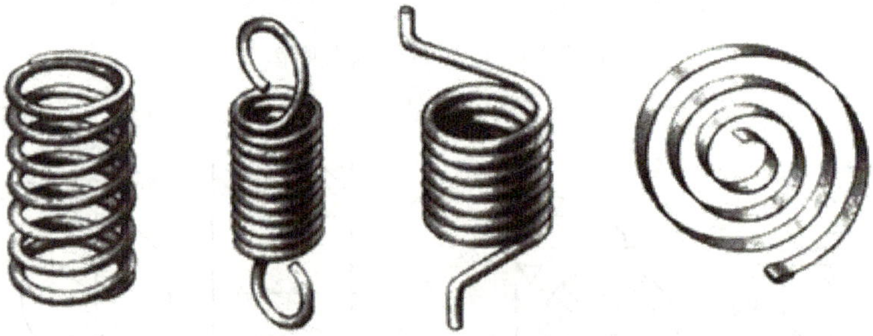

a) 压缩弹簧　b) 拉伸弹簧　c) 扭转弹簧　d) 涡卷弹簧

图 2-90　常见弹簧

螺旋压缩弹簧的画法如图 2-91 所示。螺旋弹簧在平行于轴线的投影面上的图形，其各圈的轮廓应画成直线。有效圈数为四圈以上的螺旋弹簧，两端可画 1、2 圈（支承圈不计在内），中间可省略不画。圆柱螺旋弹簧，当中间部分省略后可适当地缩短图形的长度，用过弹簧钢丝中心的两条点画线表示。右旋弹簧一定要画成右旋；左旋或旋向不规定的螺旋弹簧，允许画成右旋，但左旋弹簧不论画成左旋或右旋，一律要加注“左”字。有特定右旋要求时也应标明“右旋”。

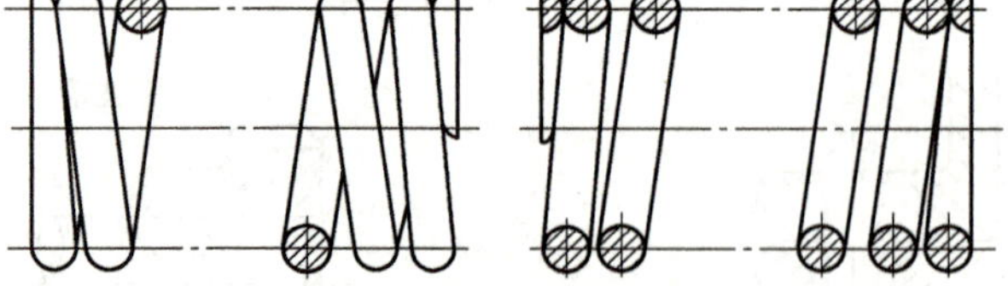

图 2-91　弹簧的画法

4. 滚动轴承

在机器中，滚动轴承是用来支承轴的标准部件。由于它可以极大地减少轴与孔相对旋转时的摩擦力，具有机械效率高，结构紧凑等优点，所以应用极为广泛。

滚动轴承的表示法包括通用画法、特征画法和规定画法三种。前两种表示法又称简化画法。各种表示法的示例见表 2-12。

表 2-12　常用滚动轴承的表示法

轴承类型	结构形式	通用画法	特征画法	规定画法	承载特征
		（均指滚动轴承在所属装配图中的剖视图画法）			
深沟球轴承 GB/T 276—2013 60000 型	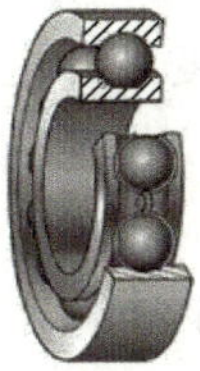		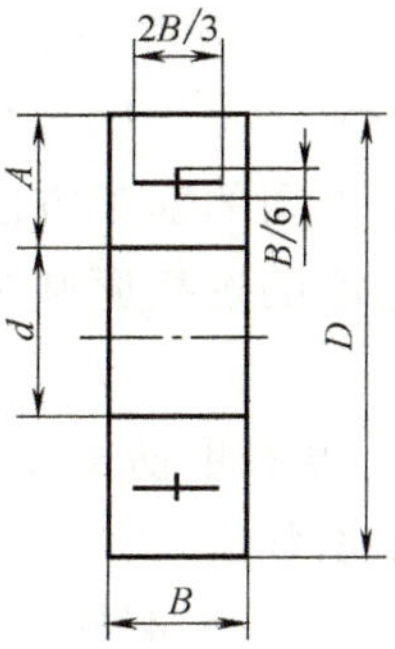	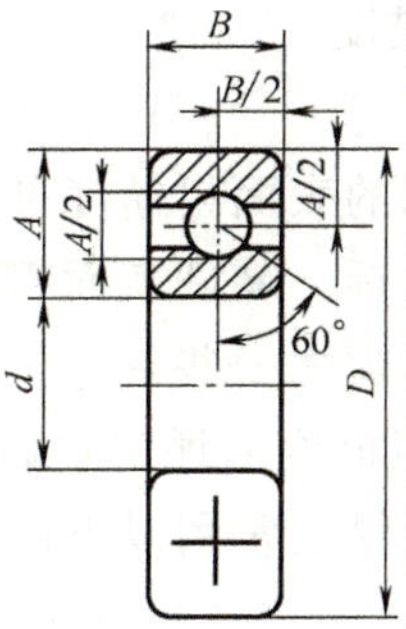	主要承受径向载荷
圆锥滚子轴承 GB/T 297—2015 30000 型	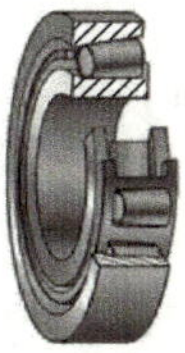	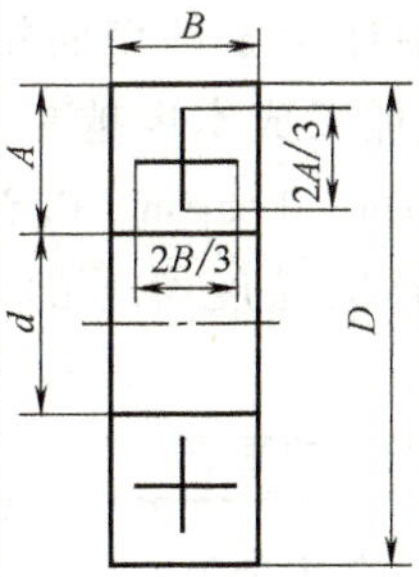	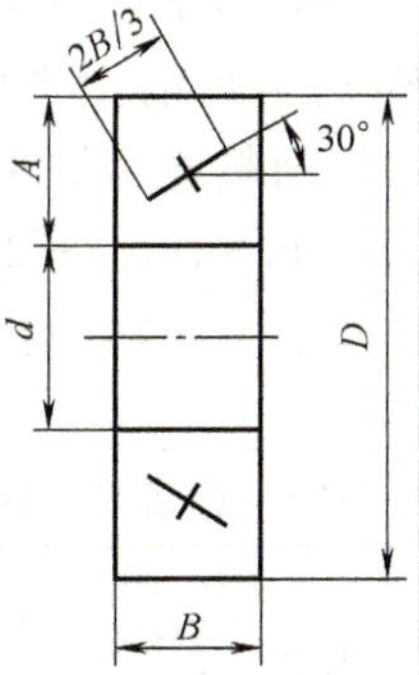	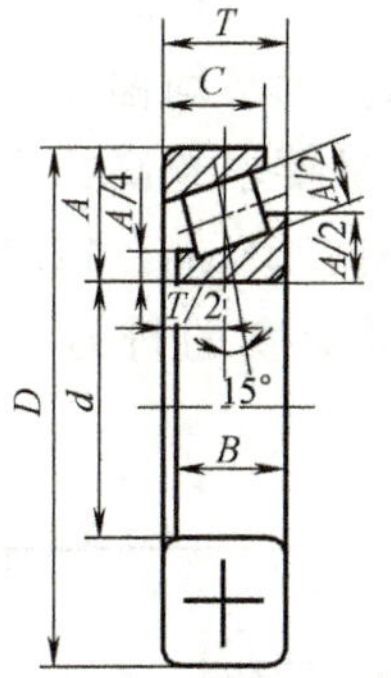	可同时承受径向和轴向载荷
推力球轴承 GB/T 301—2015 51000 型			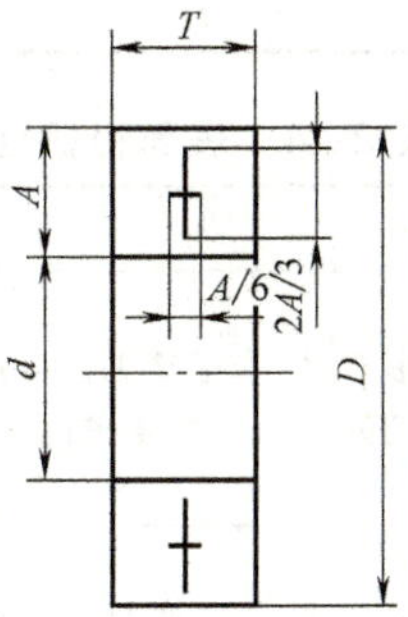	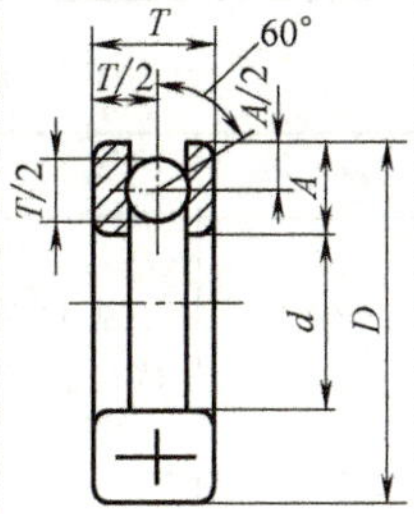	承受单方向的轴向载荷
三种画法的选用		当不需要确切地表示滚动轴承的外形轮廓、承载特性和结构特征时采用	当需要较形象地表示滚动轴承的结构特征时采用	在滚动轴承的产品图样、产品样本、产品标准和产品使用说明书中采用	

课题三　零件图的识读

一、机械图样中的技术要求

1. 表面粗糙度

零件加工表面上具有较小间距的峰和谷所组成的微观几何形状特征，称为表面粗糙度。一般来说，不同的表面粗糙度是由不同的加工方法形成的。表面粗糙度是评定零件表面质量的一项重要的指标。零件表面粗糙度的选择原则是：在满足零件使用功能的前提下，表面粗糙度允许值尽可能大一些。

（1）表面粗糙度的评定参数　表面粗糙度是以参数值的大小来评定的，目前在生产中评定零件表面粗糙度常用以下两个参数。

1）轮廓算术平均偏差（*Ra*）。它是在取样长度 *L* 内，轮廓偏距 *y* 绝对值的算术平均值，用 *Ra* 表示。

2）轮廓最大高度（*Rz*）。它是在取样长度 *L* 内，轮廓峰顶线与峰谷底线之间的距离。

其中，轮廓算术平均偏差（*Ra*）是目前生产中评定零件表面粗糙度的最主要参数。*Ra* 值越小，表面质量要求越高，零件表面越光滑，但加工成本也越高。

常用 *Ra* 值有：25μm，12.5μm，6.3μm，3.2μm，1.6μm，0.8μm。

（2）表面粗糙度的符号及其含义　零件表面粗糙度符号的画法及含义见表2-13和表2-14。

表2-13　表面粗糙度符号的画法

基本符号	数字和字母高度 *h*（见 GB/T 14690）	2.5	3.5	5	7	10	14	20
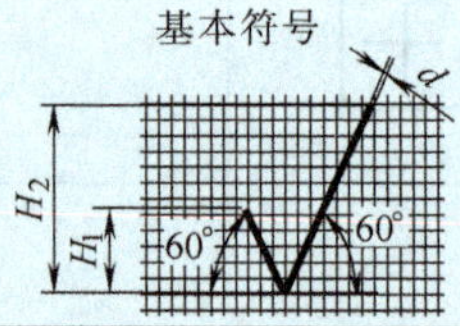	符号的线宽 *d*	0.25	0.3	0.5	0.7	1	1.4	2
	高度 H_1	3.5	5	7	10	14	20	28
	高度 H_2	8	11	15	21	30	42	60

表2-14　表面粗糙度符号的含义

序号	符号		含义
1	表面结构的图形符号		基本图形符号，未指定工艺方法的表面，当通过一个注释解释时可单独使用，如：大多数表面有相同表面结构要求的简化注法
			扩展图形符号，用去除材料方法获得的表面；仅当其含义是“被加工表面”时可单独使用，如：车、铣、钻、磨、剪切、腐蚀、电加工、气割等
			扩展图形符号，不去除材料的表面，也可用于表示保持上道工序形成的表面，不管这种状况是通过去除材料或不去除材料形成的，如铸、锻、冲压变形等

（续）

序号	符　　号		含　　义
2	带补充注释的（带长边横线）的图形符号		加工方法：铣削
		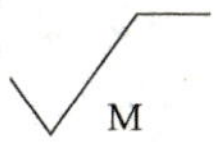	表面纹理：纹理呈多方向
		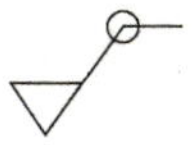	对投影视图上封闭的轮廓线所表示的各表面有相同的表面结构要求
		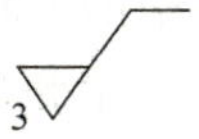	加工余量为 3mm

（3）表面粗糙度在图样上的标注　表面粗糙度标注方法，如图 2-92～图 2-94 所示。

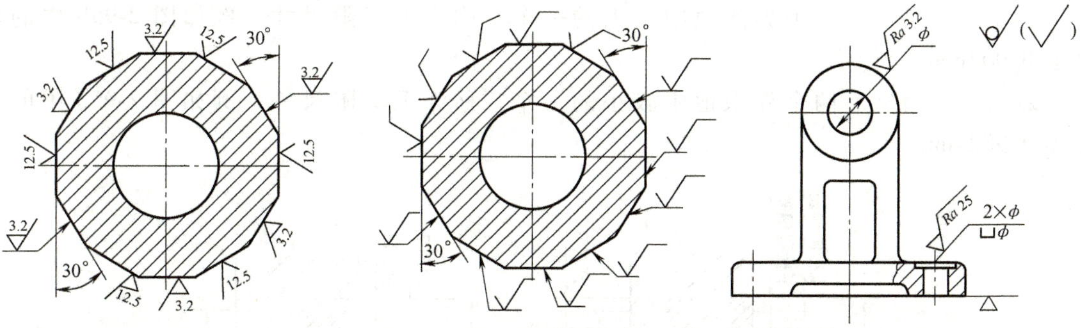

a) 各倾斜表面粗糙度符号的标注　b) 带有横线的表面糙度的标注　c) 用细实线连接的不连续的同一表面只标注一次

图 2-92　表面粗糙度标注一

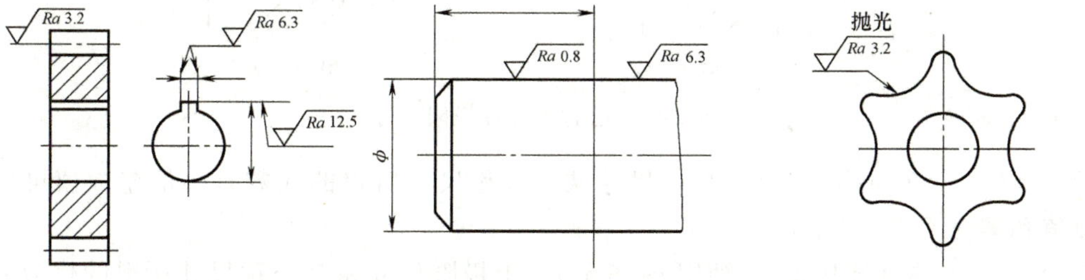

a) 齿轮的标注　b) 同一表面不同表面粗糙度的注法　c) 连续表面的表面粗糙度只注一次

图 2-93　表面粗糙度标注二

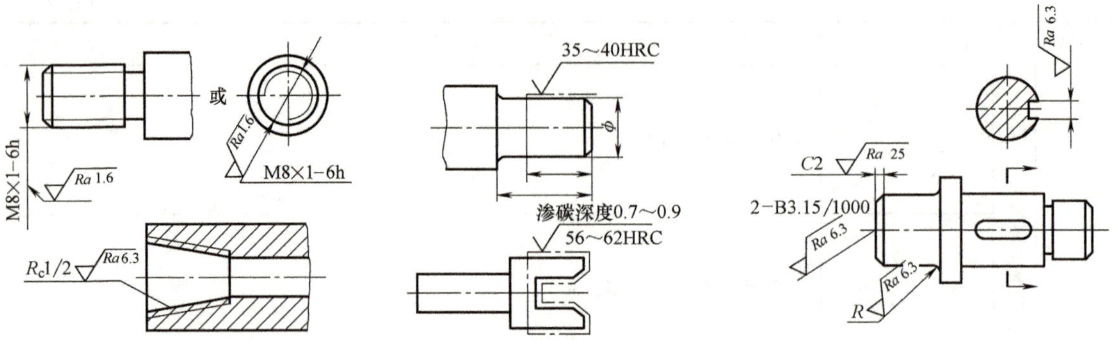

a) 螺纹的注法　　b) 局部处理的注法　　c) 中心孔、键槽、圆角、倒角的注法

图 2-94　表面粗糙度标注三

2. 极限与配合

（1）尺寸公差　以孔为例，将有关尺寸公差的术语及定义介绍如下。

1）公称尺寸。设计给定的尺寸，如图 2-95a 中的尺寸 L、图 2-95b 中的 ϕ50mm。

通过公称尺寸及上、下极限偏差可算出极限尺寸。公称尺寸可以是一个整数值或一个小数值。图中剖面符号较密的部分表示尺寸允许的变动量，称为公差带。

2）实际尺寸。通过实际测量所得的尺寸。由于存在测量误差，实际尺寸并非被测尺寸的真值。

① 上极限尺寸。两个界限值中较大的一个，称为上极限尺寸，例如图 2-95b 中的尺寸 ϕ50. 007mm。

② 下极限尺寸。两个界限值中较小的一个，称为下极限尺寸，例如图 2-95b 中的尺寸 ϕ49. 982mm。

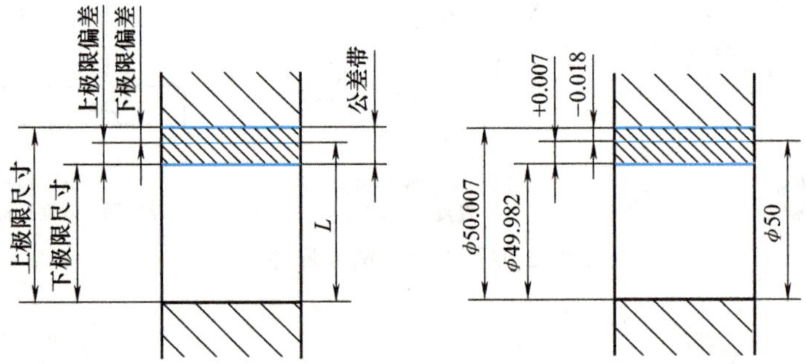

a)　　b)

图 2-95　公称尺寸和极限尺寸

3）尺寸偏差（简称偏差）。某一尺寸减其公称尺寸所得的代数差。偏差数值可以是正值、负值和零。

① 上极限偏差（孔用 ES、轴用 es 表示）。上极限尺寸减其公称尺寸所得的代数差，称为上极限偏差。如图 2-95b 所示，孔的上极限偏差为 ES = 50. 007mm − 50mm = +0. 007mm。

② 下极限偏差（孔用 EI、轴用 ei 表示）。下极限尺寸减其公称尺寸所得的代数差，称为下极限偏差。如图 2-95b 所示，孔的下极限偏差 EI = 49. 982mm − 50mm = −0. 018mm。

实际尺寸减去公称尺寸所得的代数差，称为实际偏差。实际偏差应在上、下极限偏差所决定的区间内，才算合格。上、下极限偏差统称为极限偏差。极限偏差可以为正值、负值或零。

4）尺寸公差（简称公差）。允许尺寸的变动量。公差等于上极限尺寸与下极限尺寸之差，也等于上极限偏差与下极限偏差之差，是一个没有符号的绝对值。如图 2-95b 所示，公差 = 50.007mm − 49.982mm = 0.007mm − (−0.018mm) = 0.025mm。

5）公差带。在公差带图解中，由代表上极限偏差和下极限偏差或上极限尺寸和下极限尺寸的两条直线所限定的一个区域，称为公差带。在公差带图中，确定偏差的一条基准直线，即零线。通常零线表示公称尺寸。

（2）配合　公称尺寸相同的、互相结合的孔和轴公差带之间的关系，称为配合。孔和轴配合时，由于它们的实际尺寸不同，将产生间隙或过盈。

孔的尺寸减去相配合的轴的尺寸所得的代数差为正值时是间隙，为负值时是过盈，如图 2-96 所示。

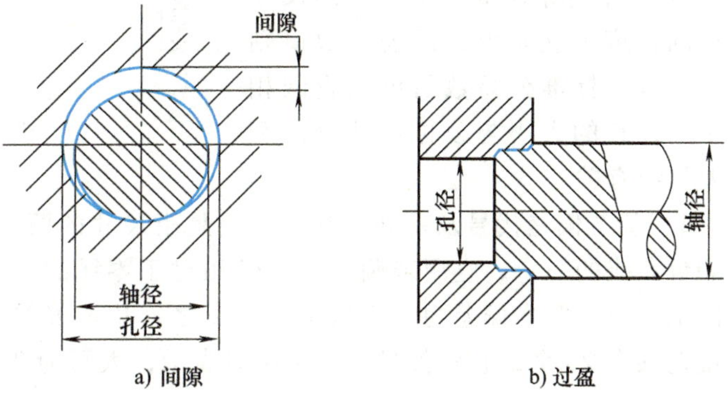

图 2-96　间隙和过盈

根据孔、轴公差带相对位置不同，或按配合零件的结合面形成间隙或过盈的不同，配合分为以下三类。

1）间隙配合。具有间隙（包括最小间隙等于零）的配合，称为间隙配合。此时孔的公差带在轴的公差带之上，如图 2-97a 所示。

最大间隙：孔的上极限尺寸减轴的下极限尺寸所得的代数差。

最小间隙：孔的下极限尺寸减轴的上极限尺寸所得的代数差。

2）过盈配合。具有过盈（包括最小过盈为零）的配合，称为过盈配合。此时孔的公差带在轴的公差带之下，如图 2-97b 所示。

最大过盈：孔的下极限尺寸减轴的上极限尺寸所得的代数差。

最小过盈：孔的上极限尺寸减轴的下极限尺寸所得的代数差。

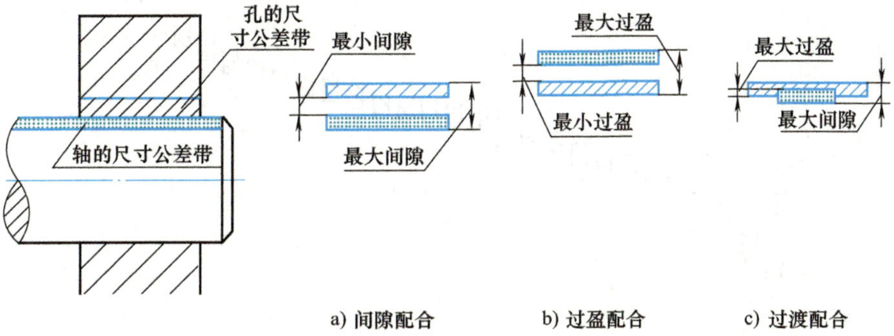

图 2-97　配合的类别

3）过渡配合。可能具有间隙或过盈的配合，称为过渡配合。此时孔的公差带与轴的公差带相互交叠，如图2-97c所示。对过渡配合，一般只计算最大间隙和最大过盈。

在规定具有过渡配合性质的一批零件的公差时，虽然允许得到间隙或过盈的配合，但对已装配好的一对具体零件，只能得到一种结果，即为间隙或过盈。

（3）标准公差与基本偏差 公差带由“公差带大小”和“公差带的位置”这两个要素组成。“公差带大小”由标准公差确定，“公差带位置”由基本偏差确定，如图2-98所示。

1）标准公差的等级、代号及数值。根据尺寸制造的精度，将标准公差的等级分为20级，分别用IT01、IT0、IT1、…、IT18表示。IT表示标准公差，数字表示公差等级。由IT01至IT18，公差等级依次降低，即尺寸的精确程度依次降低，而公差数值则依次增大。标准公差数值可以查阅相关手册，它的大小与公称尺寸分段和公差等级有关。

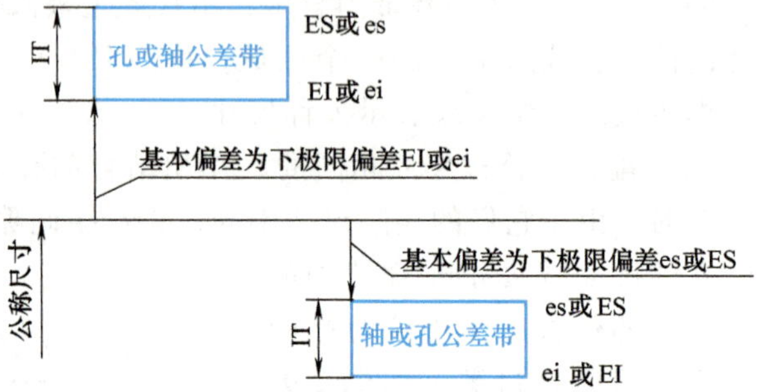

图2-98 公差带大小及位置

2）基本偏差代号及系列。基本偏差是指尺寸的两个极限（上极限偏差或下极限偏差）中靠近零线的一个，它用来确定公差带相对于零线的位置，如图2-98所示。当公差带在零线的上方时，基本偏差为下极限偏差；反之，基本偏差为上极限偏差。如图2-99所示，基本偏差共有28个，它的代号用拉丁字母表示，大写为孔，小写为轴。

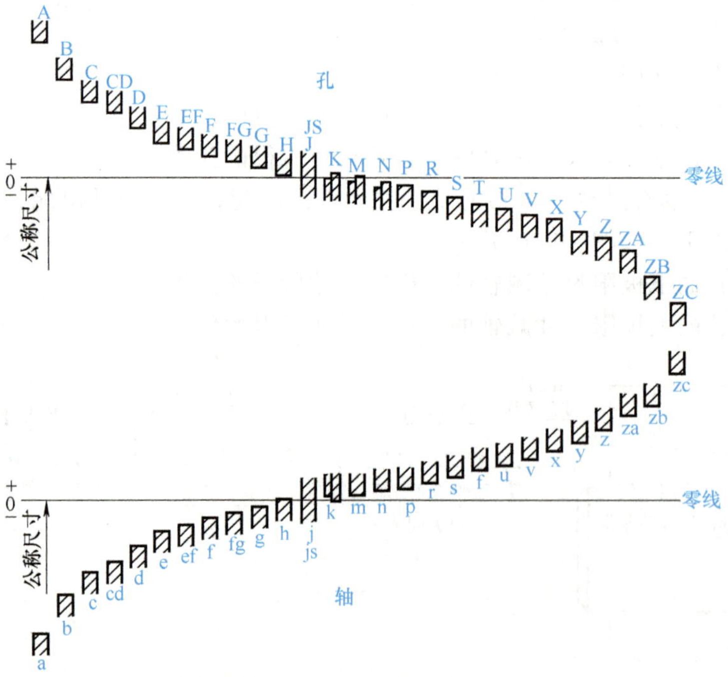

图2-99 基本偏差系列

从图中可以看出，轴的基本偏差中，从 a 到 h 为上极限偏差 es，而且是负值（h 为零），其绝对值依次减小。js 的公差带对称于零线，故基本偏差可为上极限偏差（es=+IT/2）或下极限偏差（ei=-IT/2）。从 j 到 zc，基本偏差为下极限偏差 ei。其中 j 是负值，而 k 至 zc 为正值，其绝对值依次加大。

根据孔、轴的基本偏差和标准公差，就可计算出孔、轴的另一个偏差。

对于孔，其另一个偏差为：ES=EI+IT 或 EI=ES-IT。

对于轴，其另一个偏差为：es=ei+IT 或 ei=es-IT。

3）配合制。为了得到不同性质的配合，可以同时改变两配合零件的极限尺寸，也可以将一个零件的极限尺寸保持不变，只改变另一配合零件的极限尺寸，以达到要求的配合性质。为了获得最大的技术经济效果，相关国家标准中规定了两种体制的配合系列——基孔制和基轴制。

① 基孔制。基本偏差为一定的孔的公差带，与不同基本偏差的轴的公差带形成各种配合的一种制度。在基孔制中，孔为基准孔，根据国家标准规定，基准孔的代号用大写字母“H”表示，其下极限偏差（EI）为零，如图 2-100a 所示。

② 基轴制。基本偏差为一定的轴的公差带，与不同基本偏差的孔的公差带形成各种配合的一种制度。在基轴制中，轴为基准轴，根据国家标准规定，基准轴的代号用小写字母“h”表示，其上极限偏差（es）为零，如图 2-100b 所示。

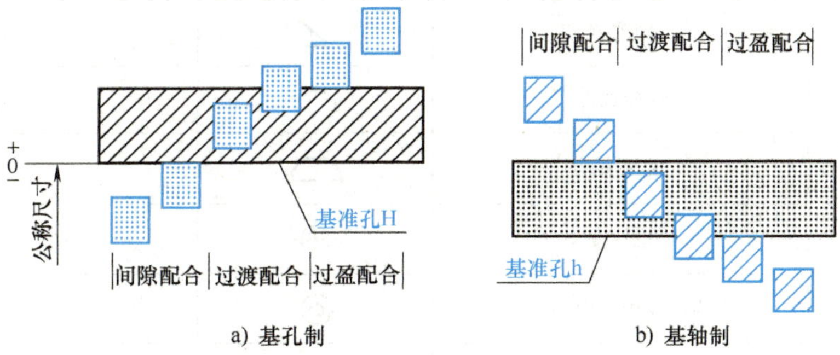

图 2-100 基孔制和基轴制

3. 几何公差

如果零件存在严重的几何误差，将给其装配造成困难，影响机器的质量。因此，对于精度要求较高的零件，除给出尺寸公差外，还应根据设计要求，合理地确定出几何误差的最大允许值，例如图 2-101b 中的 ϕ0.08mm（即销轴轴线必须位于直径为公差值 ϕ0.08mm 的圆柱面内，如图 2-101a 所示）、图 2-102b 中的 0.1mm（即上表面必须位于距离为公差值 0.1mm 且平行于基准表面 A 的两平行平面之间，如图 2-102a 所示）。

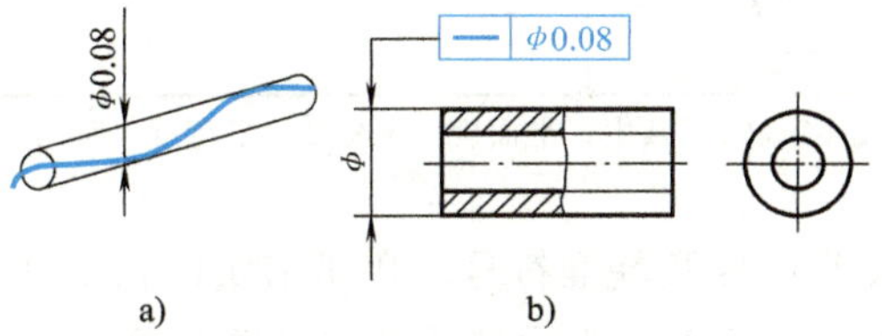

图 2-101 直线度公差

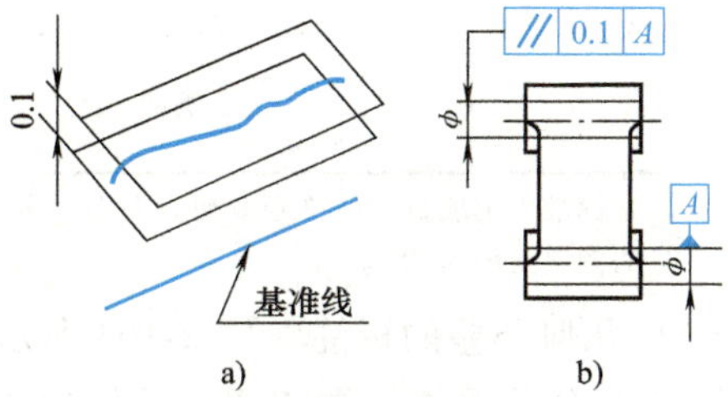

图 2-102 平行度公差

（1）几何公差的代号　国家标准中对几何公差的特征项目、术语、代号、数值、标注方法等都进行了规定。

几何公差的分类、符号及有无基准见表 2-15。

表 2-15　几何公差的分类、符号及有无基准

公差类型	几何特征	符号	有无基准
形状公差	直线度	⏤	无
	平面度	⏥	无
	圆度	○	无
	圆柱度	⌭	无
	线轮廓度	⌒	无
	面轮廓度	⌓	无
方向公差	平行度	//	有
	垂直度	⊥	有
	倾斜度	∠	有
	线轮廓度	⌒	有
	面轮廓度	⌓	有
位置公差	位置度	⌖	有或无
	同轴度(用于中心点)	◎	有
	同轴度(用于轴线)	◎	有
	对称度	⌯	有
	线轮廓度	⌒	有
	面轮廓度	⌓	有
跳动公差	圆跳动	↗	有
	全跳动	⌰	有

注：国家标准规定项目特征符号线型为 $h/10$，符号高度为 h（同字高），其中，平面度、圆柱度、平行度、跳动等符号的倾斜角度为 75°。

（2）几何公差的标注　图 2-103 所示为几何公差代号及基准符号。用带箭头的指引线将被测要素与公差框格一端相连。具体标注方法可参考图 2-104 所示轴的几何公差的标注。

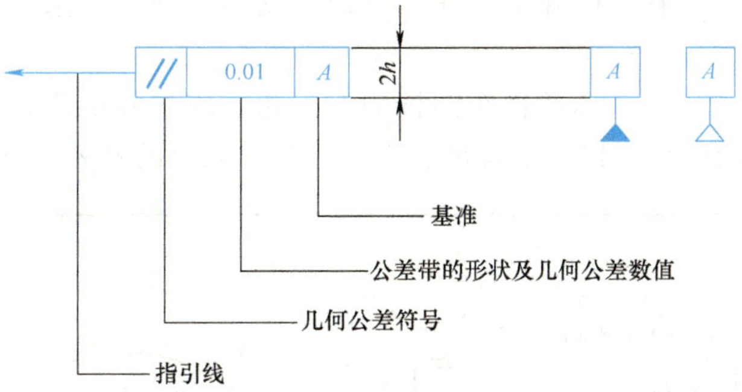

图 2-103　几何公差代号及基准符号

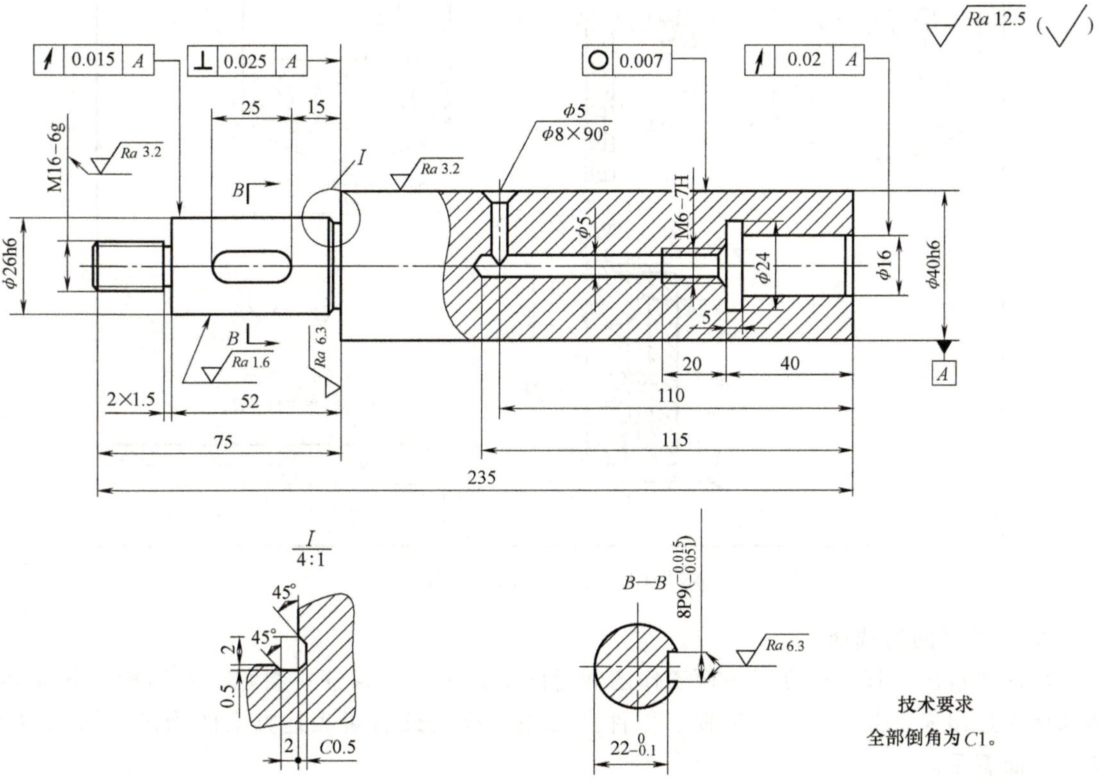

图 2-104　轴的几何公差的标注

二、零件的表达方式

1. 零件图一般包含的内容

（1）一组视图　用一组图形（包括各种表达方法）准确、清楚和简便地表达出零件的结构形状。例如图 2-105 所示的泵盖，用四个基本视图表达了该零件的结构形状。

（2）完整的尺寸　正确、齐全、清晰、合理地标出零件各部分的大小及其相对位置尺寸，即提供制造和检验零件所需的全部尺寸。

（3）必要的技术要求　将制造零件应达到的质量要求（如表面粗糙度、尺寸公差、几何公差、材料、热处理及表面镀、热处理等），用一些规定的代（符）号、数字、字母或文字，准确、简明地表示出来。有用代（符）号标在图中的技术要求，也有用文字注写在标题栏上方的技术要求。

（4）填写完整的标题栏　标题栏在图样的右下角，应按标准格式画出，用以填写零件的名称、材料、图样的编号、比例及设计、审核、批准人员的签名、日期等。

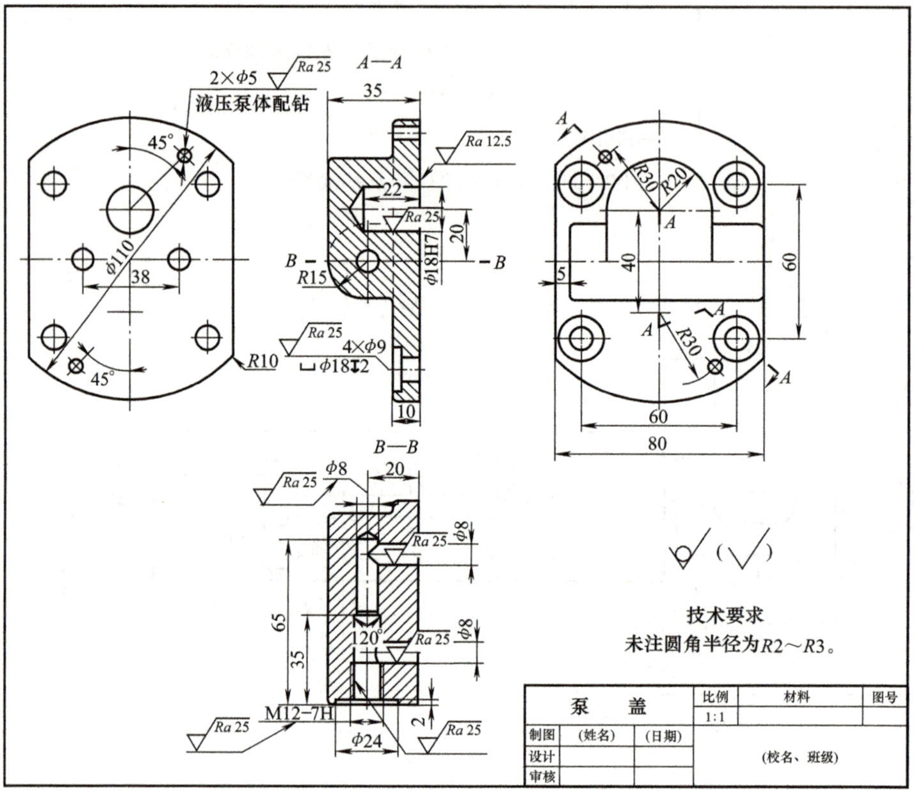

图 2-105　齿轮泵泵盖零件图

2. 零件视图的选择

零件的视图选择，应在考虑便于作图和看图的前提下，保证一组零件的结构形状完整，清晰地表达出来，并力求绘图简便。零件的视图选择（或者说表达方案的确定）可从以下两个方面着手。

（1）主视图的选择　一般情况下，主视图是表达零件结构形状的一组图形中最主要的视图，而且画图和看图也通常先从主视图开始。主视图的选择是否合理，直接影响到其他视图的选择、配置和看图、画图是否方便，甚至也影响到图幅能否合理利用。因此，应首先选好主视图。

图 2-106 所示为尾架体，按 *A* 投射方向与按 *B* 投射方向所得到的视图相比较，*A* 投射方向反映的信息量为大，形状特征明显。因此，应以 *A* 投射方向所得到的视图作为主视图，这就是大信息量原则。

图 2-107b 所示为轴的主视图，其安放方位符合图 2-107a 所示在车床上的加工位置。

图 2-107c 所示尾架体的主视图符合它在车床上的安装（工作）位置。这就是加工位置原则。

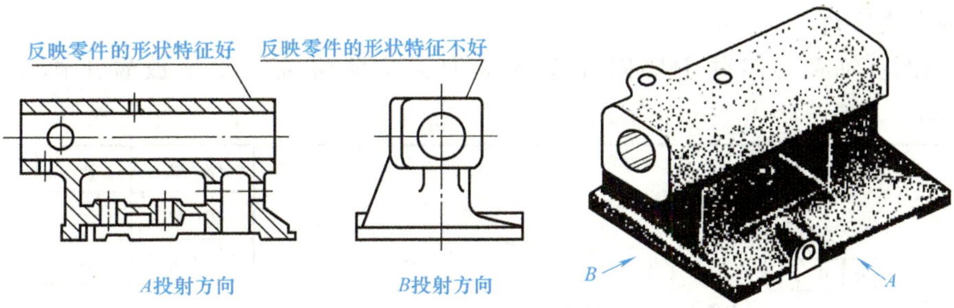

图 2-106 考虑零件投射方向选择主视图

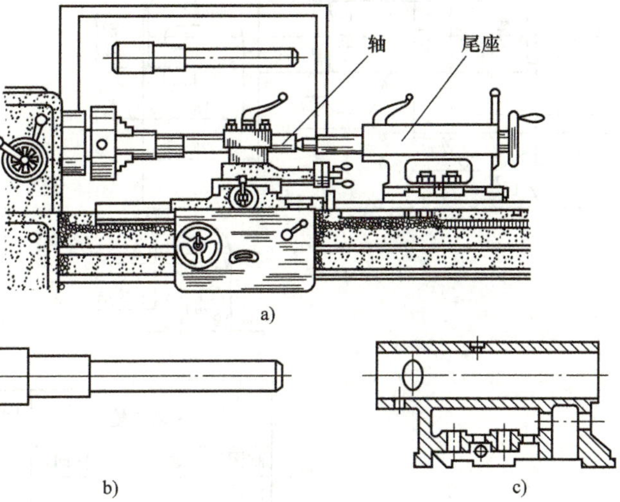

图 2-107 考虑零件安放位置选择主视图

（2）其他视图 主视图确定后，应根据零件结构形状的复杂程度，由主视图是否已表达完整和清楚，来决定是否需要及需要多少其他视图以弥补表达的不足。

视图使用的数量，与选用的表达方法有关，所选各视图都应有明确的表达目的。零件的主体形状应采用基本视图表达，即优先选用基本视图。局部形状如不便在基本视图上兼顾表达时，可另选用其他视图（如向视图、局部视图、断面图等）。一个好的表达方案往往在完整、清晰表达物体的前提下，视图数量最少。

零件结构上不可见的轮廓在视图中用虚线表示，这会增加看图的难度，因此应尽量少用虚线。可采用局部视图、向视图、剖视图或断面图等表达方法来减少虚线的使用，但会增加视图的个数。适当少量使用虚线，又可以减少视图数量，两之间的矛盾应在对具体零件表达的分析中权衡、解决。

零件在同一投射方向中的内外结构形状，一般可在同一视图（剖视图）上兼顾表达，可避免细节重复。当不便在同一视图上表达时（如内、外结构形状投影发生层次重叠），也可另用其他视图表达。对细节表达重复的视图应舍去，力求表达简练，不出现多余视图。

3. 典型零件的视图选择

（1）轴套类零件

1）主视图。轴套类零件主要以在车床上加工位置将轴线水平放置来画主视图，如图 2-108 所示。

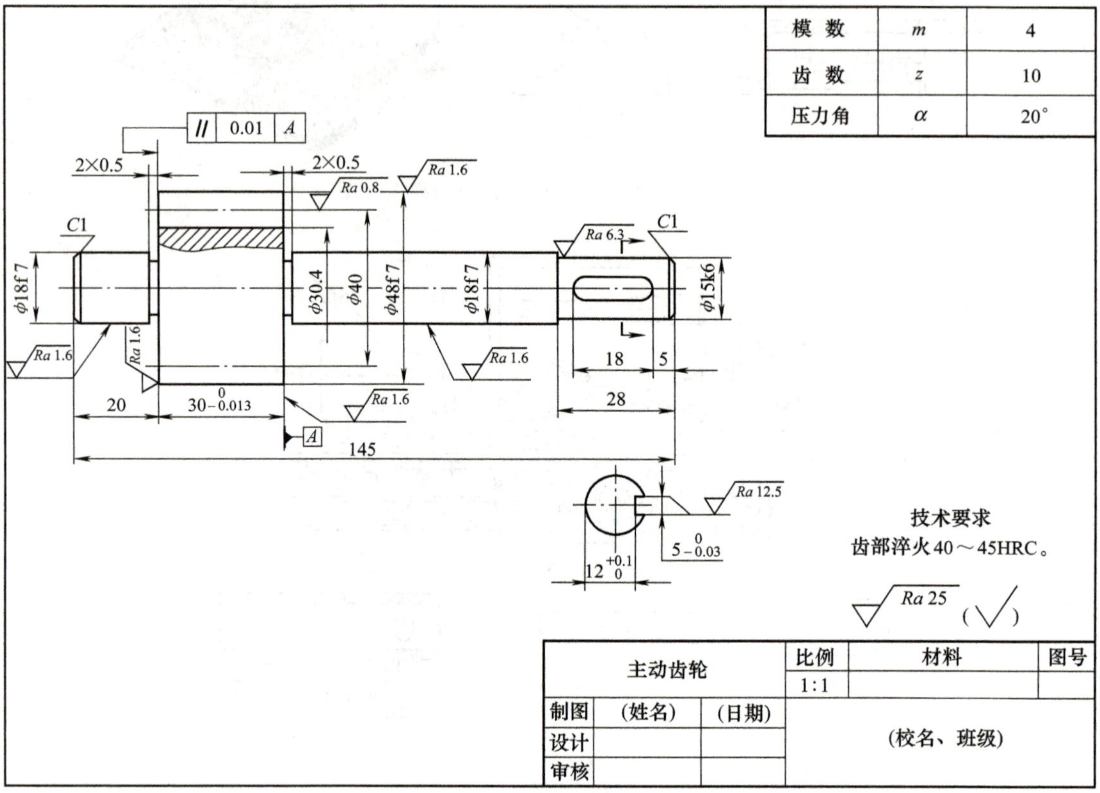

图 2-108　轴套类零件

形状简单且较长的零件可采用折断法；实心轴上个别部分的内部结构形状，可用局部剖视兼顾表达。空心套可用剖视图（全剖、半剖或局部剖）表达。轴端中心孔不进行剖视，用规定标准代号表示。

2）其他视图。轴套类零件的主要结构形状是同轴回转体，在主视图上注出相应的直径符号"ϕ"，即可表示清楚形体特征，故一般不必再用其他基本视图（结构复杂的轴例外）。基本视图未完整、清楚表达的局部结构形状（如键槽、退刀槽、孔等），可另用断面图、局部视图和局部放大图等补充表达，既清晰又便于标注尺寸。

（2）轮盘类零件

1）主视图。轮盘类零件的主要回转面和端面都在车床上加工，故其主视图的选择与轴套类零件相同，也按加工位置将其轴线水平放置画主视图。对于不以车削加工为主的某些盘盖类零件，也可按工作位置画主视图。其主视投射方向的形状特征性原则应首先满足，通常选投影为非圆的视图作为主视图。多用各种剖视，侧重反映内部形状，如图 2-109 所示。

2）其他视图。轮盘类零件的表达一般需要两个基本视图。当基本视图图形对称时，可只画一半或略大于一半。基本视图未能完整、清楚表达的其他结构形状，可用断面图或局部视图表达。如有较小结构，可用局部放大图表达。

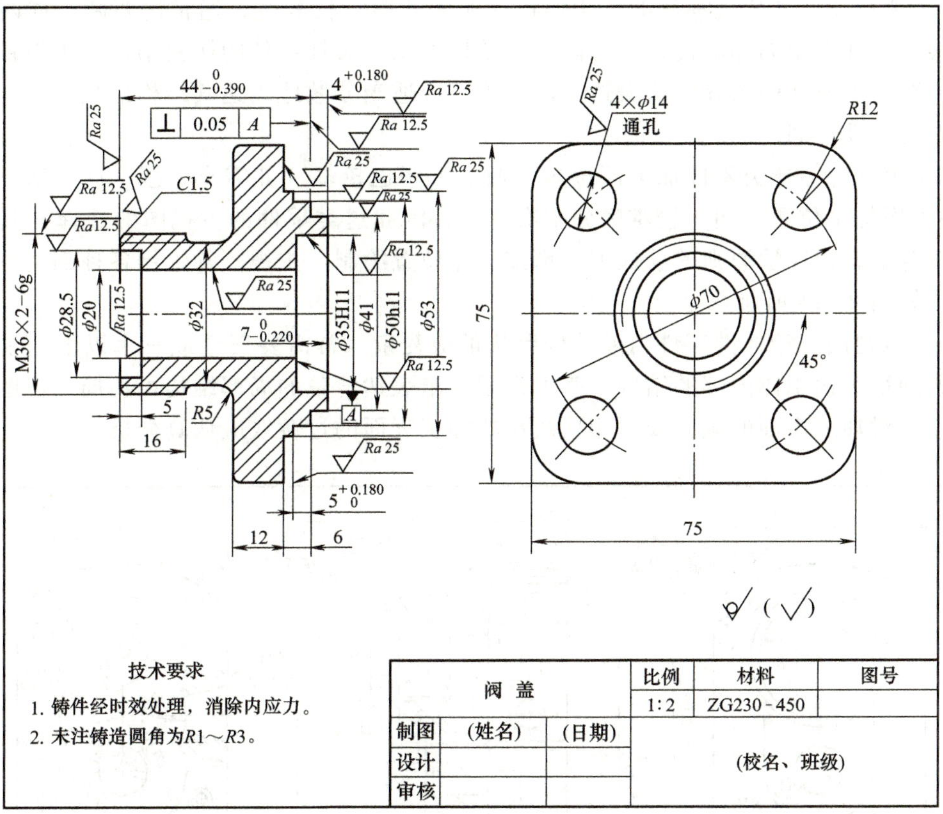

图 2-109　轮盘类零件

（3）叉架类零件

1）主视图。一般叉架类零件加工部位较少，加工时各工序位置不同，较难区别主次工序，故在符合主视投射方向的形状特征原则的前提下，按工作（安装）位置绘制主视图。当工作位置是倾斜的或不固定时，可将其下放画主视图。主视图常采用剖视图（形状不规则时用局部剖视为多）表达方法。其上的肋剖切时应采用规定画法。表面过渡线较多，应仔细分析，正确表示，如图 2-110 所示。

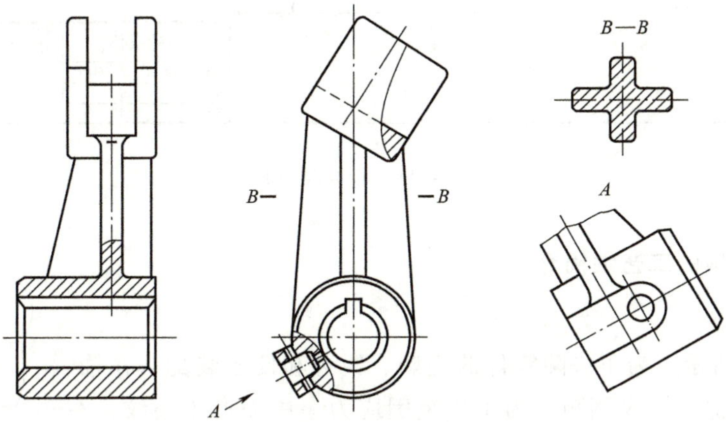

图 2-110　叉架类零件

2）其他视图。叉架类零件的结构形状（尤为外形）较复杂，通常需要两个或两个以上的视图表达，并多用局部剖视来表达内、外结构形状。叉杆零件的倾斜结构常用斜视图、局部视图、剖视图或断面图等方法表达。此类零件应适当分散地表达其结构形状。

（4）箱体类零件

1）主视图。箱体类零件加工部位多，加工工序也较多（如需车、刨、铣、钻、镗、磨等），各工序加工位置不同，较难区分主次工序，因此这类零件的主视图的选择在其投射方向应在符合形状特征性原则的前提下，都按工作位置绘制。主视图常采用各种剖视图表达主要结构，如图 2-111 所示。

2）其他视图。箱体类零件内外结构形状都很复杂，常需要三个或三个以上的视图，并以适当的剖视表达主体内部的结构。基本视图尚未表达清楚的局部结构可用局部视图、断面图等表达。对加工表面的截交线、相贯线和非加工表面的过渡线应认真分析。

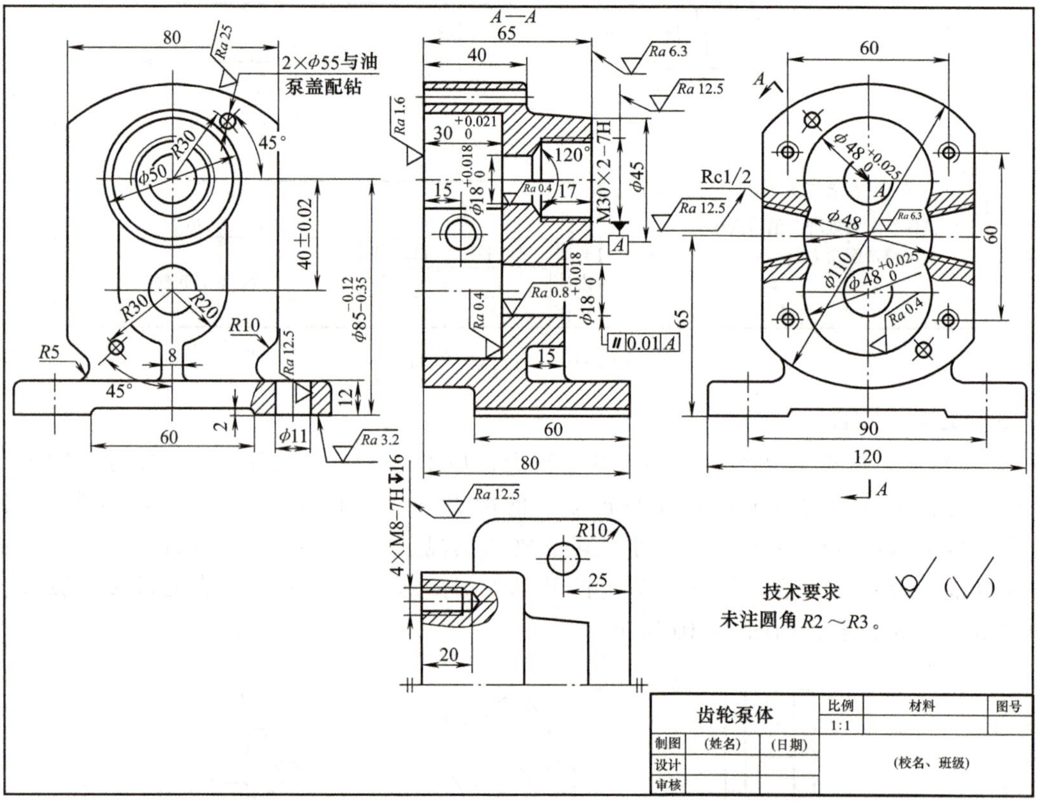

图 2-111　箱体类零件

三、零件结构的工艺性简介

1. 倒角和倒圆

如图 2-112 所示，为了去除零件的毛刺、锐边和便于装配，在轴、孔的端部，一般都加工成倒角。为了避免因应力集中而产生裂纹，在轴肩根部往往加工成圆角，称为倒圆。

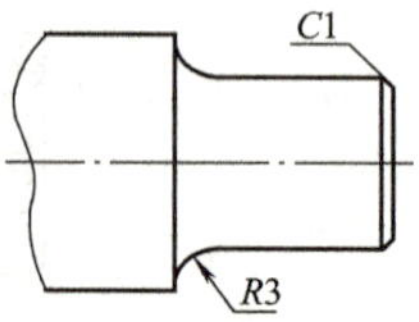

图 2-112　倒角和倒圆

2. 螺纹退刀槽和砂轮越程槽

在切削加工中，特别是在车螺纹和磨削时，为了便于退出刀具或使砂轮可以稍稍越过加工面，通常在零件待加工面的末端，先车出螺纹退刀槽或砂轮越程槽，如图 2-113 和图 2-114 所示。

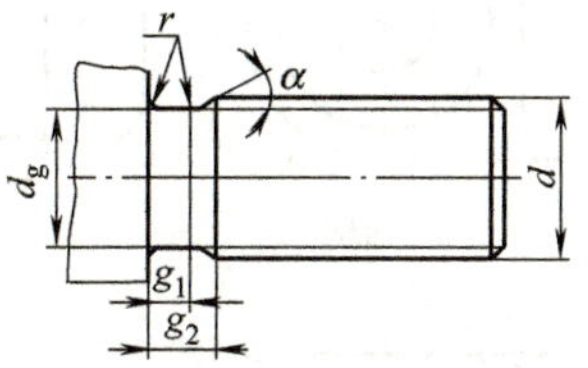

图 2-113　螺纹退刀槽

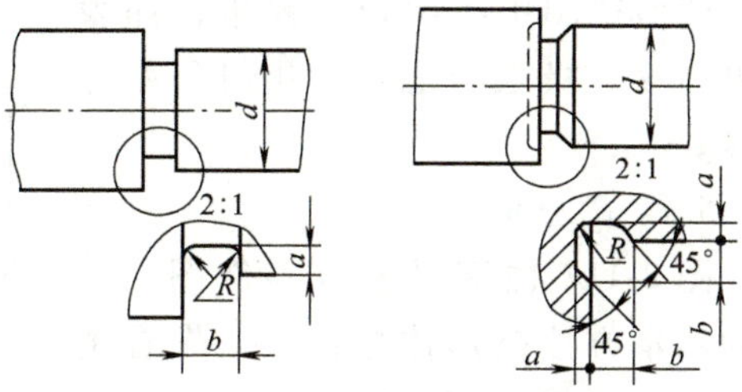

图 2-114　砂轮越程槽

3. 钻孔结构

用钻头钻出的不通孔，在底部有一个 118°的锥角，钻孔深度是指圆柱部分的深度，不包括锥坑，如图 2-115a 所示。在阶梯钻孔的过渡处，有 118°的锥角圆台，其画法及尺寸标注，如图 2-115b 所示，通常画成 120°。

用钻头钻孔时，要求钻头轴线垂直于被钻孔的端面，以保证钻孔准确和避免钻头折断，如图 2-116 所示。

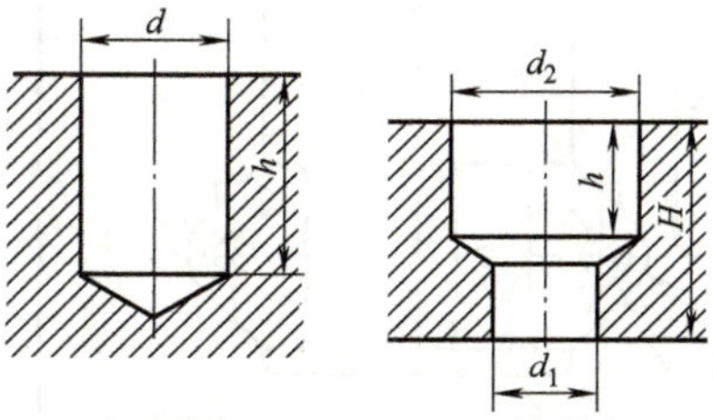

a) 不通孔　　b) 通孔

图 2-115　钻孔结构

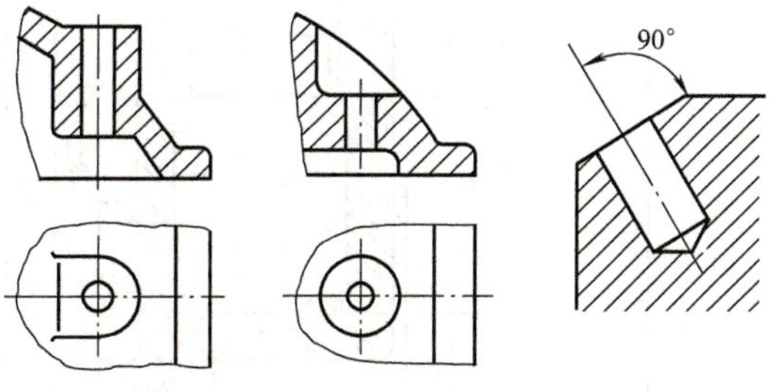

a) 凸台　　b) 凹坑　　c) 斜面

图 2-116　三种钻孔端面的正确结构

4. 凸台和凹坑

为了减少加工面积，并保证零件表面之间接触，通常在铸件上设计出凸台或加工成凹坑。如图 2-117 所示。

另外，热加工零件的工艺结构都有一些具体的要求，可参考相关工艺要求。

四、读零件图

1. 概括了解

首先从标题栏中了解零件的名称、材料、数量等，然后通过装配图或其他途径了解零件的作用和与其他零件的装配关系。

2. 分析视图，想象形状

1）弄清各视图之间的投影关系。

2）以形体分析法为主，结合零件上常见的结构知识，看懂零件各部分的形状，综合想象出整个零件的形状。

3. 分析尺寸

分析尺寸基准，了解零件各部分的定形尺寸、定位尺寸和总体尺寸。

4. 了解技术要求

读懂视图中各项技术要求，如表面粗糙度、极限与配合、几何公差等内容。

5. 实例分析

图 2-118 柱塞泵泵体零件图。读图的基本方法是形体分析法，先看主要部分，后看次要部分；先看整体，后看细节；先看易懂的部分，后看难懂的部分。还可根据尺寸及功用判断、想象形体。分析图 2-118 所示的各视图可知，泵体零件由泵体和两块安装板组成。

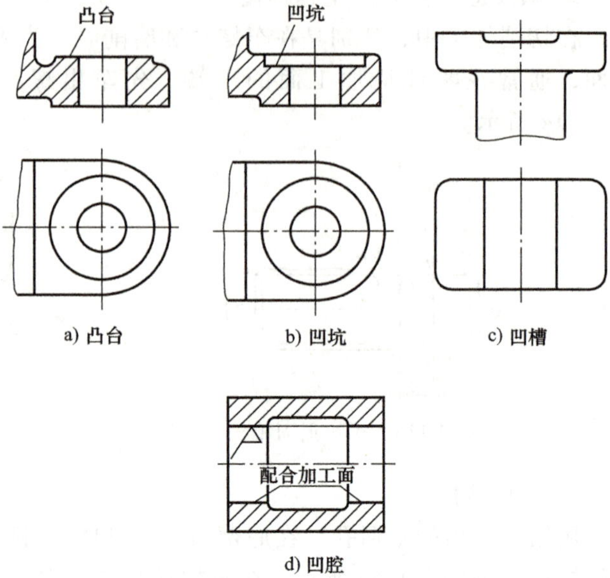

图 2-117　凸台和凹坑

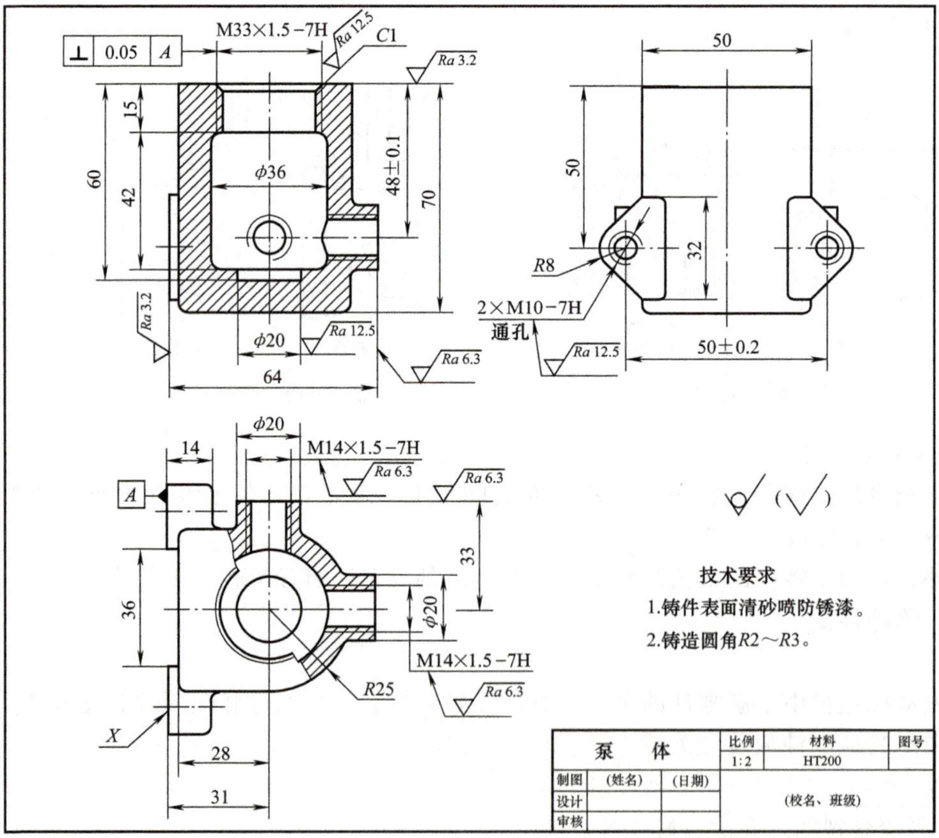

图 2-118　泵体零件图

（1）泵体部分　其外形为左面方形右面半圆柱形状；内腔为圆柱形，容纳柱塞泵的柱塞等零件；后面和右面各有一个圆柱形的凸台，分别为进、出油口与内腔相通。

（2）安装板部分　从左视图和俯视图可知，在柱塞泵的左边有两块三角形安装板，其上有螺纹孔。

两个圆柱形的进、出油口，分别位于泵体的右边和后边。

通过以上分析，可以想象出泵体的整体形状，如图 2-119 所示。

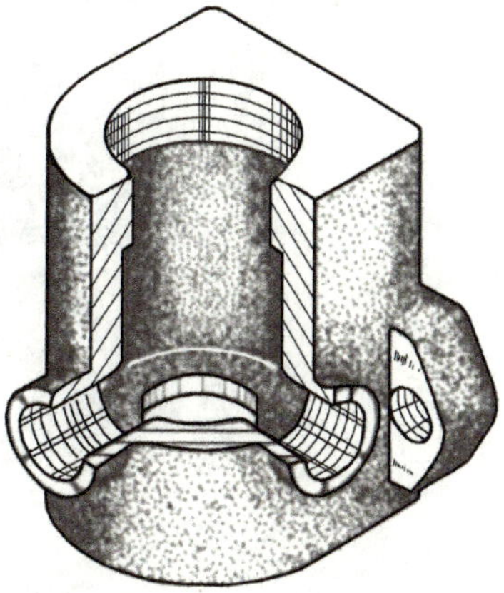

图 2-119　泵体整体形状

（3）分析尺寸和技术要求　如图 2-118 所示，从俯视图的尺寸 31mm 和 14mm 可知长度方向的尺寸基准是安装板的左端面；从主视图的尺寸 70mm 和 48mm±0. 1mm 可知高度方向的尺寸基准是泵体上面；从俯视图的尺寸 33mm 和左视图的尺寸 60mm±0. 2mm 可知宽度方向的尺寸基准是泵体的前后对称面。进、出油口的中心高 47mm±0. 1mm 和安装板两螺纹孔的中心距 60mm±0. 2mm 的要求比较高，加工时必须保证。

分析表面粗糙度时，要注意与尺寸的关系。还应了解零件制造、加工时的某些特殊要求。两螺纹孔端面及顶面等处的表面为零件的结合面，为防止漏油，表面粗糙度值要求较小。

课题四　装配图的识读

一、装配图的内容

1. 装配图的用途

图 2-120 所示为滑动轴承，它是由标准件（油杯、螺栓、螺母）和专用件（轴承座、上轴衬、下轴衬、轴衬固定套、轴承盖）等零件装配而成。

表示机器或部件（统称装配体）及其组成部分的装配与连接关系的图样，称为装配图。表示一台完整机器的图样称为总装配图，表示一个部件的装配图称为部件装配图。

1）在进行产品设计或产品测绘时，为了确定各零件的结构、形状、相对位置、工作原理、连接方式和传动路线等，一般要求画出装配图，以便在图上判别、校对各零件的结构是否合理，装配关系是否正确、可行等。如图 2-121 所示，这类装配图要求把各零件的结构、形状尽可能表达完整，基本上能根据它画出各零件的零件图。

2）将加工好的零件组装成部件或产品，一般也要在装配图的指导下完成。这种装配图着重表明各零件之间的相互位置及装配关系，而对每个零件的结构及与装配无关的尺寸则没有特别的要求。不论哪一种装配图，都是生产中的重要技术文件。

2. 装配图的内容

图 2-121 所示的千斤顶装配图包括下列内容。

图 2-120　滑动轴承的组成

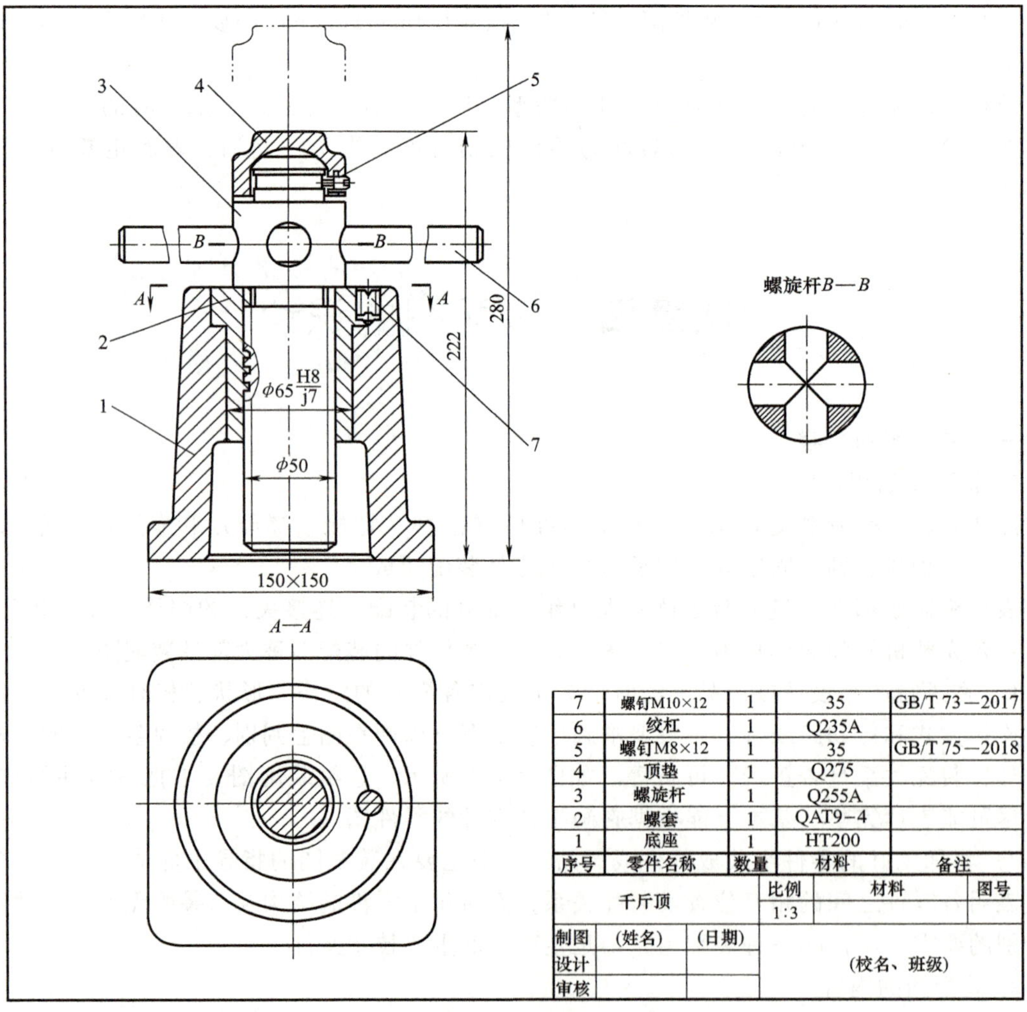

序号	零件名称	数量	材料	备注
7	螺钉M10×12	1	35	GB/T 73—2017
6	绞杠	1	Q235A	
5	螺钉M8×12	1	35	GB/T 75—2018
4	顶垫	1	Q275	
3	螺旋杆	1	Q255A	
2	螺套	1	QAT9-4	
1	底座	1	HT200	

千斤顶		比例	材料	图号
		1:3		
制图	(姓名)	(日期)	(校名、班级)	
设计				
审核				

图 2-121　千斤顶

（1）一组视图　用来表达装配体的结构、形状及装配关系。

（2）必要的尺寸　表明装配体规格及装配、检验、安装时需要的尺寸。

1）特性尺寸是机器或部件规格和特征的尺寸，也是设计和选用产品时的主要依据。例如图 2-121 所示装配图中的螺杆直径 $\phi 50$mm。

2）装配尺寸包括零件之间有配合要求的尺寸及装配时需保证的相对位置尺寸，例如图 2-121 所示螺套与底座的配合尺寸 $\phi 65\dfrac{H8}{j7}$。

3）安装尺寸是将部件安装到基座或其他部件上所需的尺寸。

4）外形尺寸是表示机器或部件的总长、总宽、总高的尺寸。

5）其他重要尺寸是指设计过程中经计算或选定的重要尺寸以及其他必须保证的尺寸，如运动零件的极限位置尺寸、主体零件的重要尺寸等，例如图 2-121 所示尺寸 280mm 为螺杆上升时的极限位置尺寸。

（3）技术要求　用文字或符号标明装配体在装配、调整、使用时的要求、规则、说明等。

1）装配要求是装配体在装配过程中需要注意的事项及装配后必须达到的要求，如精度、间隙和润滑要求等。

2）检验要求是装配体基本性能的检验要求。

3）使用要求是对装配体的规格、参数及维护、保养与使用时的注意事项及要求。

（4）零件的序号和明细表　组成装配体的每一个零件或部件，都被按顺序编上序号；明细表中注明了各种零件或部件的名称、数量、材料等，便于读图及进行生产准备工作。

1）每一种零件（无论件数多少），一般只编一个序号，必要时，多处出现的相同零件允许重复采用相同的序号标注。

2）序号应编注在视图周围，按顺时针方向或逆时针方向排列，在水平和铅垂方向应排列整齐。

3）零件序号和所指零件之间用指引线连接，注写序号的指引线应自零件的可见轮廓线内引出，末端画一圆点；若所指的零件很薄或涂黑的剖面不宜画圆点时，可在指引线末端画出箭头，并指向该零件的轮廓，如图 2-122a 所示。

① 指引线相互不能相交，不能与零件的剖面线平行。一般指引线应画成直线，必要时允许曲折一次，如图 2-122b 所示。

② 对于一组紧固件以装配关系清楚的零件组，允许采用公共指引线，如图 2-122c 所示。

（5）标题栏　注明装配体的名称、图号、比例以及责任者的签名和日期等。

3. 装配图画法的规定

1）两相邻零件的接触面和配合面只画一条线，例如图 2-123 所示①处。相邻两零件不接触或不配合的表面，即使间隙很小，也必须画两条线，例如图 2-123 所示③处。

2）相邻两零件的剖面线方向一般应相反，当三个零件相邻时，若有两个零件的剖面线方向一致，则间隔应不相等，剖面线尽量相互错开，如图 2-123 所示局部放大图。装配图中同一零件在不同剖视图中的剖面线方向应一致且间隔相等。

3）当剖切平面通过螺纹紧固件以及实心轴、手柄、连杆、球、销、键等零件的轴线时，均按不剖绘制，例如图 2-123 所示④处。用局部剖视图表明这些零件上的局部构造，如

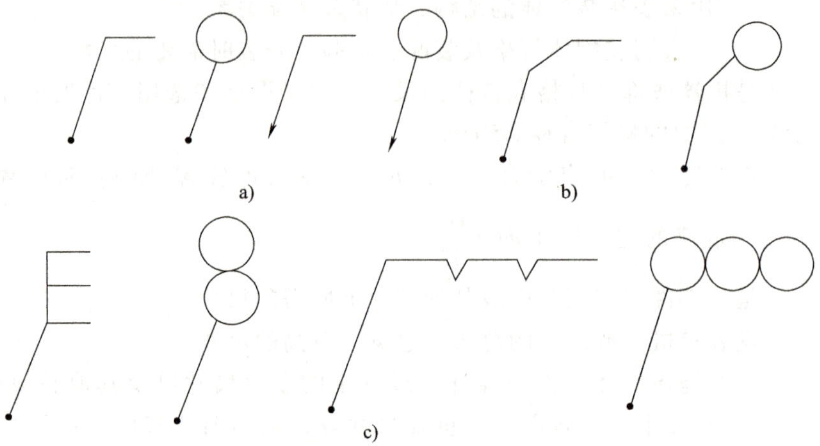

图 2-122　序号标注方法

凹槽、键槽、销孔等，例如图 2-123 所示②处。

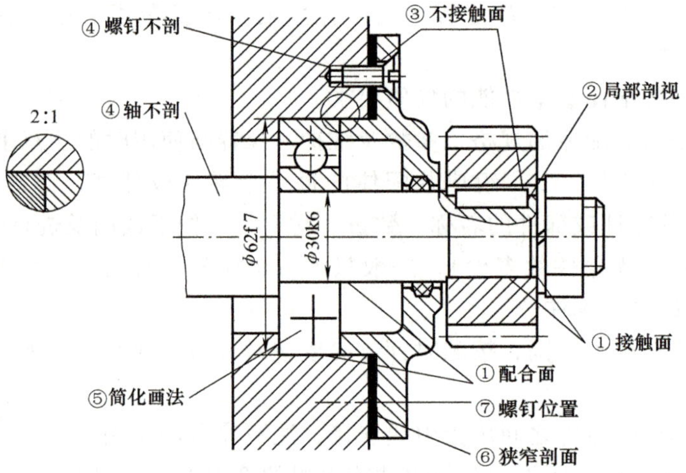

图 2-123　规定画法

4. 装配图的特殊表达方法

为了简便清楚地表达部件，国家标准还规定了画装配图的以下一些特殊表达方法。

1）沿结合面剖切或拆卸画法（简化画法）。在装配图中，当某些零件遮住了所需表达的部分时，可假想沿某些零件的结合面剖切或拆卸某些零件后绘制，并标注“拆去××零件”，如图 2-124 所示俯视图的右半部分沿轴承盖与轴承座的结合面剖开，并拆去上面部分以表示轴瓦和轴承座的装配情况。必须注意的是，横向剖切的实心零件，如轴、螺栓、销等，应画出剖面线，而结合处不画剖面线，如图 2-124 所示。

2）假想画法。为了表示某个零件的运动极限位置或部件与相邻部件的装配关系，可用双点画线画出其轮廓，例如图 2-125 所示为用双点画线表示手柄的另一个极限位置。

3）展开画法。为了表达传动系统的传动关系及各轴的装配关系，假想将各轴按传动顺序沿它们的轴线剖开，并展开在同一平面上。这种展开画法在表达机床的主轴箱、进给箱、汽车的变速器等装置时经常运用。展开图必须进行标注，如图 2-126 所示。

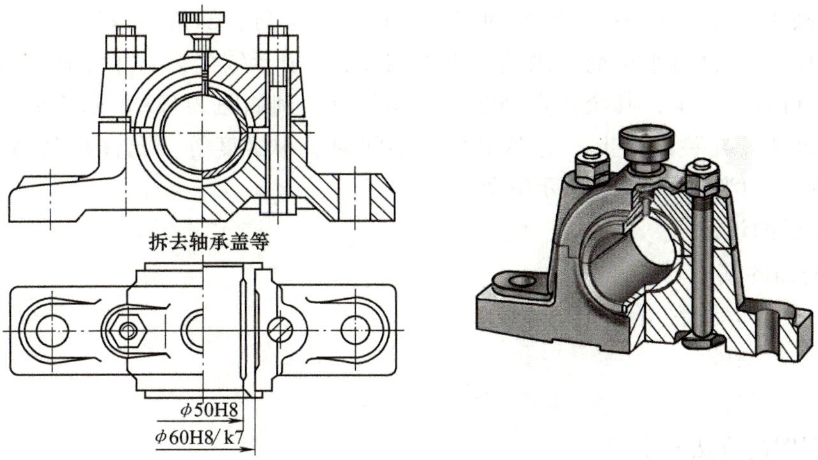

图 2-124　沿零件的结合面剖切及拆卸画法

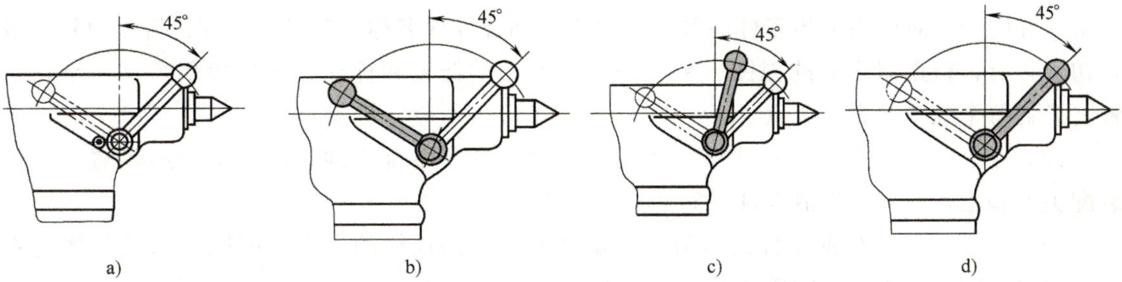

图 2-125　假想画法

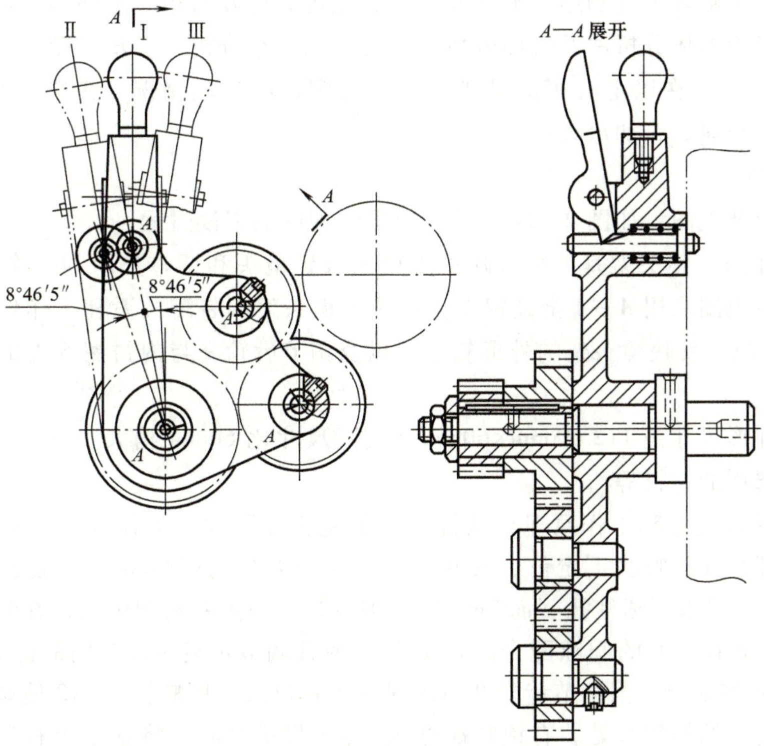

图 2-126　展开画法

4）简化画法。在装配图中，零件的工艺结构，如圆角、倒角、退刀槽等细节可省略不画。装配图中的标准件可采用简化画法，例如图2-123所示⑤处。若干相同的连接组件，如螺栓连接等，可只画一组，其余用点画线表示其位置，例如图2-123所示⑦处。

5）夸大画法。在装配图上，对薄垫片、小间隙、小锥度等，允许将其适当夸大画出，便于画图和看图，例如图2-123所示⑥处。

二、装配图的识读

1. 读装配图的基本要求

1）了解装配体的用途和工作原理。

2）了解各零部件之间的连接形式、装配关系及拆装顺序。

3）弄清各零部件的作用和结构形状。

2. 读装配图的方法和步骤

（1）概括了解　从标题栏和有关说明书中，了解机器或部件的名称、用途和工作原理，并从零件明细栏对照图上的零件序号，了解零件和标准件名称、数量和所在位置。对视图进行初步分析，根据图样上的视图、剖视图、断面图的配置和标注，找出投射方向、剖切位置，了解每个视图的表达重点。

（2）了解装配关系和工作原理　将装配体分成几条装配干线，深入分析机器或部件的装配关系和工作原理，弄清零件之间的相互位置。

（3）分析零件　根据零件的编号、投影的轮廓、剖面线的方向、间隔（如同一零件在不同视图中剖面线方向与间隔必须一致）以及某些规定画法（如实心零件不剖）等，来分析零件的投影。了解各零件的结构形状和作用，也可分析其与相关零件的连接关系。对分离出来的零件，可用形体分析法及线面分析法结合结构仔细分析，逐步读懂。

（4）归纳总结　在以上分析的基础上，对装配体的运动情况、工作原理、装配关系、拆装顺序等进一步研究，加深理解。

3. 应用实例

分析镜头架装配图，如图2-127所示。熟悉装配图的识读过程。

（1）概括了解　镜头架是电影放映机上用来放置镜头和调整焦距的一个部件。它由10种零件组成。主视图采用*A—A*全剖视图，反映了镜头架的装配关系和工作原理；左视图采用*B—B*局部剖视，反映镜头架的外形轮廓，以及调节齿轮9与内衬圈5上的齿条相啮合的情况。

镜头架的外形尺寸是112.25mm×60mm（实际尺寸比60mm稍大）×99mm，从明细栏可了解各零件所选用的材料等。

（2）了解装配关系和工作原理　从镜头架的主视图可知，架体4上装有所有零件，有两个销和两个螺钉在放映机上定位、安装，架体4的大孔（ϕ70mm）中套有能前后移动的内衬圈5。架体4的水平圆柱孔（ϕ22mm）的轴线是一条主要装配干线，在装配干线上装有锁紧套7，它们是H7/g6的间隙配合。锁紧套内装有调节齿轮9，它们的配合分别是H11/c11、H8/f7的间隙配合。当调节齿轮9与内衬圈5到位后，用螺钉M3×2使调节齿轮轴向定位。锁紧套7右端的外螺纹处装有锁紧螺母6，当螺母旋紧时，将锁紧套右移，锁紧套上的圆柱面槽迫使内衬圈收缩而锁紧镜头。

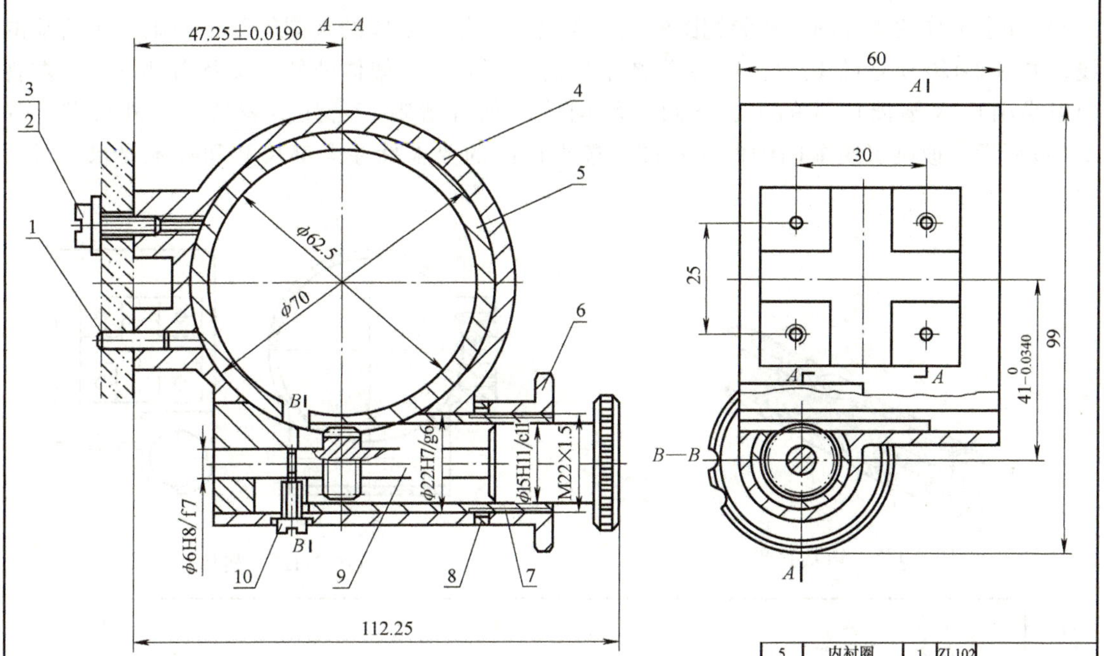

技术要求
传动平稳轻巧，不允许有卡阻爬行现象。

序号	名称	件数	材料	备注
5	内衬圈	1	ZL102	
4	架体	1	ZL102	
3	垫圈	2		GB/T 97.1—2002
2	螺钉	2		GB/T 67—2016 M4×16
1	圆柱销d×L	2		GB/T 119.1—2000
10	螺钉(改制)	1		GB/T 67—2016 M3×12
9	调节齿轮	1	组合件	m=6　z=22
8	垫圈	1	Q235A	
7	锁紧套	1	LY12	
6	锁紧螺母	1	LY12	

镜头架			比例	材料	图号
制图	(姓名)	日期	1:1		
设计			(校名、班级)		
审核					

图 2-127　镜头架装配图

当旋转调节齿轮时，通过与内衬圈上的齿条啮合传动，能带动内衬圈做前后方向的直线移动，从而达到调整焦距的目的。

（3）分析零件　分析内衬圈 5、锁紧套 7 和架体 4 的结构形状，并拆画架体 4 的零件图。

1）内衬圈 5。内衬圈是一个圆柱形管状零件，其表面上铣有齿条。齿条一端未铣到头，是调节内衬圈向后移动的极限位置（见左视图）。内衬圈上开了槽，它在锁紧套右移时，使内衬圈变形而锁紧镜头。

2）锁紧套 7。从剖面线方向和标注的 ϕ22H7/g6 可以知道，它是一个圆柱形零件，它的内部有右大、左小两个圆柱形阶梯孔，锁紧套上部开有圆柱面槽与内衬圈的圆柱面相配合；在锁紧套下部开有长圆形孔，以便螺钉穿过，使调节齿轮轴向定位。从这些分析可以得到锁紧套的结构形状，如图 2-128 所示。

3）架体 4。从装配图中可以看出，架体由一大一小相互垂直、偏交、贯通的两个圆筒组成，大圆筒中装入带齿条的内衬圈 5，小圆筒内装入锁紧套 7。为了使架体在放映机上定位、安装，在大圆筒外壁的左侧伸出一个四棱住。在四棱柱的左端面上，分别设置有螺纹通孔和圆柱销孔的四个方形凸台。小圆柱筒的下部是半个圆柱体，上部是前后壁与半圆柱面相切的四棱柱。在小圆筒下部的半圆柱壁上，有一个带锪平沉孔的螺纹通孔，它与调节齿轮轴向定位的螺钉旋合。

4）补全架体的零件图。从装配图的主、左视图中分出架体的视图轮廓，补画图中所缺的图线，如图2-129所示的1、2、3。主视图采用阶梯剖表达了架体外部轮廓及内部形状，左视图用虚线画出大圆筒内壁的上、下两条转向线，则可清晰、完整地表达内、外形状。如图2-130所示，改画了装配图中的左视图。按零件图的要求标注全部尺寸和技术要求、尺寸公差。

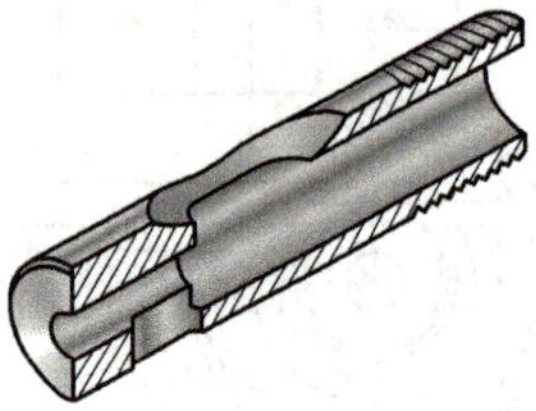

图2-128　锁紧套图

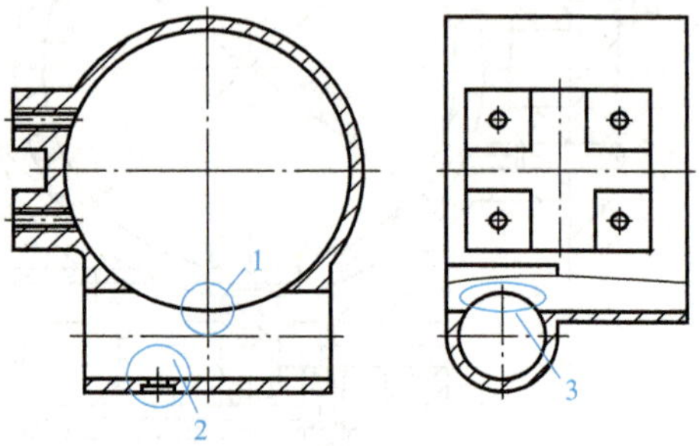

图2-129　架体

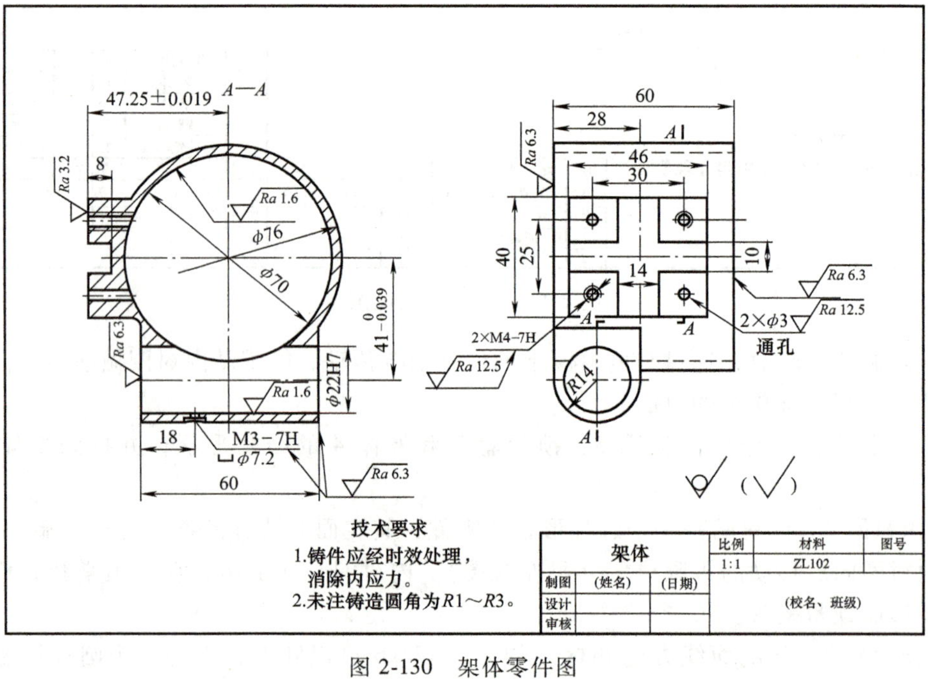

图2-130　架体零件图

习题与思考

一、填空题

1. 图纸的基本幅面有______种，最大幅面的图纸幅面代号为________。在图纸上必须用__________画出图框，标题栏一般应位于图纸的__________方位。

2. 图样中，机件的可见轮廓线用________画出，不可见轮廓线用________画出，尺寸线和尺寸界限用________画出，对称中心线和轴线用________画出。

3. 比例是________与________相应要素的线性尺寸之比，在画图时应尽量采用________的比例，需要时也可采用放大或缩小的比例，其中1∶2为________比例，2∶1为________比例。无论采用哪种比例，图样上标注的应是机件的________尺寸。

4. 标注尺寸的三要素__________、______________和______________。

5. 形体分析法的要点是：分清组合体的________部分；搞清各组成部分之间的__________位置；辨清相邻两形体的__________形式及__________关系。

6. 组合体的组合形式主要有__________和__________两种基本形式。

7. 基本视图是物体向______________投射所得的视图。

8. 向视图是可__________的视图，是物体向__________投影面投射所得的视图。

9. 局部视图是将物体的__________向__________面投射所得的视图。可按__________和__________的配置形式配置。

10. 斜视图是物体向不平行于__________的平面投射所得的视图。斜视图通常按______的配置形式配置并标注。必要时，允许将斜视图旋转配置，当某一旋转配置斜视图的名称为B，且必须注明旋转角度（沿逆时针方向旋转60°）时，则应在斜视图上方标注__________。

11. 剖切面是指____________________，剖面区域是指____________________，剖切线是用于表示________________的线，用__________绘制。

12. 根据物体的结构特点，剖切面有__________________、__________________、______________三大类，剖视图可分为______________、______________、______________三大类。

13. 某图样标题栏中标注的比例为1∶2，该图样中某局部放大图是以图样中图形线性尺寸的两倍画出的，则该局部放大图的比例应标注为______________。

14. 在用剖视图表达内外螺纹连接时，旋合部分按______螺纹的画法绘制，其余部分仍按______________表示。

15. 一般地，代表螺纹尺寸的直径是指螺纹的________径，即称为__________直径。

16. 表面粗糙度的评定参数主要有：轮廓算术平均偏差，符号是________，轮廓最大高度，符号是________。

17. 基本符号√加一短划，表示表面用______________方法获得，加一小圆，表示表面是______________方法获得，基本符号本身表示表面可用________方法获得。

18. 公称尺寸是指______________尺寸，尺寸公差是指________________，极限尺寸是指允许尺寸变动的______________。

19. 国家标准规定的三类配合是指__________、__________、__________配合。

20. 标准公差分为__________级，即从__________至__________，其中__________公差值最小，精度最高；__________公差值最大，加工要求最低。

21. 配合是指______________相同的相互结合的孔、轴公差带之间的关系；国家标准规定的两种配合制是指______________和______________。

22. 几何公差特征项目共有__________种，其中形状公差有__________种，位置公差有__________种，其中位置公差包括____________、____________和____________公差。

23. 一张完整的装配图应包含______________、______________、______________、

＿＿＿＿＿＿＿＿、＿＿＿＿＿＿＿＿等部分内容。

二、判断题

1. 剖切符号只能指示剖切面的起始、转折位置，不能指示投射方向。（　　）

2. 局部放大图上方标出的比例根据图样的具体要求，可能是放大比例、原值比例和缩小比例三种情况。（　　）

3. 与投影面倾斜的圆和圆弧，其投影均可简化用圆或圆弧代替。（　　）

4. 表面粗糙度值不影响零件的使用性能。（　　）

5. *Ra* 值越小，表面质量要求越高，加工成本也越高。（　　）

6. 基本偏差既表示公差带位置，又表示公差带大小。（　　）

7. 公差是零件尺寸允许的最大偏差。（　　）

8. 过渡配合可能有间隙，也可能有过盈，因此过渡配合可能是间隙配合，也可能是过盈配合。（　　）

9. 公称尺寸相同，公差等级一样的孔和轴标准公差相等。（　　）

10. 标注几何公差时，同轴度的公差框格的指引线要与尺寸线对齐。（　　）

11. 采用间隙配合的孔和轴为了表明配合性质，结合面应画出间隙。（　　）

12. 孔 ϕ20H8 与轴 ϕ20f7 形成的配合是间隙配合。（　　）

13. 零件图中，对于该零件的所有技术要求，都必须在图样的空白处用文字加以说明，绝不能标注在图样上，否则会造成图形表达不清楚。（　　）

三、根据轴测图指出相应的三视图（图 2-131）

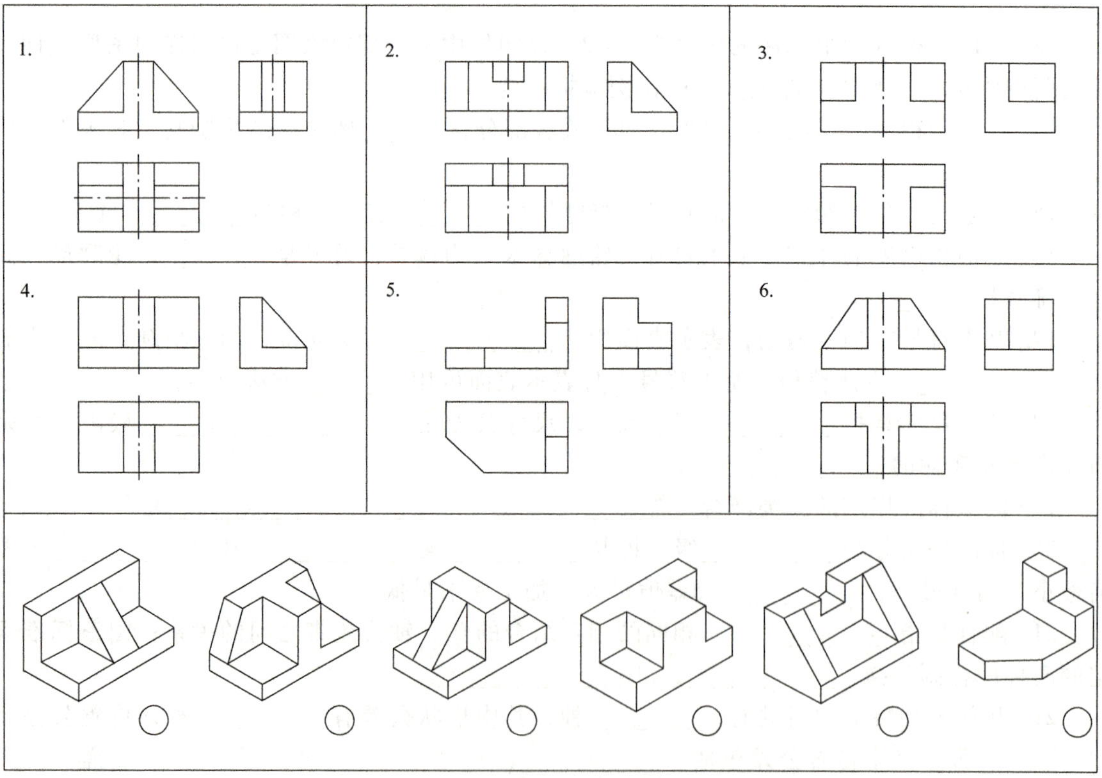

图 2-131　三视图与轴测图

四、绘图题

1. 将图 2-132 所示线段 *AB* 分为 7 等份。

图 2-132　等分线段

2. 用四心圆法作一椭圆，长轴 60mm，短轴 40mm，如图 2-133 所示。
3. 指出图 2-134 所示的图形中尺寸标注的错误，并给予改正。

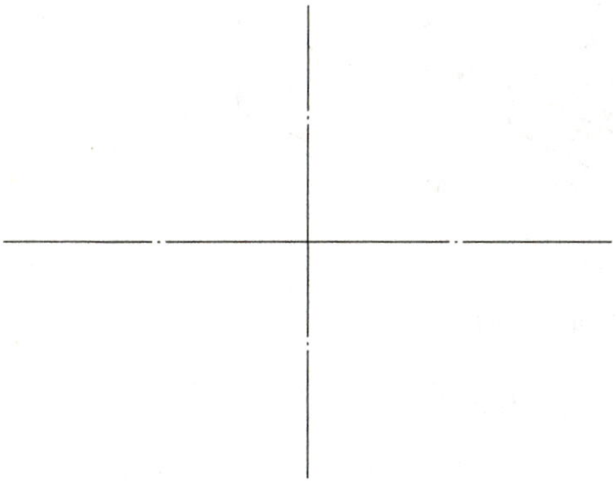

图 2-133　绘制椭圆

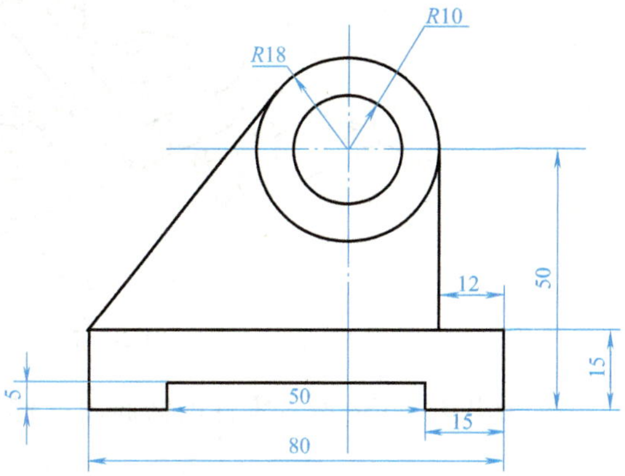

图 2-134　尺寸标注

4. 根据图 2-135 所示轴测图补画三视图。

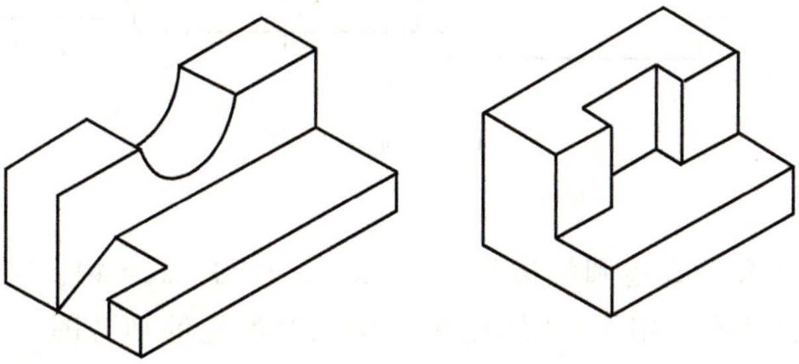

a)　　b)

图 2-135　补画三视图

5. 补画图 2-136 所示形体的第三视图。

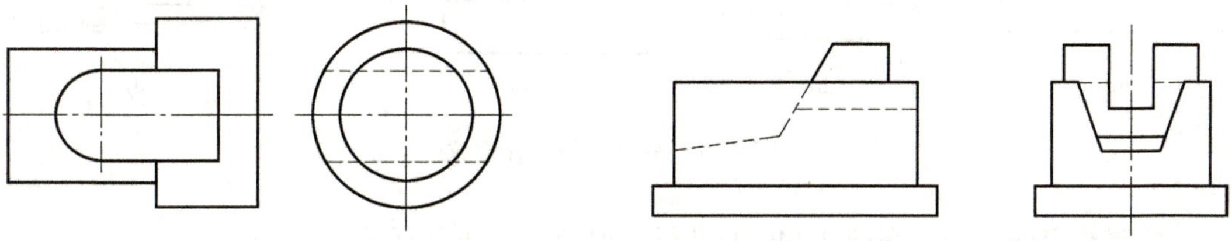

a)　　b)

图 2-136　补画第三视图

6. 运用形体分析的方法，根据图 2-137 所示轴测图绘制组合体的三视图，并标注尺寸。

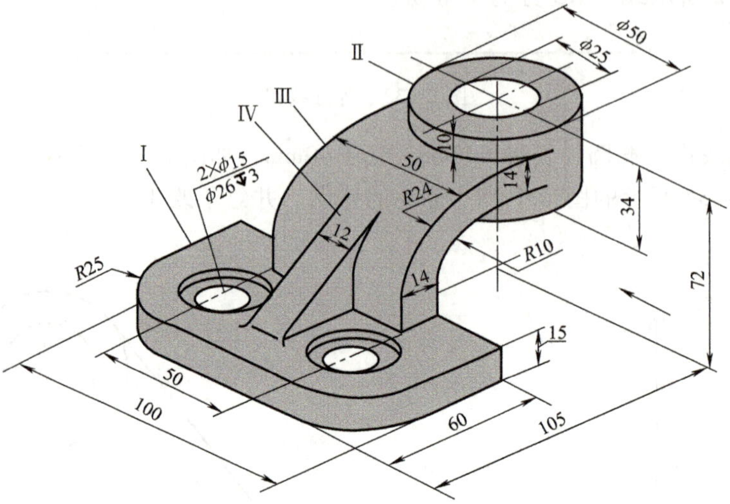

图 2-137　绘制组合体的三视图

7. 画出图 2-138 所示零件的断面图（键槽的深度为 3mm）。

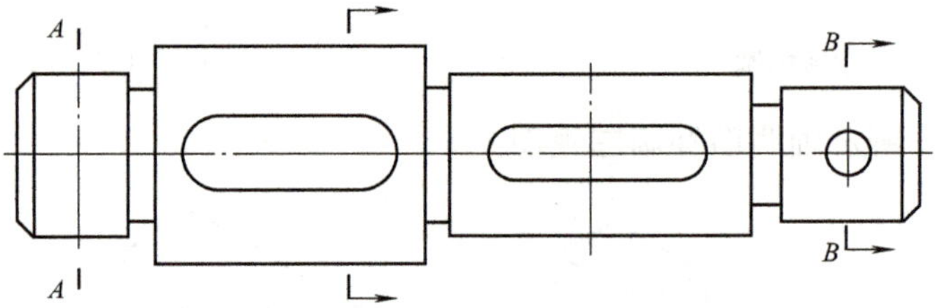

图 2-138　画出断面图

五、综合题

1. 已知一对相互啮合的直齿圆柱齿轮：$m=5$，$z_1=20$，$z_2=40$，试计算该对齿轮的分度圆、齿顶圆和齿根圆的直径，用 1∶2 的比例画出该对齿轮的啮合图，并进行正确的标注。

2. 识读图 2-139 中所标注的形状和位置，并写出含义。

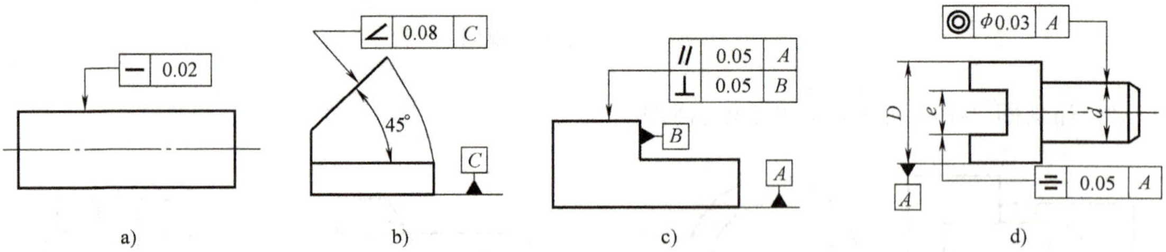

图 2-139　写出几何公差含义

3. 按照给定的条件，在图 2-140 上进行几何公差的正确标注。

1）M8×1-7H 螺纹孔轴线对圆柱 ϕ16f7 轴线 A 的同轴度公差值为 ϕ0. 1mm。

2）ϕ16f7 圆柱面的形状所允许的公差值为 0. 005mm。

3）*SR*750 球面对圆柱 ϕ16f7 轴线 *A* 的径向圆跳动公差值为 0.03mm。

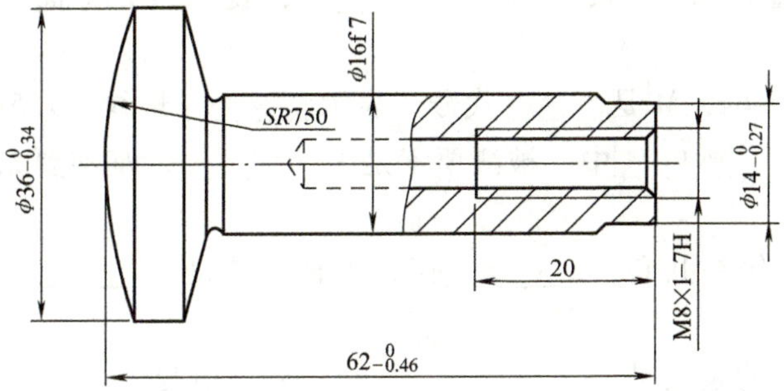

图 2-140　标注几何公差

4. 识读图 2-141 所示零件图。

1）说明 ϕ20f7 的含义：ϕ20 为____________，f7 是____________。

2）说明 ⊥ 0.03 *A* 含义：符号⊥表示______________，数字 0.03 是______________，*A* 是____________，它对齿轮左端面的要求是______________________________。

3）此零件图中加工要求最高的圆柱面是__________________、__________________和__________________。

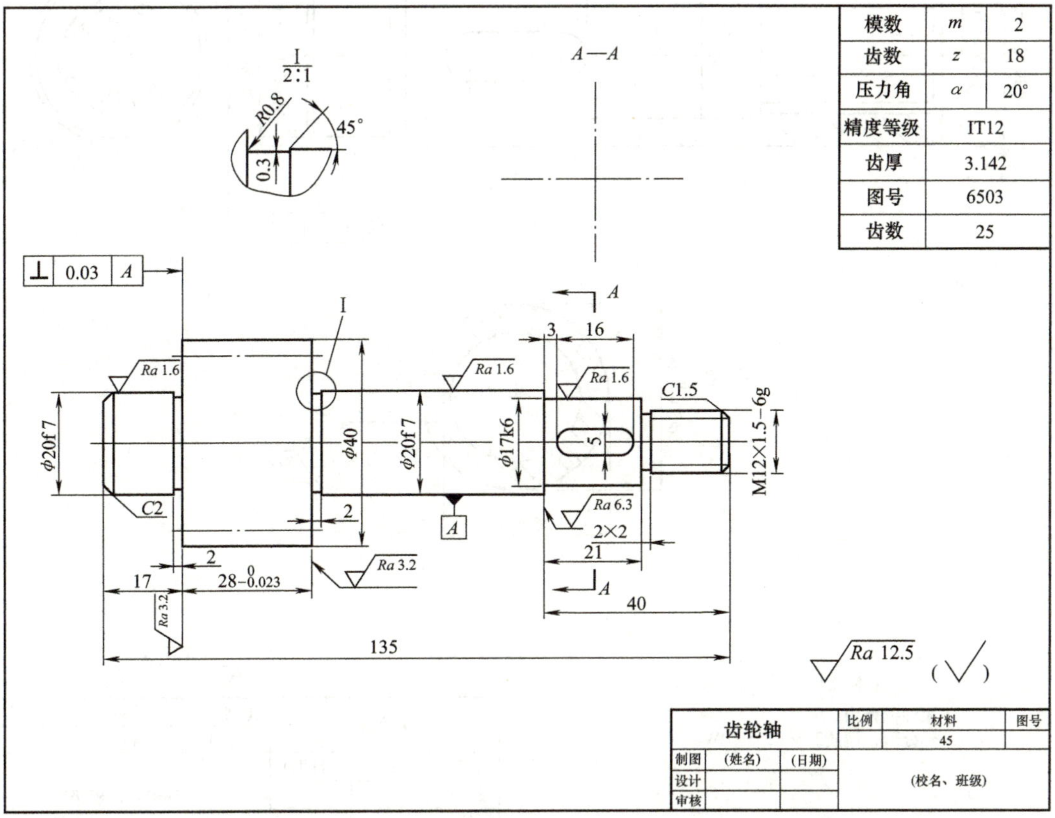

图 2-141　零件图一

5. 看懂图 2-142 所示花键套的零件图，画图并回答问题。

1）该零件键槽的定位尺寸是__________，键槽两侧面的表面粗糙度符号是__________。

2）尺寸 M28×1.5-6g，M 是______代号，表示________螺纹，1.5 是表示______。

3）几何公差要求 ◎ ϕ0.02 A 中，被测要素是__________，基准要素是__________，公差项目是__________。

4）花键套上的花键一共有__________齿，大径尺寸是__________，齿底的表面粗糙度要求是________。

5）尺寸精度最高的表面是________________，公差值为________________。

6）作出 A—A 断面图及 3mm×2mm 退刀槽的局部放大图（放大图以 2∶1 的比例画出）。

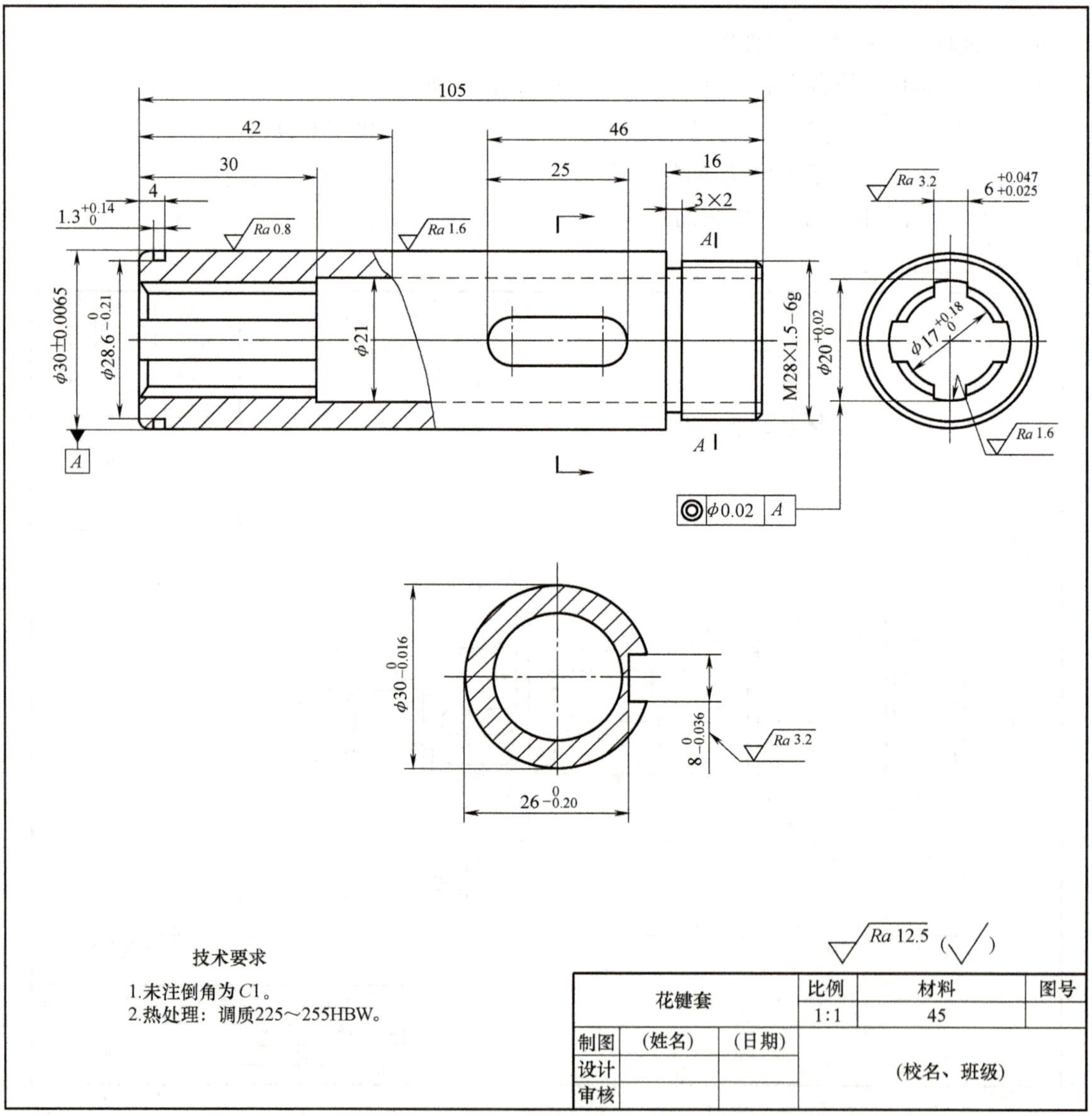

图 2-142 零件图二

6. 看懂图 2-143 所示端盖的零件图，画图并回答问题。

1）在指定位置画出右视图。

2）零件的左视图是______剖视图，采用的是______剖切平面。故称为______剖。

3）零件长度方向的主要基准在________________。

4）M5 的螺孔共有______________个，螺纹长度为__________，7H 是______________代号。

5）测量同轴度的基准是______________，垂直度的被测要素是__________________。

6）产生相贯线的两孔定位尺寸是__________________，尺寸精度最高的表面是______________，公差等级是______________，基本偏差为____________________。

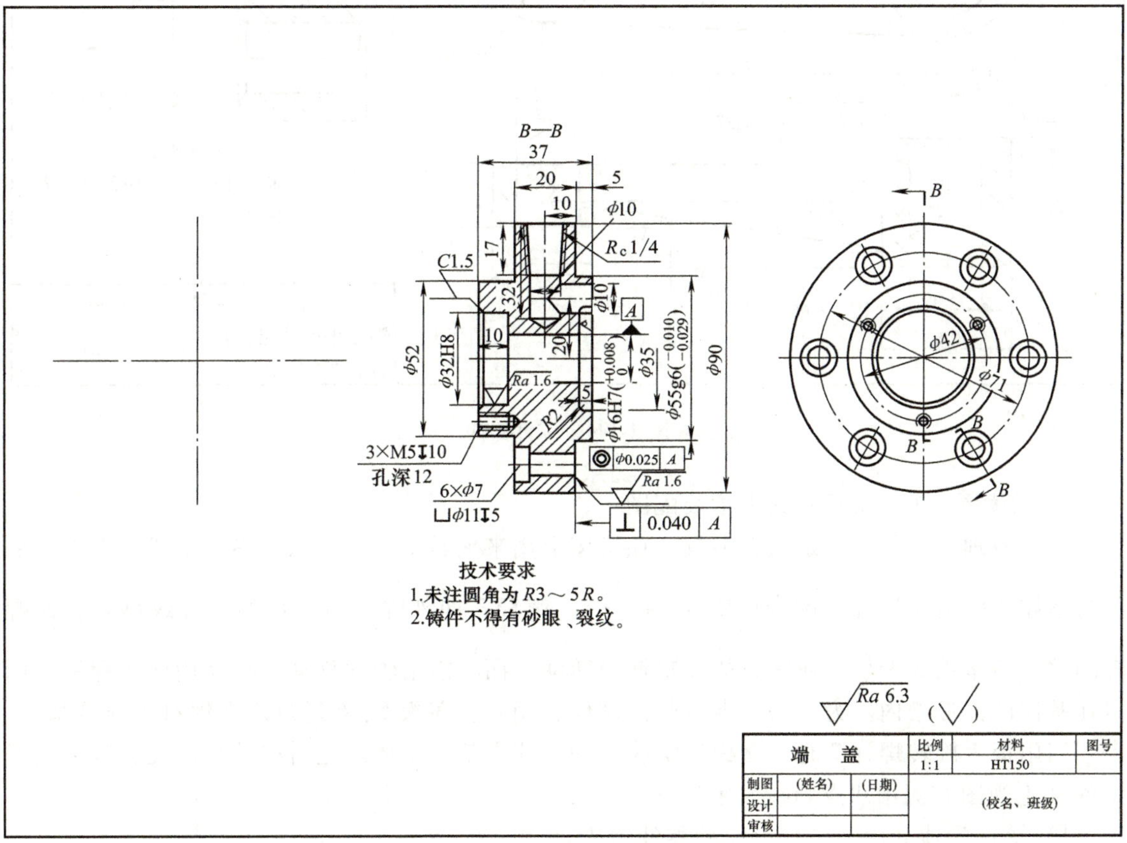

图 2-143 零件图三

7. 读图 2-144 所示零件图，回答下列问题。

1）图示零件的名称是________，零件用了______个图形表达，比例为________。

2）俯视图采用了______________和______________表达方法。

3）ϕ9H9 的公差等级为______________，该表面的表面粗糙度值为__________。

4）图中右端框格 // 0.05 B 的标注表示____________________对________的________公差为 0.05mm，基准要素是__________。

5）杠杆长度、宽度和高度方向的主要基准是________，________，________。

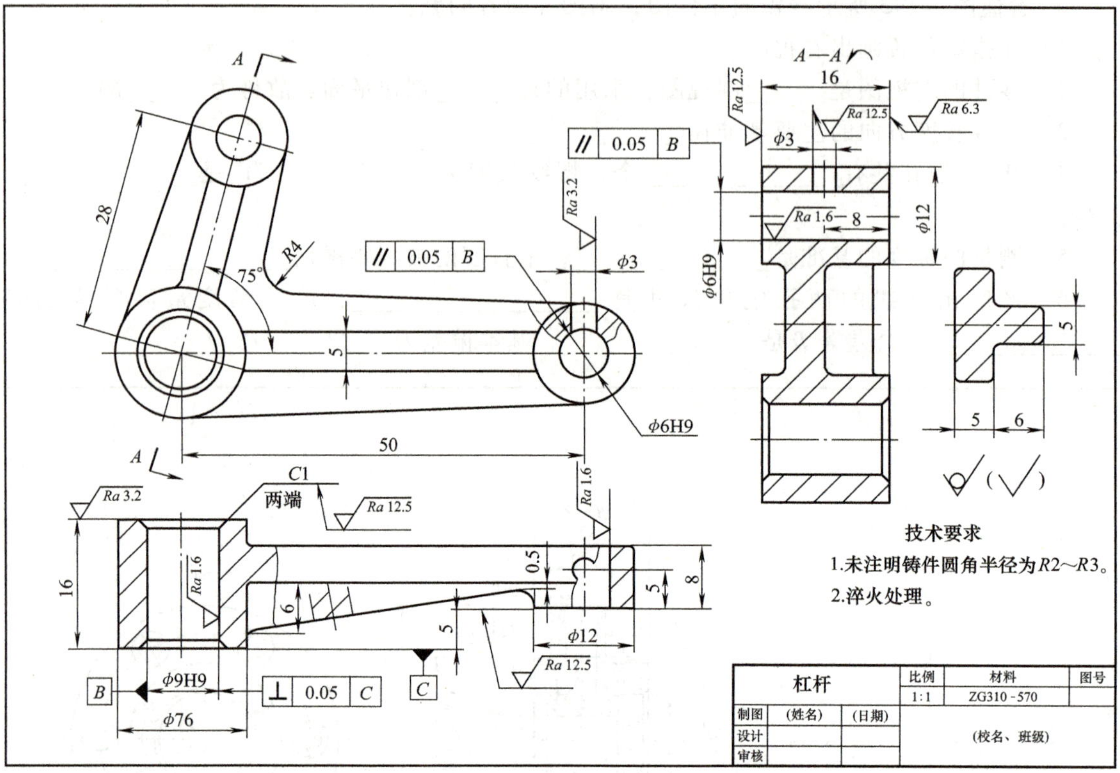

图 2-144　零件图四

8. 识读图 2-145 所示夹紧卡爪装配图

工作原理：夹紧卡爪是组合夹具．在机床上用来夹紧工件，由八种零件组成。卡爪 8 底部与基体 2 凹槽相配合（配合性质为 34 $\frac{H7}{g6}$）。螺杆 7 曲外螺纹与卡爪的内螺纹旋合，而螺轩的缩颈被垫铁 3 卡住，使它只能在垫铁中转动，而不能沿轴向移动。垫铁用两个螺钉 4 固定在基体的弧形槽内。为了防止卡爪脱出基体，用两块盖板 5、6 通过六个螺钉 1 连接基体。

当用扳手旋转螺杆 7 时，靠梯形螺纹传动，使卡爪在基体内左右移动，以便夹紧或松开工件（主视图右侧用双点画线表示）。

1）该装配体共由__________种零件组成。

2）基体的材料是__________。

3）装配体左视图是采用__________个平行的剖切面剖切得到的全剖视图。

4）*B*—*B* 局部剖视表达了件__________与件__________是__________连接。

5）零件 2 和零件 3 是通过__________连接，起到固定作用的。

6）图样中 34 $\frac{H7}{g6}$表示件 2 与件 8 之间是基__________制__________配合。

7）卡爪通过螺杆转动实现左右移动。传动螺纹的类型为__________螺纹。

8）装配体主视图中的双点画线画法是__________。

9）装配体的总长为__________，总宽为__________，总高为__________。

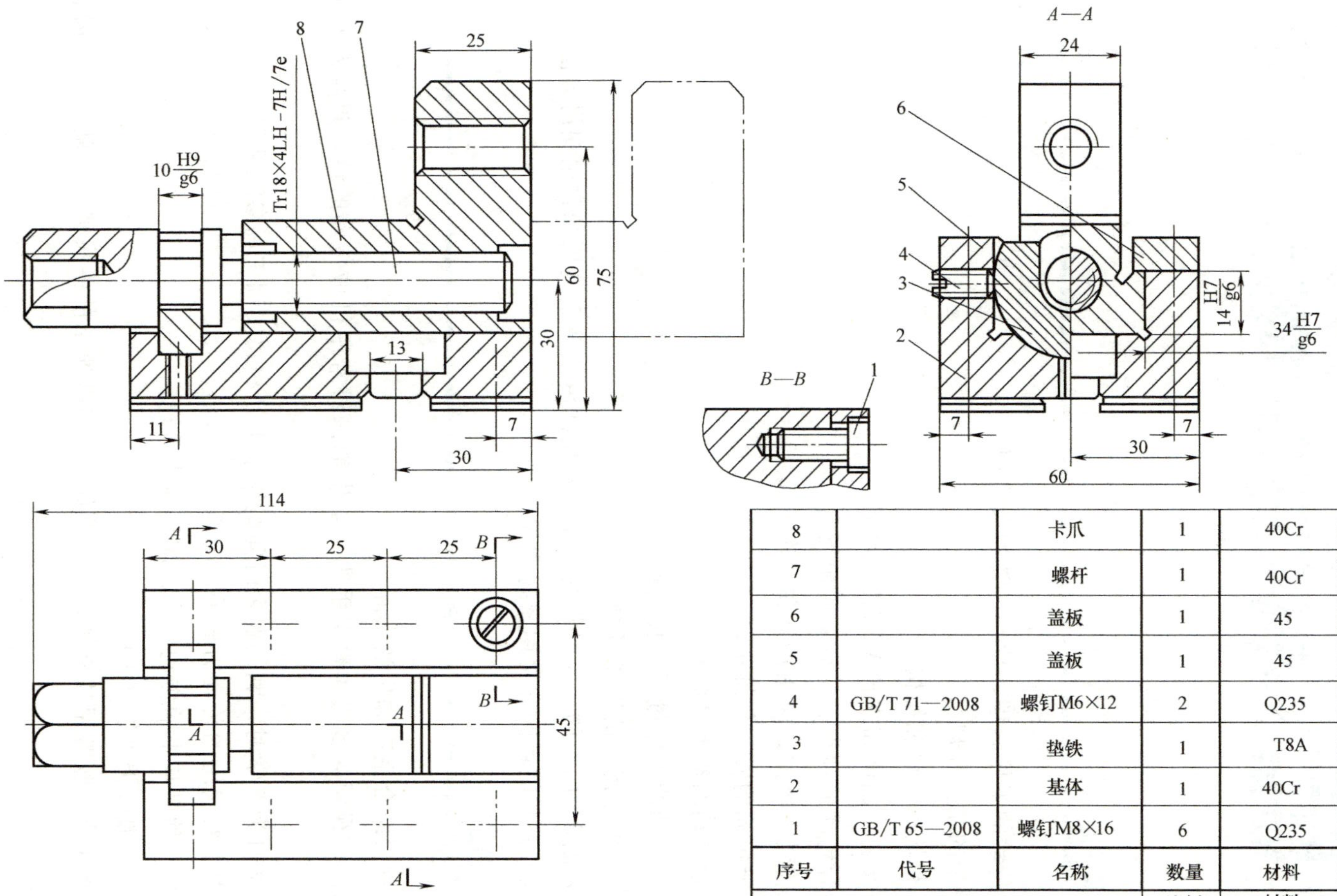

序号	代号	名称	数量	材料	备注
8		卡爪	1	40Cr	
7		螺杆	1	40Cr	
6		盖板	1	45	
5		盖板	1	45	
4	GB/T 71—2008	螺钉M6×12	2	Q235	
3		垫铁	1	T8A	
2		基体	1	40Cr	
1	GB/T 65—2008	螺钉M8×16	6	Q235	
夹紧卡爪			比例	材料	图号
制图	(姓名)	(日期)	(校名、班级)		
设计					
审核					

图 2-145　夹紧卡爪装配图

单元三 常用机械传动

学习目标

1. 了解带传动的工作原理、特点、类型和应用。
2. 了解 V 带的结构和规格。
3. 了解 V 带轮的材料和结构。
4. 会正确安装、调试和维护 V 带传动装置。
5. 了解啮合传动的种类、特点、应用场合。
6. 了解链传动的类型、应用特点和工作过程。
7. 能进行链传动的安装与维护。
8. 了解齿轮传动的类型和特点。
9. 了解齿轮传动的工作过程和传动比。
10. 了解常用齿轮传动的应用场合。
11. 了解机械润滑的目的、润滑剂的作用、常用润滑剂及其选用和常用润滑方法。
12. 了解机械密封的目的和常用密封方式。

教学建议

1. 教学过程要结合生产和生活实际。

2. 通过图片、视频等多媒体教学手段，学生加深对常用机械传动的运动过程及其应用场合的认识。

3. 教学总学时为 5 学时，利用业余时间组织学生到相关实训工场参观见习。

现代工业中主要应用的传动方式有机械传动、液压传动、气压传动和电气传动等。其中，机械传动是一种最基本的传动方式，应用最为普遍。

机械传动的一般分类如图 3-1 所示。

本单元主要介绍一些常用的机械传动。例如，图 3-2 所示的牛头刨床中就包含了齿轮传动和带传动等。

- 机械传动
  - 摩擦传动
    - 摩擦轮传动
    - 带传动
      - 平带传动
      - V 带传动
      - 圆带传动
  - 啮合传动
    - 带传动 ——同步带传动
    - 齿轮传动
      - 圆柱齿轮传动
      - 锥齿轮传动
      - 齿轮齿条传动
    - 蜗杆传动
    - 螺旋传动
    - 链传动

图 3-1　机械传动的一般分类

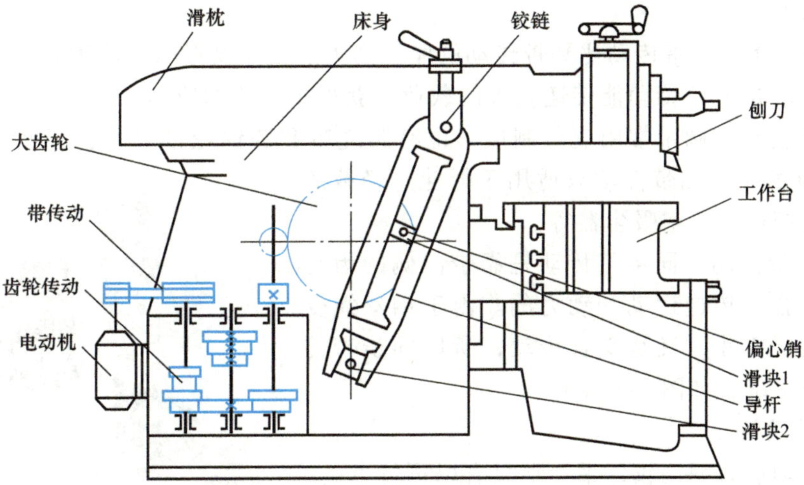

图 3-2　牛头刨床示意

课题一　带　传　动

一、带传动的类型和应用特点

1. 带传动的类型

带传动可分为平带传动、V 带传动、圆带传动和同步带传动等，如图 3-3 和图 3-4 所示。

(1) 平带传动　平带的横截面为矩形，如图 3-3a 所示，已标准化。常用的有橡胶帆布带、皮革带、棉布带和化纤带等。

带传动斜齿轮传动 (1)

平带传动主要用于两带轮轴线平行的传动，其中有开口式传动和交叉式传动等。开口式传动，两带轮转向相同，应用较多；交叉式传动，两带轮转向相反，包角增大，传动能力增强，但传动带容易损坏。

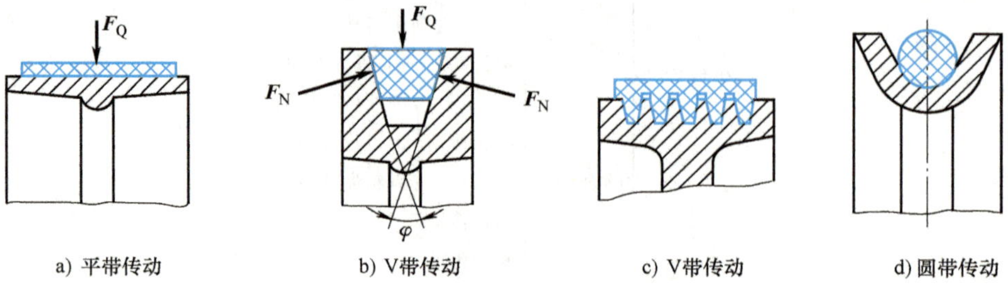

图 3-3　带传动中带的截面形状

（2）V 带传动　V 带的横截面为梯形，如图 3-3b、c 所示，已标准化。V 带传动是把 V 带紧套在带轮上的梯形槽内，使 V 带的两侧面与带轮槽的两侧面压紧，从而产生摩擦力来传递运动和动力。

在相同条件下，V 带传动比平带传动的摩擦力大。由于楔形摩擦原理，V 带的传动能力为平带的三倍，故 V 带传动能传递较大的载荷，获得了广泛的应用。

（3）圆带传动　圆带常用皮革制成，也有圆绳带和圆锦纶带等，它们的横截面均为圆形，如图 3-3d 所示。圆带传动只适用于低速、轻载的机械，例如缝纫机、真空吸尘器等。

（4）同步带传动　同步带传动是靠带内侧的齿与带轮的齿相啮合来传递运动和动力的。由于钢丝绳受载荷作用时变形极小，又是啮合传动，所以同步带传动的传动比较准确，如图 3-4 所示。

图 3-4　同步带

2. 带传动的特点

与其他传动形式相比较，带传动具有以下特点。

1）由于传动带具有良好的弹性，所以能缓和冲击、吸收振动，传动平稳，无噪声。但因带传动存在滑动现象，故不能保证恒定的传动比。

2）传动带与带轮是通过摩擦力传递运动和动力的。因此，过载时传动带在轮缘上会打滑，可以避免其他零件的损坏，起到安全保护的作用。但传动效率较低，带的寿命短，轴、轴承承受的压力较大。

3）适宜用在两轴中心距较大的场合，但此时带轮外廓尺寸较大。

4）结构简单，制造、安装和维护方便，成本低，但不适用于高温、有易燃易爆物质的场合。

二、带传动的工作过程

带传动是利用轮与带接触处的摩擦力（啮合）来传递运动和动力的一种传动方式。前文已经介绍了常用的带传动有平带传动和 V 带传动，如图 3-5 所示。其中 V 带的应用最广，这里将以 V 带传动为例，介绍带传动

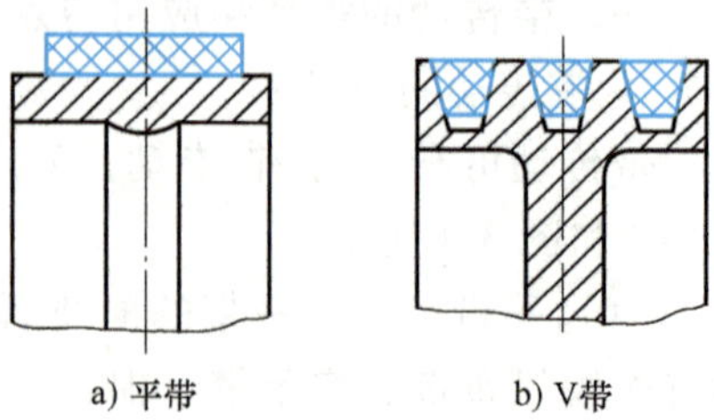

图 3-5　平带和 V 带

的相关知识。

1. V 带简介

普通 V 带为无接头的环形带，V 带两侧面夹角 40°，其横截面结构如图 3-6 所示。其中图 3-6a 所示是帘布结构，图 3-6b 所示是绳芯结构，这两种结构的 V 带均由以下四部分组成：伸张层——由胶料构成，带弯曲时受拉；强力层——由几层挂胶的帘布或浸胶的尼龙绳构成，工作时主要承受拉力；压缩层——由胶料构成，带弯曲时受压；包布层——由挂胶的帘布构成。

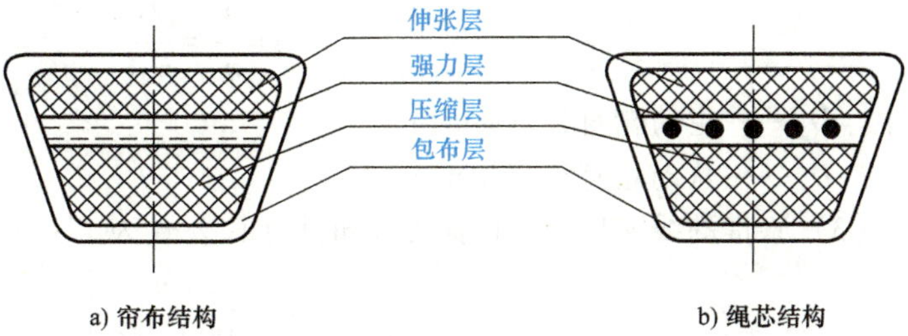

图 3-6　V 带的结构

一般用途的带传动主要用帘布结构的 V 带。绳芯结构比较柔软，抗弯强度高，抗拉强度稍差，适用于转速较高、载荷不大或带轮直径较小的场合。

按照带的截面高度 h 与其节宽 b_p 的比值不同，V 带又分为普通 V 带$\left(\frac{h}{b_p}=0.7\right)$、窄 V 带$\left(\frac{h}{b_p}=0.9\right)$、宽 V 带$\left(\frac{h}{b_p}=0.3\right)$等，普通 V 带按截面尺寸由小到大分为 Y、Z、A、B、C、D、E 七种型号。

2. V 带传动的相关知识

（1）包角 α　带与带轮接触弧长所对应的中心角，称为包角。V 带传动中，一般包角不应小于 120°。

（2）传动比 i　工程上一般将从动轮转速与主动轮转速的比值，称为传动比。

如图 3-7 所示，1 为主动轮，2 为从动轮，其传动比就是主动轮转速与从动轮转速的比值。传动比用符号 i 表示，表达式为

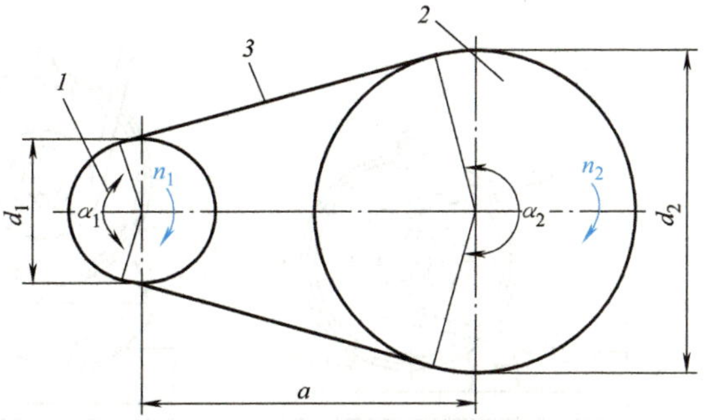

图 3-7　带传动的传动比

$$i=\frac{n_1}{n_2}$$

式中　n_1——主动轮转速（r/min）；

n_{2_1}——从动轮转速（r/min）。

传动时如果带与两轮在接触处任意一点没有相对滑移，则它们的线速度的值相等，即 $v_1=v_2$。

因为
$$v_1=\frac{\pi D_1 n_1}{1000\times 60}$$
$$v_2=\frac{\pi D_2 n_2}{1000\times 60}$$

所以
$$n_1 D_1=n_2 D_2$$

或

$$\frac{n_1}{n_2}=\frac{D_2}{D_1}$$

由此可知，两带轮的转速之比等于它们直径的反比，即

$$i=\frac{n_1}{n_2}=\frac{D_2}{D_1}$$

式中 D_1——主动轮直径（mm）；

D_2——从动轮直径（mm）。

（3）V 带的线速度 v 由前文可知其计算公式为

$$v=\frac{\pi Dn}{1000\times60}$$

式中 v——V 带的线速度（m/s）；

D——V 带轮的直径（mm）；

n——V 带轮的转速（r/min）。

（4）中心距 a 两带轮轴线间的距离，称为中心距。中心距越小，带轮包角越小，带的寿命越短。中心距过大，运行时带会产生剧烈的抖动。

（5）V 带的根数 同时工作的 V 带根数过多，会影响每根带受力的均匀性，一般不超过 10 根。

（6）V 带的张紧装置 由于 V 带在使用一段时间后会松弛，从而影响带传动的质量，所以必须对 V 带张紧（拉紧）。V 带的张紧装置有定期张紧和自动张紧两种形式，其装置如图 3-8 所示。

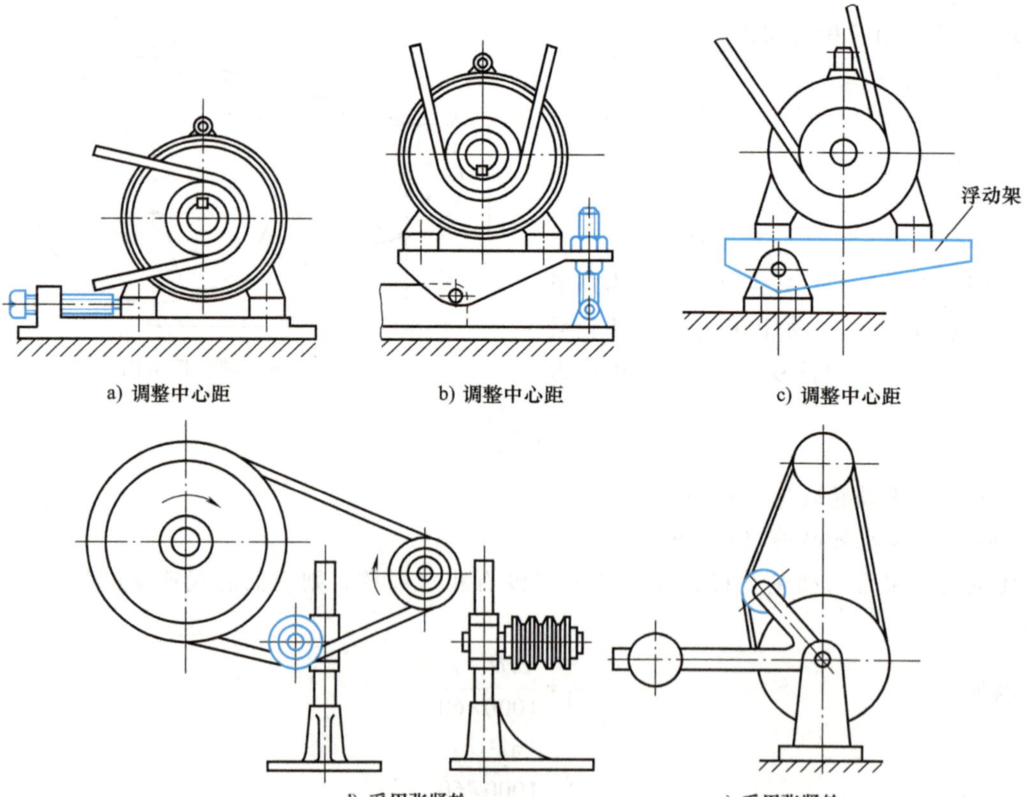

图 3-8 带传动的张紧装置

3. V 带轮的结构

V 带轮重量轻，结构工艺性好，质量分布均匀，轮槽角小于 V 带两侧面夹角 40°，轮槽工作表面的表面粗糙度值为 $Ra1.6\sim3.2\mu m$，具有一定尺寸精度，可延长带的寿命。其典型结构如图 3-9 所示。

实心式：当带轮直径 $d\leqslant(2.5-3)d_S$（带轮轴孔直径）采用。

腹板式：当带轮直径 $d\leqslant300mm$ 时采用。

孔板式：当带轮直径 $d\leqslant300mm$ 时采用。

轮辐式：当带轮直径 $d\geqslant300mm$ 时采用。

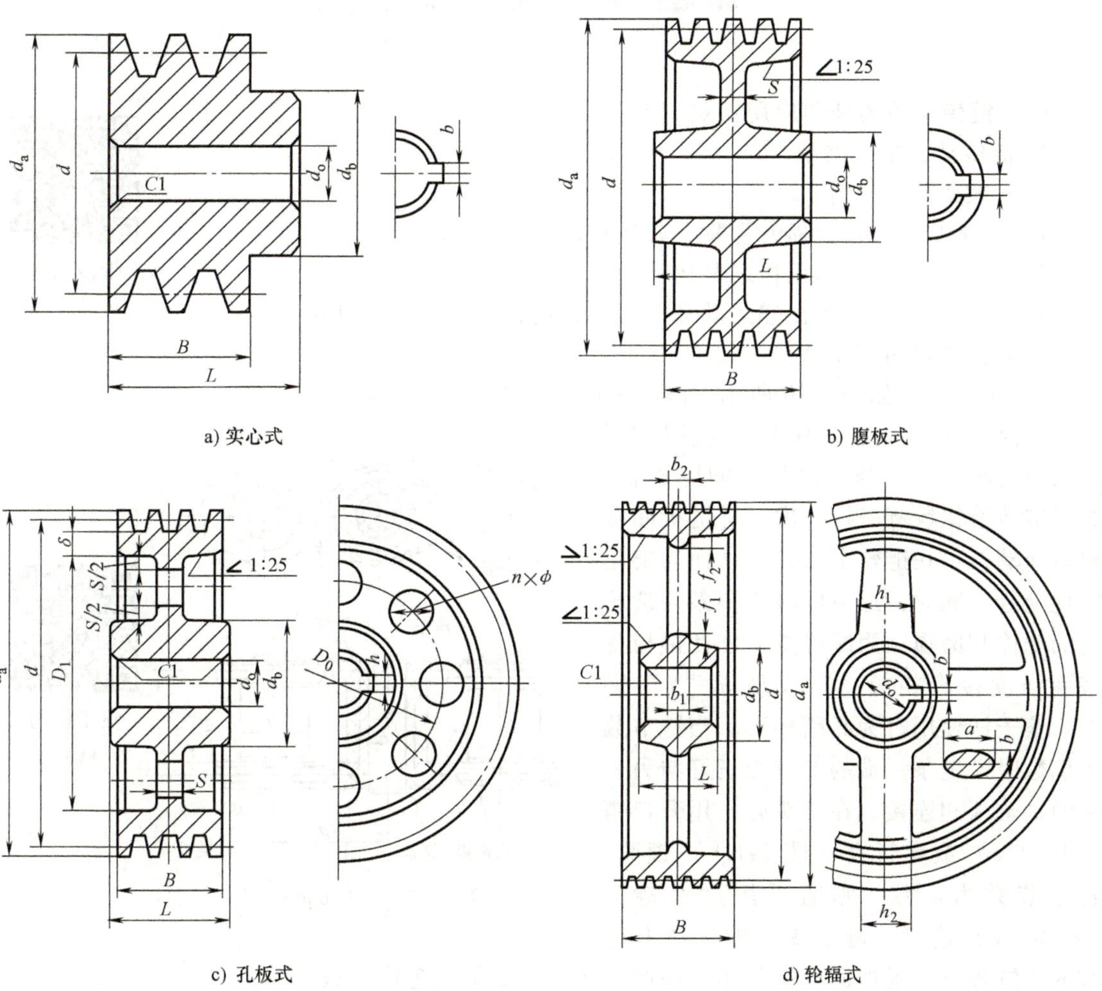

图 3-9　V 带轮的结构

4. V 带传动的安装和使用

1）V 带必须正确地安装在轮槽中，一般以带的外边缘与轮缘平齐为准。

2）传动带的张紧力要适当。张紧力过小容易打滑，不能传递足够的功率；张紧力太大会使传动轴产生弯曲变形，缩短传动带的寿命，加剧轴和轴承的磨损，同时也降低传动效率。

3）两带轮的轴线要保持平行，且两轮轮槽要相互对齐。

4）装、拆V带时，应先将中心距调小，将V带套上带轮后，再调回正确位置，避免硬撬而损坏V带。

5）调换V带时，一般要成组更换，不宜逐根调换。

6）传动带在带轮上的包角不能太小，否则容易打滑。V带传动的包角不能小于120°。

7）带的工作温度不应超过60℃。带不宜与油、酸、碱等腐蚀性物质接触。

8）为了保证安全，带传动应加防护罩。

课题二 链 传 动

一、链传动的类型和应用特点

1. 链传动的主要类型

（1）按工作特性分

1）起重链——用于提升重物，其运行速度 $v \leqslant 0.25\text{m/s}$。

2）曳引链——运输机械，其运行速度 $v \leqslant 2 \sim 4\text{m/s}$。

3）传动链——用于传递运动和动力，其运行速度 $v \leqslant 12 \sim 15\text{m/s}$。

带传动链传动应用

（2）按传动链接形式分

1）滚子链。如图3-10所示，滚子链由内链板、滚子、套筒、外链板、销轴组成。内链板与套筒、外链板与销轴均为过盈配合；套筒与销轴、滚子与套筒均为间隙配合，这样链节就像铰链一样，内、外链板间有相对转动，可在链轮上曲折，从而与链轮实现啮合，同时，还可以减少链条与链轮间的摩擦和磨损。为减轻重量和使链板各截面强度接近相等，链板制成“8”字形。滚子链使用时为封闭环形，当链节数为偶数时，链条一端的外链板正好与另一端的销轴板相连接，在接头处，用开口销（图3-11a）或弹簧夹（图3-11b）锁紧。若链节数为奇数，则需采用过渡链节（图3-11c）连接。链条受拉时，过渡链节的弯链板承受附加的弯矩作用，因此链节数应尽量避免取奇数。

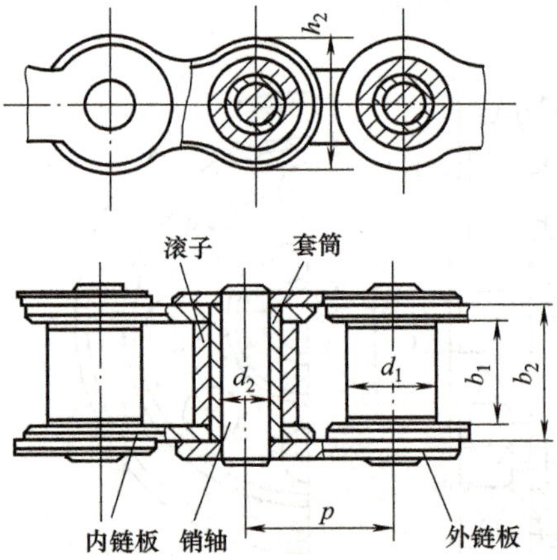

图3-10 滚子链的结构

滚子链与链轮

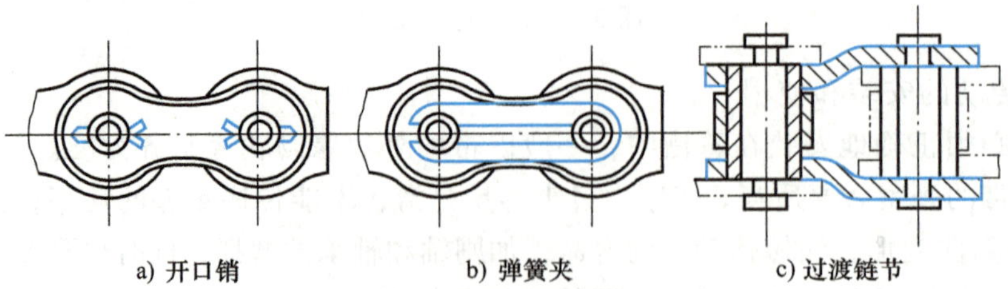

图3-11 滚子链接头形式

链条相邻两滚子中心间的距离，称为节矩，用 p 表示，它是链条的重要参数。滚子链有单排链和多排链之分，如图 3-12 所示为双排链。多排链用于较大功率传动，由于制造和装配误差，当排数较多时各排受载不易均匀，所以使用时一般不超过 4 排。

2）齿形链。如图 3-13 所示，其传动平稳，承受冲击好，齿多受力均匀，噪声相对较小、故俗称无声链。其允许运行速度高，但结构较复杂，价格贵，制造较困难，也较重。例如，摩托车用链，常应用于高速机、运动精度要求较高的场合，故目前应用较少。

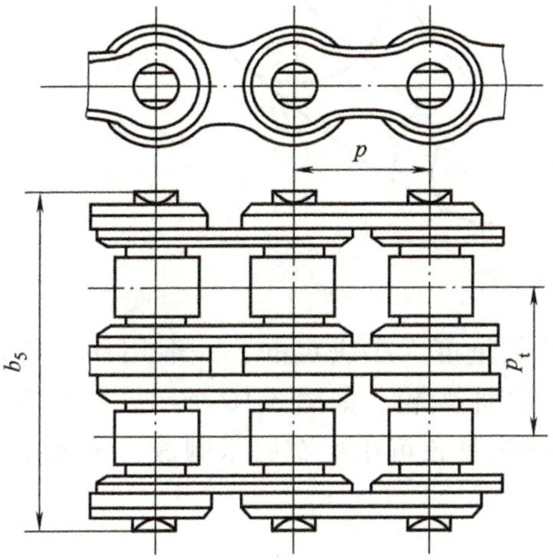

图 3-12　双排链

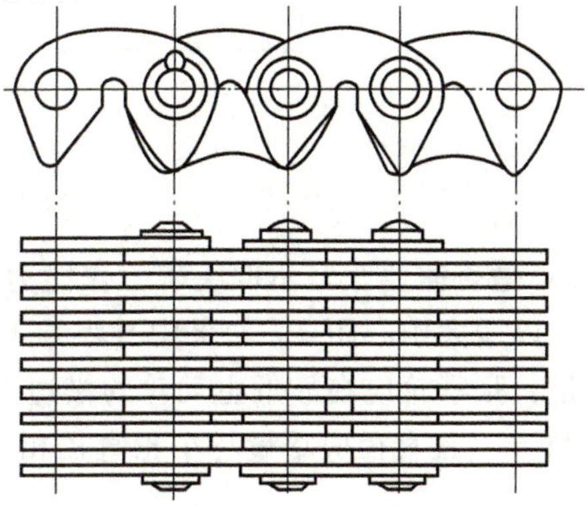
图 3-13　齿形链

2. 链传动的应用特点

链传动为具有中间挠性件的啮合传动，与带传动和其他传动相比，链传动具有如下特点：中心距使用范围较大；没有相对滑动，能得到准确的平均传动比；因张紧力小，故对轴的压力小；结构较紧凑；可在高温、油污、潮湿等环境恶劣情况下工作；传动平衡性差；工作时有噪声；制造成本较高；只能用于平行轴间的传动。

链传动的应用范围为：传递的功率 $P\leqslant100\text{kW}$；传动比 $i\leqslant8$；中心距 $a\leqslant6\text{m}$；链速 $v\leqslant15\text{m/s}$；传动效率约为 0.94~0.98。

二、链传动的工作过程

1. 链传动的组成和工作原理

如图 3-14 所示，链传动是由主动链轮、从动链轮、套在两个链轮上的链条和机架组成的。工作时，主动链轮转动，依靠链条的链节和链轮齿的啮合将运动和动力传递给从动链轮。

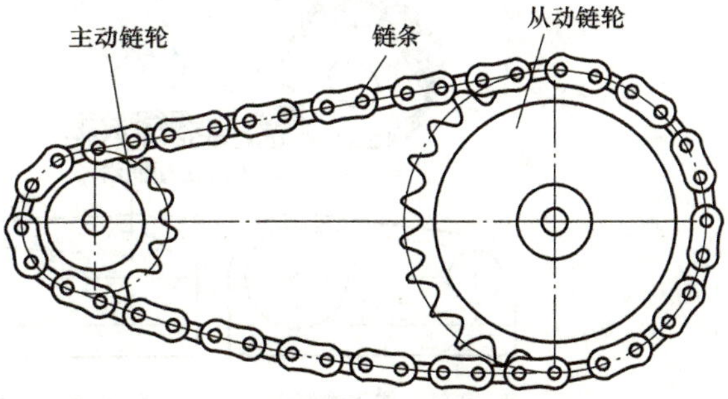

图 3-14　链传动

2. 链传动的布置、张紧与润滑

1）链传动装置只能布置在垂直平面内，不能布置在水平或倾斜平面内，两轮中心线最好水平或与水平面夹角小于 45°，如图 3-15 所示。安装时，一般松边在下，以防链节不能及时脱开，发生运动干涉。当属下列情况之一时，紧边在上。

① 当 $a \leqslant 30P$ 和 $i \geqslant 2$ 时。

② 当倾斜角较大时。

③ 当 $a \geqslant 60P$ 和 $i \leqslant 1.5$，且 $z \leqslant 25$ 时。

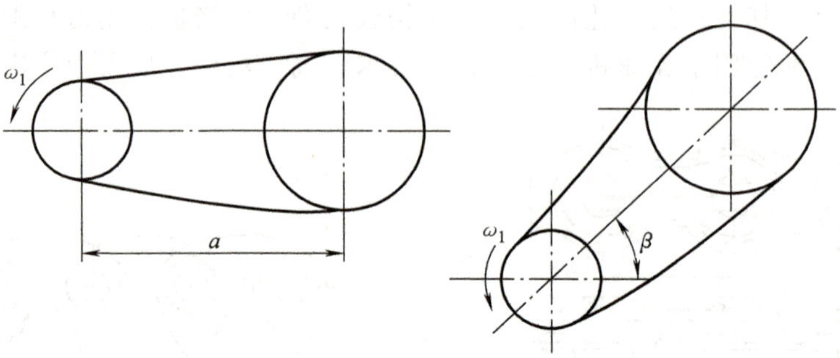

图 3-15　链传动的布置

2）是否需要张紧不取决于工作能力，而是由链的垂度大小决定的，一般用移动轮系的方法，以增大中心距 a；如果中心距 a 不可调，也可用张紧轮，如图 3-16 所示，此时需要注意的是，张紧轮应在靠近主动轮的松边上。不带齿的张紧轮可用夹布胶木制成，宽度比链轮约宽 5mm，且直径应尽量与小轮直径相近。

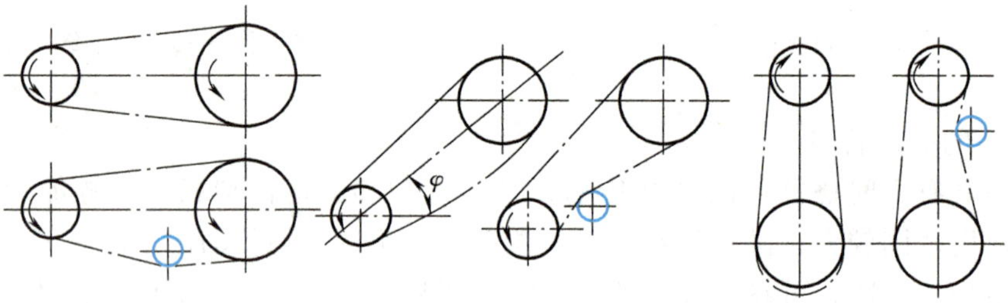

a)　b)　c)

图 3-16　链传动的张紧

3）润滑有利于缓冲，可减小摩擦和降低磨损，润滑良好否对承载能力与寿命有很大影响。润滑方式按图 3-17 所示方法选取，需要注意的是，链速越高，润滑方式要求也越高。

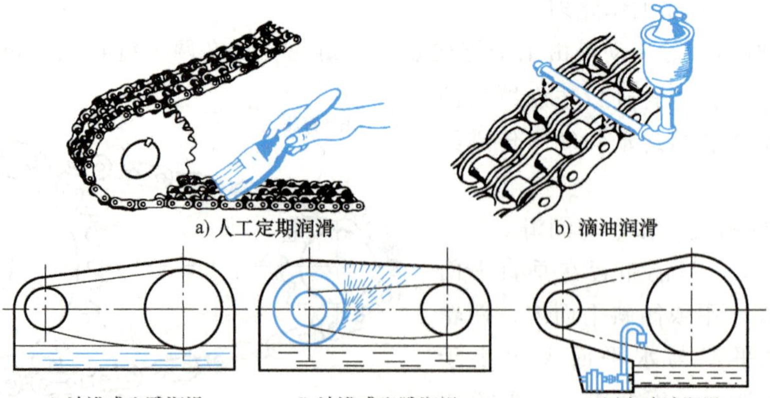

a) 人工定期润滑　b) 滴油润滑

c) 油浴或飞溅润滑　d) 油浴或飞溅润滑　e) 压力喷油润滑

图 3-17　链传动的润滑

课题三　齿轮传动

一、齿轮传动的类型和特点

1. 齿轮传动的类型

（1）按齿轮轮齿形状分类　根据齿轮轮齿所依附的母体形状的不同，可将齿轮分为圆柱齿轮（轮齿依附在圆柱体上，如图 3-18a、b、c、d、e、g 所示）、锥齿轮（轮齿依附在圆锥体上，如图 3-18f 所示）和齿条（轮齿依附在长方体上，如图 3-18c 所示）。

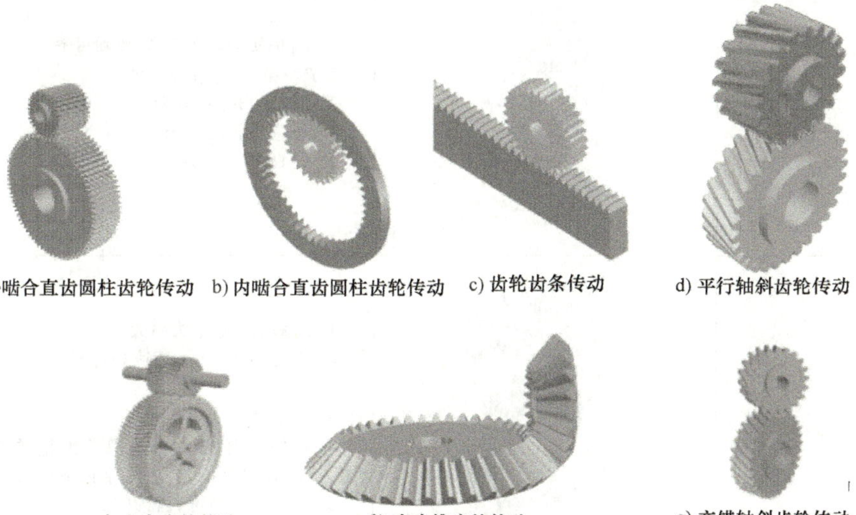

a) 外啮合直齿圆柱齿轮传动　b) 内啮合直齿圆柱齿轮传动　c) 齿轮齿条传动　d) 平行轴斜齿轮传动

e) 人字齿轮传动　f) 直齿锥齿轮传动　g) 交错轴斜齿轮传动

图 3-18　齿轮传动的类型

按轮齿排列在母体内外表面的不同，将齿轮分为外齿轮（图 3-18a、c、d、e、f、g）和内齿轮（图 3-18b 中的大齿圈）。

按轮齿在母体上排列的方向与母线是否平行，可将齿轮分为直齿轮（图 3-18a、b、c、f）和斜齿轮（图 3-18d、g）。直齿轮轮齿排列方向与母线方向平行，即与母体轴线平行；斜齿轮轮齿排列方向与母线不平行。若在母体上对称排列着两排斜齿，则这样的齿轮称为人字齿轮，如图 3-18e 所示。

根据轮齿齿廓曲线的不同，还可将齿轮分为渐开线齿轮、摆线齿轮和圆弧齿轮等。

（2）按齿轮传动的类型　除了可以按齿轮的类型将齿轮传动分为圆柱齿轮传动、锥齿轮传动、直齿轮传动、斜齿轮传动等类型外，齿轮传动主要的分类方法如下。

1）按两齿轮轴线的相对位置将其分为平面齿轮传动和空间齿轮传动。平面齿轮传动的两齿轮轴线互相平行，如图 3-18a、b、c、d、e 所示；空间齿轮传动的两齿轮轴线不平行，如图 3-18f、g 所示。

2）按齿轮传动的工作条件可将其分为开式齿轮传动、半开式齿轮传动和闭式齿轮传动。开式齿轮传动中的齿轮完全外露；半开式齿轮传动中的齿轮有防护罩保护，大齿轮有时可部分浸入润滑油；闭式齿轮传动中的齿轮全部在密封的刚性箱体内。

3）按齿轮齿面硬度的不同可将其分为软齿面齿轮传动和硬齿面齿轮传动。软齿面齿轮的齿面硬度小于 550HBW（HBW 是布氏硬度的表示符号）；硬齿面齿轮的齿面硬度大于 550HBW。

2. 齿轮传动的特点

齿轮传动是现代机械中应用最广的一种机械传动，但制造和安装精度要求高、成本高，且不宜用于中心距较大的传动。常用齿轮传动的主要特点见表 3-1。

表 3-1 常用齿轮传动的主要特点

传动类型	示意图	主要特点
直齿圆柱齿轮传动	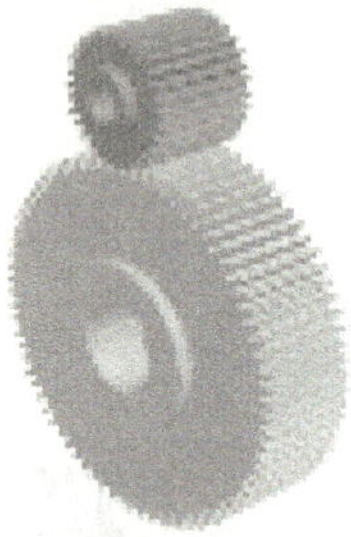	1. $i_{瞬}$恒定，传动平稳、准确可靠 2. P、v 范围大，适应性强 3. i 较大，η 高，寿命长 4. 制造和装配要求高 5. 中心距 a 较小
斜齿轮传动（轴线平行）		1. 承载大，传递功率大 2. 平稳，噪声小，高速（$v_{斜}>v_{直}>v_{螺旋}$），端面重合度 ε 大 3. 寿命长 4. 有轴向力，不能作为滑轮齿轮，螺旋角 β 大，轴向力大，故 $\beta=8°\sim15°$，用人字齿或向心推力轴承承受；β 为分度圆柱上测得；齿为螺旋状
锥齿轮传动		1. 用来传递空间两相交轴之间运动和动力 2. 其轮齿分布在截圆锥体上，齿形从大端到小端逐渐变小 3. 为计算和测量方便，通常取大端参数为标准值 4. 两轴线间的夹角 Σ 称为轴角，一般机械中多取 $\Sigma=90°$
蜗杆传动		1. 承载能力大 2. i 大、传动准确、结构紧凑 3. 传动最平稳，噪声最小 4. 导程角 $\gamma<5°$，有自锁性 5. 效率低 $z_1=1$ 时，$\eta=0.5$ 故其传递功率不能太大（$P=50\text{kW}$） 6. 材料贵（减摩性、耐磨性、抗胶合性好的材料） 7. 不能任意互换啮合（加工蜗轮用滚刀的 m、α、d_1、z_1、γ 都与蜗杆相同才能啮合）

二、直齿圆柱齿轮传动

1. 渐开线的形成与特性

在生产实际中，齿廓曲线的选择除要满足齿廓啮合基本定律外，还必须考虑制造、安装和强度等要求。常用的齿廓有渐开线、摆线和圆弧等。一般机器多采用渐开线齿轮，高速重载的机器宜采用圆弧齿轮，摆线齿轮多用于各种仪表。此部分主要介绍渐开线齿轮。

渐开线的形成如图 3-19 所示。当一条动直线（发生线），沿着一个固定的圆（基圆）做纯滚动时，动直线上任意一点 K 的轨迹称为该圆的渐开线。

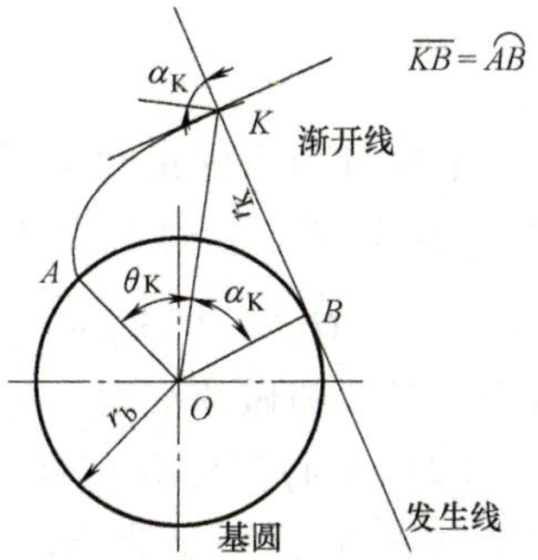

图 3-19 渐开线的形成

渐开线的性质如下。

1）发生线在基圆上滚过的线段长等于基圆上被滚过的圆弧长。

2）渐开线上的任意一点 K 的法线必与基圆相切。

3）渐开线上的各点的曲率半径不相等，如图 3-20 所示。点离基圆越远，其曲率半径越大，渐开线越平直，反之亦然。

4）渐开线的形状决定与基圆的大小，如图 3-21 所示。基圆相同，渐开线的形状完全相同。基圆半径无穷大时，渐开线将变成直线，齿轮就变成齿条。

5）基圆内无渐开线。

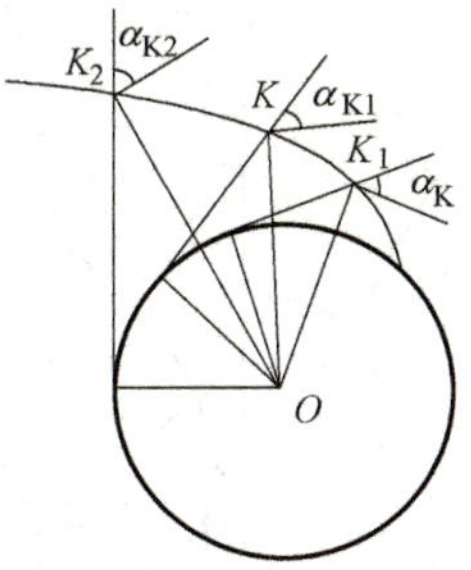

图 3-20 渐开线上的曲率半径

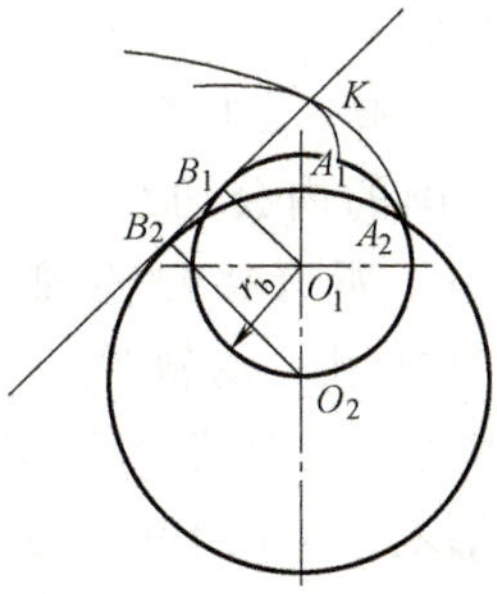

图 3-21 不同基圆的渐开线形状

2. 直齿圆柱齿轮的啮合过程及传动比

近代齿轮传动之所以广泛采用渐开线作为齿廓曲线，是因为渐开线齿廓有很好的啮合特性。

（1）渐开线齿廓能保证恒定的传动比传动 如图 3-22 所示，C_1、C_2 为两渐开线齿轮上互相啮合的一对齿廓，点 K 为两齿廓的接触点。作过两齿廓的公法线 N_1N_2 与两轮连心线交于点 P。根据渐开线性质可知，N_1N_2 必同时与两轮的基圆相切，即 N_1N_2 为两轮基圆的一条内公切线。由于两基圆的大小和位置都已确定，同一方向的内公切线只有一条，它与连心线的交点是一位置确定的点。

可以证明，互相啮合传动的一对齿廓，在任一瞬时的传动比与连心线被其啮合齿廓在接触点的公法线所分得的两线段成反比，即

$$i_{12}=\frac{\omega_1}{\omega_2}=\frac{\overline{O_2P}}{\overline{O_1P}}$$

因渐开线的性质决定了点 P 为定点，则$\overline{O_1P}$、$\overline{O_2P}$ 为定长。因此，无论两齿廓在任何位置接触，$\overline{O_2P}/\overline{O_1P}$ 为定值，即

$$i_{12}=\frac{\overline{O_2P}}{\overline{O_1P}}=\text{常数}$$

上述过两齿廓接触点所作的齿廓公法线与两轮连心线的交点 P 称为啮合节点。以点 O_1 和点 O_2 为圆心，过节点 P 的两个相切圆称为节圆，其半径分别用 r_1 和 r_2 表示。由于 $\omega_1\overline{O_1P}=\omega_2\overline{O_2P}$，即 $v_{p1}=v_{p2}$，说明两轮节点的圆周速度相等。因此，一对齿轮的啮合传动相当于一对节圆做纯滚动。一对外啮合齿轮的中心距恒等于两节圆半径之和。

（2）中心距可分离性　如图 3-22 所示，作 $O_1N_1\perp N_1N_2$，垂足为 N_1，作 $O_2N_2\perp N_1N_2$，垂足为 N_2，则 $\Delta O_1N_1P\backsim\Delta O_2N_2P$，故

$$i_{12}=\frac{\omega_1}{\omega_2}=\frac{\overline{O_2P}}{\overline{O_1P}}=\frac{r_{b2}}{r_{b1}}$$

即两齿轮的传动比不仅与两轮节圆半径成反比，同时也与两轮基圆的半径成反比。而在齿轮加工完成后，其基圆半径已确定。

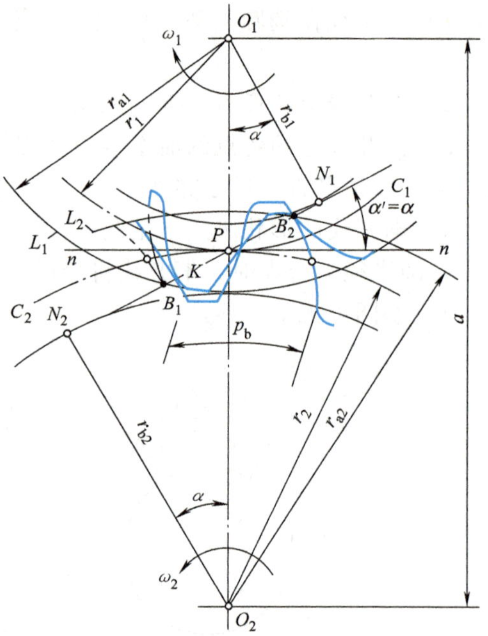

图 3-22　渐开线齿廓的啮合传动

（3）齿廓间的正压力方向不变　一对渐开线齿廓，无论在哪一点接触，过接触点的齿廓公法线总是两基圆的内公切线 N_1N_2。因此，在啮合的全过程中，所有接触点都在 N_1N_2 上，即 N_1N_2 是两齿廓接触点的轨迹，称其为齿轮传动的啮合线。因为两齿廓啮合传动时，其间的正压力是沿齿廓法线方向作用的，也就是沿啮合线方向传递，啮合线为直线，所以齿廓间正压力方向保持不变。若齿轮传递的力矩恒定，则轮齿之间、轴与轴承之间的压力大小及方向均不变，因而传动平稳。这是渐开线齿轮传动的又一优点。

3. 直齿圆柱齿轮的啮合条件

（1）正确啮合条件　如图 3-22 所示，N_1N_2 是两齿轮在齿廓接触点处的公法线，由渐开线的性质可知，齿轮的法向齿距应等于齿轮的基圆齿距。要使两齿轮能正确啮合，即两轮齿之间不产生间隙或卡住，则必须满足两齿轮的法向齿距相等的条件，亦即 $PB_1=PB_2$，而由于模数和压力角都已标准化，所以要满足上式，应使

$$\left.\begin{aligned}m_1=m_2=m\\ a_1=a_2=a\end{aligned}\right\}$$

即渐开线直齿圆柱齿轮正确啮合的条件是：两齿轮的模数和压力角应分别相等，并等于标准值。

（2）连续啮合条件　要保证齿轮能连续啮合传动，应要求在前一对轮齿的啮合点到达啮合终止点时，后一对轮齿已提前或至少同时到达啮合起始点进入啮合状态，否则主动齿轮 1 继续转过一定角度后，后一对轮齿才进入啮合，啮合过程就出现中断，并产生冲击。因此，保证一对齿轮能连续啮合传动的条件是：实际啮合线段的长度应大于或等于齿轮的法向齿距。由于齿轮的法向齿距等于基圆齿距，所以连续啮合条件为

$$\varepsilon=\frac{b_1b_2}{p_b}\geqslant 1$$

式中　ε——重合度；

b_1b_2——实际啮合长度；

p_b——齿轮法向齿距。

ε 越大，意味着多对轮齿同时参与啮合的时间越长，每对轮齿承受的载荷就越小，齿轮传动也越平稳。对于标准齿轮，ε 的大小主要与齿轮的齿数有关，齿数越多，ε 越大。

直齿圆柱齿轮传动的最大重合度 $\varepsilon=1.982$，即直齿圆柱齿轮传动不可能始终保持两对齿同时啮合。理论上只要 $\varepsilon=1$ 就能保证连续传动，但因齿轮有制造和安装等误差，实际应使 $\varepsilon>1$。

一般机械中常取 $\varepsilon\geqslant 1.1\sim1.4$。

三、其他齿轮传动

1. 斜齿圆柱齿轮传动简介

带传动斜齿轮传动（2）

（1）斜齿圆柱齿轮齿面的形成及应用　直齿轮的齿廓形成和啮合特点的分析都是在齿轮端面进行的。由于齿轮有一定宽度，所以其齿廓应该是渐开线曲面而不是渐开线，而且渐开线曲面是由发生面在基圆柱上做纯滚动时，发生面上任一与基圆柱母线平行的直线 BB 在空间的轨迹形成的，如图 3-23a 所示。

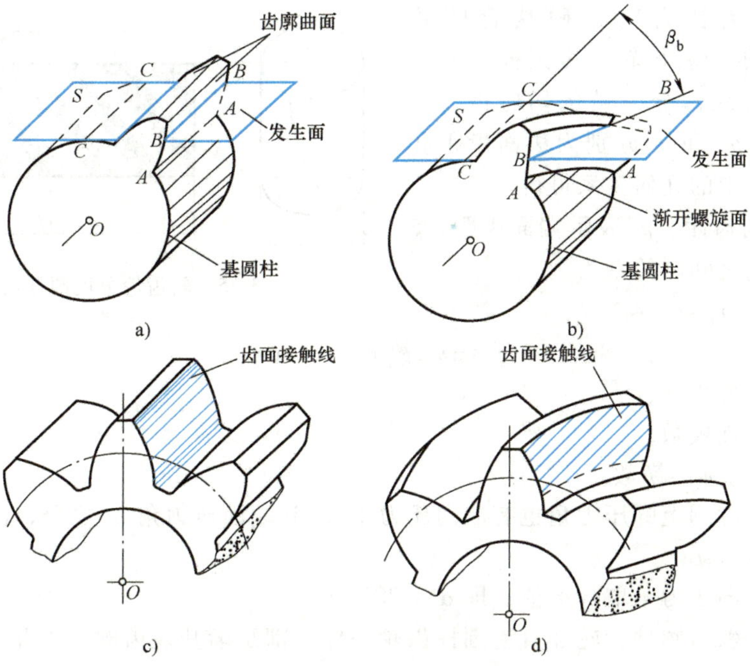

图 3-23　圆柱齿轮齿廓曲面的形成及接触线

在齿廓曲面形成过程中，发生面上与基圆柱母线成一夹角 β 的直线 BB 在空间的轨迹将形成一渐开螺旋面。若以渐开螺旋面作为齿轮的齿廓，所得到的齿轮称为斜齿轮，如图 3-23b 所示。

由齿廓曲面的形成过程可看出，直齿轮啮合传动时，齿面接触线皆为与齿轮轴线平行的等宽直线，如图 3-23c 所示，啮合开始和终止都是沿齿宽突然发生的，易引起冲击、振动和噪声，尤其在高速传动中更为严重。而斜齿轮啮合传动时，齿面接触线与齿轮轴线相倾斜，如图 3-23d 所示，其长度由点到线逐渐增长，到某一位置后又逐渐缩短，直至退出啮合，因此斜齿轮啮合是逐渐进入和逐渐退出的，且多齿啮合的时间比直齿轮长，故斜齿轮传动平稳、噪声小、重合度大、承载能力强，适用于高速和大功率场合。

斜齿轮传动的缺点是啮合时要产生轴向力 $\boldsymbol{F}_a$，如图 3-24a 所示，$\boldsymbol{F}_a$ 使轴承支承结构变得复杂。为此可采用人字齿轮，使轴向力相互平衡，但人字齿轮制造困难，主要用于重型机械。

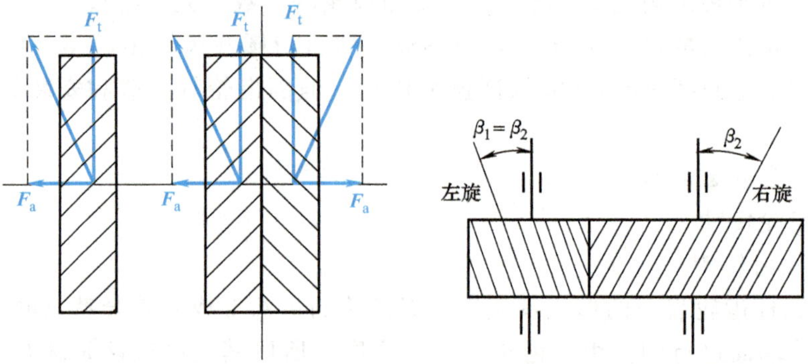

图 3-24　斜齿轮轴向力及轮齿旋向

（2）斜齿圆柱齿轮正确啮合的条件　图 3-25 所示为斜齿轮分度圆柱面的展开图，图中阴影线部分为被剖切轮齿，空白部分为齿槽，p_n 和 p_t 分别为法面齿距和端面齿距，由图中的几何关系可得

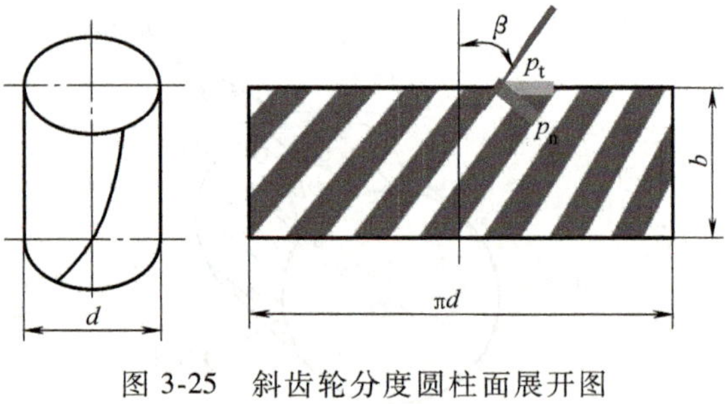

图 3-25　斜齿轮分度圆柱面展开图

p_n 表示法向齿距，p_t 表示端面齿距，β 为螺旋角，它们之间的关系为

$$p_n = p_t\cos\beta$$

因 $$p = \pi m,故\ m_n = m_t\cos\beta$$

式中　m_t——端面模数；

m_n——法面模数。

一般取 m_n 为标准模数。

斜齿轮在分度圆上的压力角也有法向压力角 α_n 和端面压力角 α_t 之分，两者之间的关系为：$\tan\alpha_n = \tan\alpha_t\cos\beta$

一般规定法向压力角取标准值，即 $\alpha_n = 20°$。

在端面内，斜齿圆柱齿轮和直齿圆柱齿轮一样，都是渐开线齿廓。因此，一对斜齿圆柱齿轮传动时，必须满足：$m_{n1} = m_{n2}$，$a_{t1} = a_{t2}$。另外，斜齿轮要正确啮合，还必须要求两齿轮

的螺旋角相等。斜齿圆柱齿轮的正确啮合条件为

$$m_{n1}=m_{n2}$$
$$\alpha_{n1}=\alpha_{n2}$$
$$\beta_1=-\beta_2$$

带传动锥齿轮传动

2. 直齿锥齿轮传动简介

（1）直齿锥齿轮的几何特点及应用　分度曲面为圆锥面的齿轮称为锥齿轮。按齿线形状的不同，锥齿轮可分为直齿锥齿轮、斜齿锥齿轮、曲线齿锥齿轮等。锥齿轮用于相交轴齿轮传动和交错轴齿轮传动。

以分度圆锥面的直母线为齿线的锥齿轮称为直齿锥齿轮。直齿锥齿轮用于相交轴齿轮传动，两轴的交角通常为 90°（即 $\Sigma=90°$），如图 3-26 所示。

直齿锥齿轮的几何特点是：齿顶圆锥面（顶锥）、分度圆锥面（分锥）和齿根圆锥面（根锥）三个圆锥面相交于一点；轮齿分布在圆锥面上，齿槽在大端处宽而深，在小端处窄而浅，轮齿从大端逐渐向锥顶缩小；在其母线垂直于分锥的背锥（通常为锥齿轮轮齿的大端端面）的展开面上，齿廓曲线为渐开线。锥齿轮由大端至小端的模数不同。规定以大端模数为依据并采用标准模数。

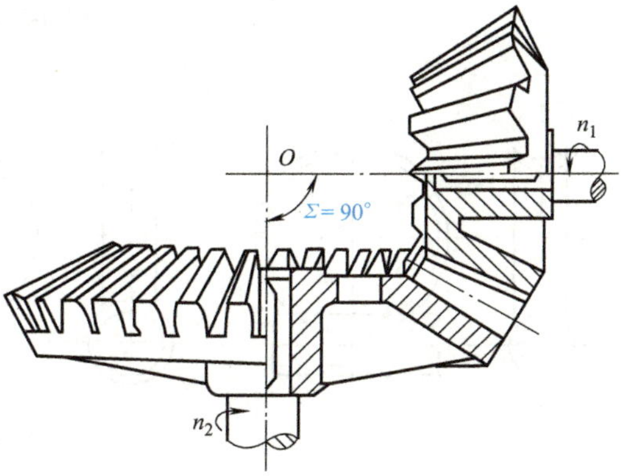

图 3-26　直齿锥齿轮传动

（2）直齿锥齿轮的正确啮合条件　标准直齿锥齿轮副的轴交角 $\Sigma=90°$。

直齿锥齿轮的正确啮合条件为

$$m_1=m_2$$
$$\alpha_1=\alpha_2=20°。$$

带传动蜗杆传动

3. 蜗杆传动简介

（1）蜗杆传动的类型及应用　蜗杆传动主要由蜗杆和蜗轮组成，如图 3-27 所示。它用于传递交错轴之间的回转运动和动力，通常轴交角 $\Sigma=90°$，一般用于减速传动，蜗杆为主动件。

圆柱蜗杆传动相当于交错轴的两个各自绕其自身支承轴线转动的斜齿轮正交传动。其中圆柱蜗杆可认为是一个齿数少，且直径小于配对蜗轮的宽斜齿轮，形如螺杆。它有左旋和右旋、单线和多线之分，一般常用右旋。蜗轮则是齿数较多，齿体的中间曲面呈环面，与圆柱蜗杆配对的一个斜齿轮。由于蜗杆与蜗轮轴线正交，为了轮齿间啮合，蜗杆导程角 γ 和蜗轮螺旋角 β 必须相等，旋向相同，即 $\gamma=\beta$。

蜗杆传动按照蜗杆的外形可分为圆柱蜗杆传动（图 3-28a）、圆环面蜗杆传动（图 3-28b）和锥面蜗杆传动（图 3-28c）。

圆柱蜗杆按螺旋面的形状可分为阿基米德蜗杆和渐开线蜗杆，如图 3-29 所示。

阿基米德蜗杆的端面齿廓是阿基米德螺旋线，轴向齿廓是直线。其加工与车削加工普通梯形螺纹相似，容易制造，故应用广泛，缺点是不易得到高的精度。

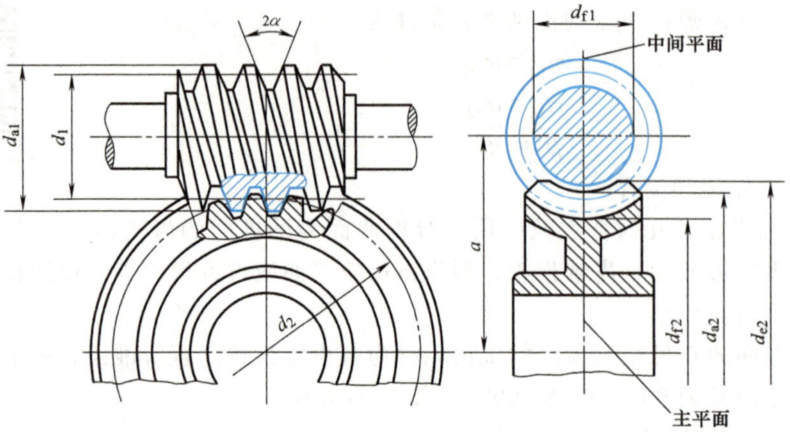

图 3-27　蜗杆传动

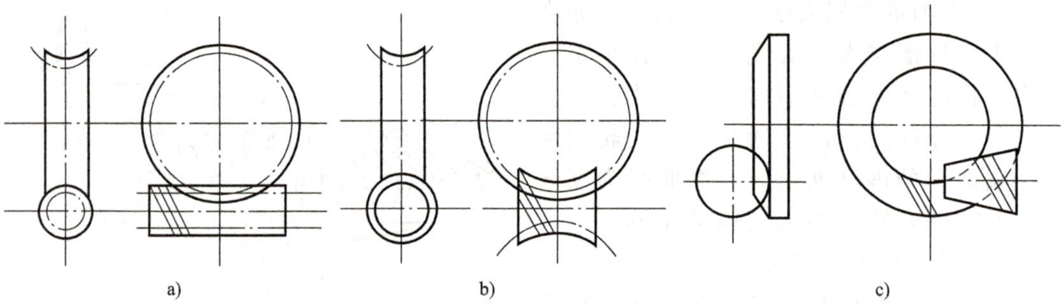

图 3-28　蜗杆传动的类型

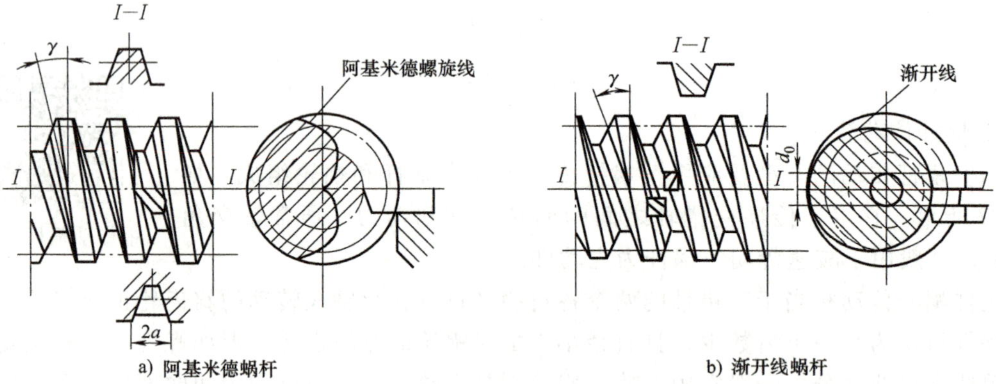

图 3-29　圆柱蜗杆

渐开线蜗杆的端面是渐开线，加工时刀具切削刃切于基圆，也可以用滚刀加工，磨削方便，制造精度较高，适用于成批生产以及功率较大的高速传动，传动效率较高，缺点是要专用设备加工。

（2）蜗杆传动的正确啮合条件　圆柱蜗杆传动的正确啮合条件如下。

1）在中间平面内，蜗杆的轴向模数 m_{x1} 和蜗轮的端面模数 m_{t2} 相等，即

$$m_{x1}=m_{t2}=m$$

2）在中间平面内，蜗杆的轴向齿形角 α_{x1} 和蜗轮的端面齿形角 α_{t2} 相等，即

$$\alpha_{x1}=\alpha_{t2}=\alpha=20°$$

3）蜗杆分度圆柱面导程角 γ_1 和蜗轮分度圆柱面螺旋角 β_2 相等，且旋向一致，即

$$\gamma_1=\beta_2$$

课题四　机械润滑与密封

一、机械润滑的目的与作用

1. 摩擦与磨损

摩擦是两接触的物体在接触表面间相对滑动或有滑动趋势时，产生阻碍其发生相对滑动的切向阻力，这种现象称为摩擦。摩擦状态如图 3-30 所示。

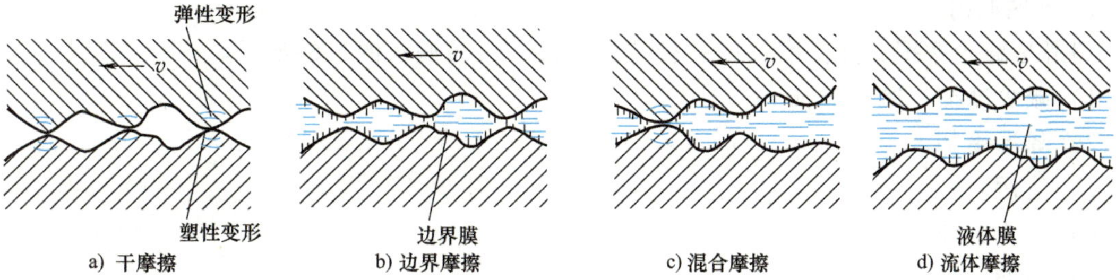

图 3-30　摩擦状态

摩擦的种类如下。

1）干摩擦——两摩擦表面直接接触，不加入任何润滑剂的摩擦。实际上，即使很洁净的表面上也存在脏污膜和氧化膜。

2）边界摩擦（边界润滑）——摩擦面上有一层边界膜起润滑作用的摩擦。

3）混合摩擦（润滑）——此时，虽仍有一些微凸体直接接触，但其摩擦阻力小得多，摩擦力（f）也比边界摩擦小得多。

4）流体摩擦（润滑）——摩擦表面间的润滑膜厚度大到足以将两个表面的轮廓完全隔开时，即形成了完全液体摩擦，摩擦力（f）极小，是理想的摩擦状态。

磨损是由于摩擦引起的摩擦能耗和导致材料表面的不断损耗或转移。磨损使零件的表面形状与尺寸遭到缓慢而连续地破坏，导致零件的精度、可靠性、效率下降，直至破坏。磨损一般是有害的，但工程上也有利用磨损作用的场合，例如精加工中的磨削与抛光、机器的跑合等。

常见的磨损类型有以下几种。

1）黏着磨损——由于吸附膜破裂而使轮廓直接接触，形成冷焊结点（黏着），并由于接触表面间的相对运动使材料由一个表面转移至另一表面，载荷越大，温度越高，黏着越严重。

2）磨粒磨损——由于外部进入的硬质颗粒或摩擦表面上的硬质突出物在较软的材料表面进行微切削的过程。

零件材料表面越硬，磨粒磨损越小，一般要求金属材料的硬度应至少比磨粒硬度大30%。

3）表面疲劳磨损——受交变接触应力的摩擦副表面微体积材料在重复变形时，由于疲劳破坏而从摩擦副表面剥落下来，这种现象称表面疲劳磨损（点蚀）。

4）腐蚀磨损——在摩擦过程中，金属与周围介质发生化学反应或电化学反应而引起的磨损。

一般来讲零件的磨损又要经过以下三个过程。

1）磨合磨损过程是形成一个稳定的表面粗糙度值，且在以后过程中，此表面粗糙度值不会继续改变，所占时间比率较小。

2）稳定磨损阶段是经磨合的摩擦表面产生加工硬化，形成了稳定的表面粗糙度值，摩擦条件保持相对稳定，磨损较缓慢。该段时间长短反映零件的寿命。

3）急剧磨损阶段是经稳定磨损后，零件表面被破坏，运动副间隙增大，形成动载、振动，润滑状态改变，温度升高，使磨损速度急剧上升，直至零件失效。

2. 机械润滑

润滑是减少摩擦，降低磨损的一种有效手段。机械润滑的目的如下。

1）减少摩擦，减轻磨损。

2）降温冷却。

3）清污。

4）防止腐蚀。

5）缓冲减振。

6）密封。

二、常用润滑剂及其选用

在机械零件的相对运动过程中，润滑剂除了减小摩擦，降低磨损外，还起到冷却、降温，减缓锈蚀，缓冲吸振、清污和密封等作用。

润滑剂有液体（水、油）、单固体（润滑脂）、固体（石墨、二硫化钼）、气体（空气）等，适用于不同的润滑场合。常用的是润滑油和润滑脂。

（1）润滑油　润滑油中的有机油（动植物油）使用较少，性能不稳定；矿物油（石油产品）来源广、成本低，适用范围广且稳定性好，因此应用最为广泛；合成油（用化学手段合成）有特殊性能，针对特殊用途，且成本较高。常用润滑油的主要质量指标及用途见表3-2。

表3-2　常用润滑油的主要质量指标及用途

名称	牌号	主要质量指标					简要说明及主要用途
		运动黏度/($mm^2\cdot s^{-1}$) 40℃	凝点/℃（不高于）	倾点/℃（不高于）	闪点/℃（不低于）	黏度指数	
全损耗系统用油（GB 443—1989）	L—AN15	13.5~16.5	-15		65		适用于对润滑油无特殊要求的锭子、轴承、齿轮和其他低负荷机械等部件的润滑，不适用于循环系统
	L—AN22	19.8~24.2	-15		170		
	L—AN32	28.8~35.2	-15		170		
	L—AN46	41.4~50.6	-10		180		
	L—AN68	61.2~74.8	-10		190		

（续）

名称	牌号	主要质量指标					简要说明及主要用途
		运动黏度/($mm^2 \cdot s^{-1}$) 40℃	凝点/℃（不高于）	倾点/℃（不高于）	闪点/℃（不低于）	黏度指数	
L—HL液压油（GB 11118.1—1994）	L—HL32 L—HL46 L—HL68 L—HL100	28.8～35.2 41.4～50.6 61.2～74.8 90.0～110		-6 -6 -6 -6	180 180 200 200	90 90 90 90	抗氧化、防锈、抗浮化等性能优于普通全损耗系统用油。适用于一般机床主轴箱、液压齿轮箱以及类似的机械设备的润滑
工业闭式齿轮油（GB 5903—1995）	L—CKB100 L—CKB150 L—CKB220	90.0～110 135～165 198～242		-8 -8 -8		90 90 90	一种抗氧防锈型润滑油。适用于正常油温下运转的轻载荷工业闭式齿轮润滑
普通开式齿轮油（SH 0363—1992）	150 220 320	135～165 198～242 288～352			200 210 210		适用于正常油温下轻载荷普通开式齿轮润滑
蜗轮蜗杆油（SH 0094—1991）	L—CKE220 L—CKE320 L—CKE460	198～242 288～352 414～506		-12 -12 -12	200 200 200		适用于正常油温下轻载荷蜗杆传动的润滑
主轴、轴承和有关离合器用油（SH 0017—1990）	L—FC22 L—FC32 L—FC46	19.8～24.2 28.8～35.2 41.4～50.6					适用于主轴、轴承和有关离合器油的压力油浴和油雾润滑

润滑油的主要性能如下：

1）黏度。表征润滑油流动时其油层内摩擦阻力的大小的一个主要指标。黏度是流体抵抗变形的能力，它标志着流体内摩擦阻力的大小。影响润滑油黏度的主要因素是温度，温度升高，则润滑油的黏度下降。黏度指数（*VI*）是衡量润滑油受温度变化时对黏度影响程度的参数，*VI*值越大，黏度随温度的变化越小，润滑油的黏-温特性越好。

2）油性。润滑油的极性分子与金属表面吸附形成的边界油膜的吸附能力。在低速、重载的情况下，一般都是边界润滑，油性就有特别重要的意义。

3）凝点。润滑油冷却到不能流动时的温度。在低温下工作的机械应用凝点低的润滑油。

4）闪点和燃点。蒸发的油气，一遇火焰即能闪光时的最低温度。闪光时间长达5s时油温称为燃点。高温工作时应选闪点较高的润滑油。

5）极压性能。加入含硫、磷、氯的有机极性化合物（极压添加剂）后，油中极性分子在金属表面生成抗腐蚀，耐高压化学反应边界膜的性能。在重载、高速、高温条件下极压性很重要。

6）氧化稳定性。防止高温下润滑油氧化生成酸性物质，从而影响润滑油的性能并腐蚀金属。

（2）润滑脂　润滑油加稠化剂（如钙、钠、锂的金属皂）的膏状混合物。

润滑脂的主要性能指标如下。

1）针入度。表示润滑脂稀周度的指标，是润滑脂的一项主要指标。润滑脂牌号即为其针入度的等级，牌号越小，针入度等级越高。

2）滴点。反映润滑脂的耐高温性能。润滑脂的工作温度应低于滴点20~30℃。

3）安全性。反映润滑脂在储存和使用过程中维持润滑性能的能力，包括抗水性、抗氧化性和机械安定性。

常用润滑脂的主要质量指标及用途见表3-3。

表3-3 常用润滑脂的主要质量指标及用途

名称	代号	滴点/℃（不低于）	工作锥入度/10^{-1}mm（25℃，1.5N）	主要用途
钙基润滑脂（GB 491—1987）	1号 2号 3号	80 85 90	310~340 265~295 220~250	有耐水性能。用于工作温度低于55~60℃的各种工农业、交通运输设备的轴承润滑，特别是潮湿处
钠基润滑脂（GB/T 492—1989）	2号 3号	160 160	265~295 220~250	不耐水（潮湿）。用于工作温度在-10~10℃的一般中等载荷机械设备轴承的润滑
通用锂基润滑脂（GB 7324—1994）	1号 2号 3号	170 175 180	310~340 265~295 220~250	多效通用润滑脂。适用于各种机械设备的滚动轴承、滑动轴承和其他摩擦部位的润滑。使用温度为-20~120℃
钙钠基润滑脂（SH 0368—1992）	1号 2号	120 135	310~340 265~295	用于有水、较潮湿环境中工作的机械润滑，多用于铁路机车、列车、发电机滚动轴承的润滑。不适用于低温工作。使用温度为80~100℃
7407号齿轮润滑脂（SH/T 0469—1994）		160	75~90	用于各种低速，中、高载荷齿轮、链和联轴器的润滑。使用温度小于120℃
7014—1高温润滑脂（GB 11124—1989）	7014-1	55~75		用于高温下工作的各种滚动轴承的润滑，也用于一般滑动轴承和齿轮的润滑。使用温度为-40~200℃

不同的传动装置的运行情况不一样，选择的润滑方式自然就不同，例如滑动轴承的润滑、滚动轴承的润滑和齿轮传动润滑等都会视具体因素选择所需的润滑方式。现以齿轮传动为例，说明齿轮润滑方式的选择及注意事项（表3-4）。

表3-4 齿轮润滑方式的选择及注意事项

齿轮速度 v/(m/s)	润滑方式	注意事项
<0.8	涂抹或充填润滑脂	润滑脂中加油性或极压添加剂
<12	浸油润滑	1. 齿轮圆周速度 v<12m/s时，一般采用浸油润滑 2. 润滑油中加抗氧化、抗泡沫添加剂 3. 齿轮浸油深度 h_1=1~2个齿高（≥10mm） 4. 齿顶线到箱底内距离 h_2>30~50mm 5. 每kW功率的油池体积>0.35~0.7L 6. 锥齿轮浸油深度要保证全齿宽接触油
3~12	飞溅润滑	润滑油中加抗氧化、抗泡沫添加剂
>12~15	压力喷油	1. 润滑油中加抗氧化、抗泡沫添加剂 2. 喷油压力0.1~0.25MPa 3. 喷嘴放在啮入侧（一般情况），喷嘴放在啮出侧，散热好（v>25m/s）
	油雾润滑	1. 一般用于高速、轻载，润滑油黏度稍低 2. 喷油压力<0.6MPa

三、机械密封的目的及常用密封方式

1. 机械密封的目的

机械密封又称端面密封，机械密封性能可靠，泄漏小、寿命长、功耗低，无须经常维修，且能适应于生产过程自动化和高温、低温、高压、真空、高速，以及各种强腐蚀性介质、含固体颗粒介质等苛刻工况的密封要求。

机械密封是靠一对或几对垂直于轴，做相对滑动的端面在流体压力和补偿机构的弹力（或磁力）作用下保持接合，并配以辅助密封而达到的阻漏的轴封装置。机械密封与软填料密封相比具有如下优点。

1）密封可靠，在长期运转中密封状态很稳定，泄漏量很小，其泄漏约为软填料密封的1%。

2）寿命长，在油、水介质中一般可达1~2年或更长，在化工介质中一般能工作半年以上。

3）摩擦功率消耗小，其摩擦功率仅为软填料密封的10%~50%。

4）轴或轴套基本上不磨损。

5）维修周期长，端面磨损后可自动补偿，一般情况下无须经常性维修。

6）抗振性好，对旋转轴的振动以及轴对密封腔的偏斜不敏感。

7）适用范围广，机械密封能用于高温、低温、高压、真空、不同旋转频率，以及各种腐蚀介质和含磨粒介质的密封。

其缺点如下。

1）较复杂，对加工要求高。

2）安装与更换比较麻烦，要求工人有一定的技术水平。

3）发生偶然性事故时，处理较困难。

4）价格较高。

2. 常用密封方式

（1）机械密封前的准备工作

1）检查机械密封的型号、规格是否符合设计图样的要求，所有零件（特别是密封面、辅助密封圈）有无损伤、变形、裂纹等现象，若有缺陷，必须更换或修复。

2）检查机械密封各零件的配合尺寸、表面粗糙度、平行度是否符合设计要求。

3）使用小弹簧机械密封时，应检查小弹簧的长短和刚性是否相同。

4）检查主机的窜动量、摆动量和挠度是否符合技术要求。

5）应保持清洁，特别是旋转环、静止环密封面和辅助密封圈表面应无杂质、灰尘。不允许用不清洁的布擦拭密封面。

6）不允许用工具敲打密封元件，以防止密封件被损坏。

（2）机械密封安装、使用技术要领

1）设备转轴的径向跳动公差应≤0.04mm，轴向窜动量不允许大于0.1mm。

2）设备的密封部位在安装时应保持清洁，密封零件应进行清洗，密封端面完好无损，防止杂质和灰尘带入密封部位。

3）在安装过程中严禁碰击、敲打，以免使机械密封摩擦副破损而密封失效。

4）安装时在与密封相接触的表面应涂一层清洁的机械油，以便能顺利安装。

5）安装静环压盖时，拧紧螺纹必须受力均匀，保证静环端面与轴线的垂直要求。

6）安装后用手推动动环，应能使动环在轴上灵活移动，并有一定弹性。

7）安装后用手盘动转轴，应无明显阻力。

8）设备在运转前必须充满介质，以防止干摩擦而使密封失效。

9）对于易结晶和颗粒介质，当介质温度>80℃时，应采取相应的冲洗、过滤、冷却措施，各种辅助装置请参照机械密封有关标准选取。

10）安装时，在与密封相接触的表面应涂一层清洁的机械油，要特别注意机械油的选择对于不同的辅助密封材质，避免造成 O 形圈浸油膨胀或加速老化，造成密封提前失效。

（3）密封方式及相关知识　常见的密封方式及相关知识见表 3-5，图 3-31～图 3-33 所示密封工作图形为静密封；图 3-34 和图 3-36 所示为动密封。

表 3-5　密封方式及相关知识

密封类型	使用条件		耐压性	耐高速性	耐热性	耐寒性	耐久性	用途	备注
	往复运动	转动							
填料密封	良	良	良	良	良	可	可	泵、水轮机、阀、高压釜	可用缠绕填料、纺织填料或成形填料
O 形圈密封	良	可	良	可-良	可-良	可	可	活塞密封	可广泛用作静密封，此时耐久性良好
Y 形圈密封	优	×	优	良	良-可	可	可	活塞密封	有时用作静密封
机械密封	×	优	优	优	优	优	优	泵、水轮机、高压釜、压气机、搅拌机	可用不同的材料组合，包括金属波纹管密封
油封	（可）	优	可	优	良-可	可	可	轴承密封	可与其他密封并用，防尘
分瓣滑环密封	可	良	优	优	优	优	优	水轮机、汽轮机	多用石墨做滑环
迷宫式密封	优	优	优	优	优	优	优	汽轮机、泵、压气机	往复用时，宜高速，低速不用
浮动环密封	可	良	优	优	优	优	优	泵、压气机	
离心密封和螺旋密封	×	优	良	良	良	良	优	泵	
磁流体密封	×	优	可	优	良	优	优	压气机	只用于气体介质

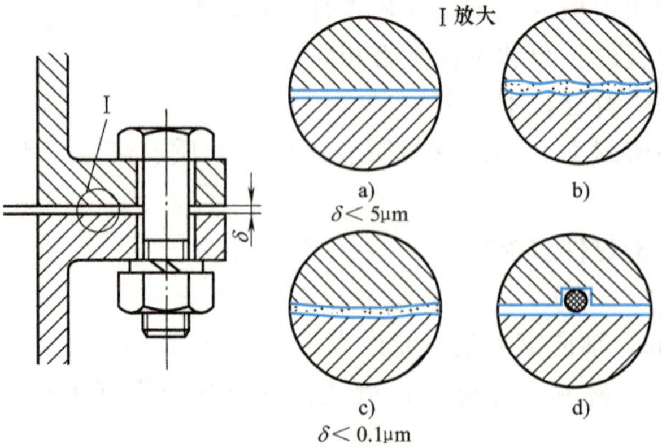

图 3-31　静密封

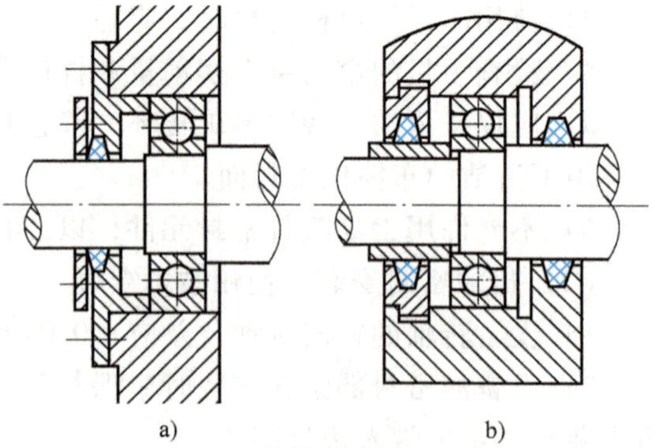

图 3-32　毡圈密封

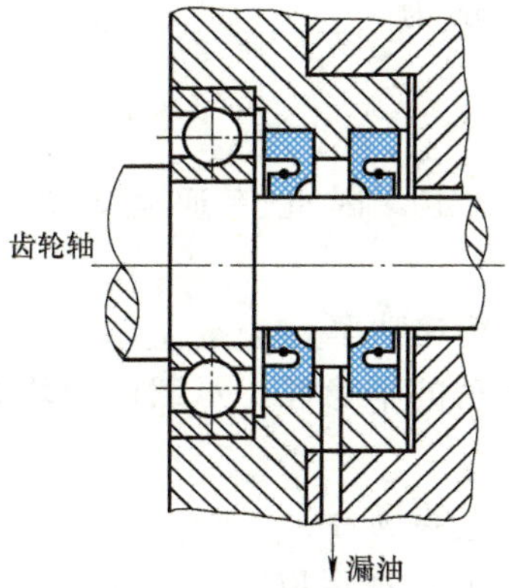

图 3-33　密封圈密封

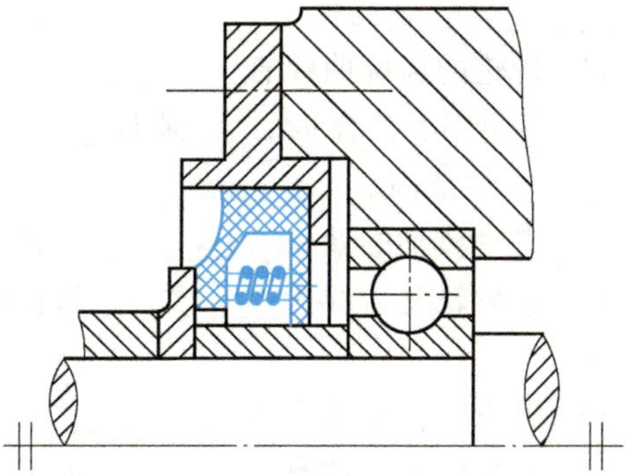
图 3-34　机械密封

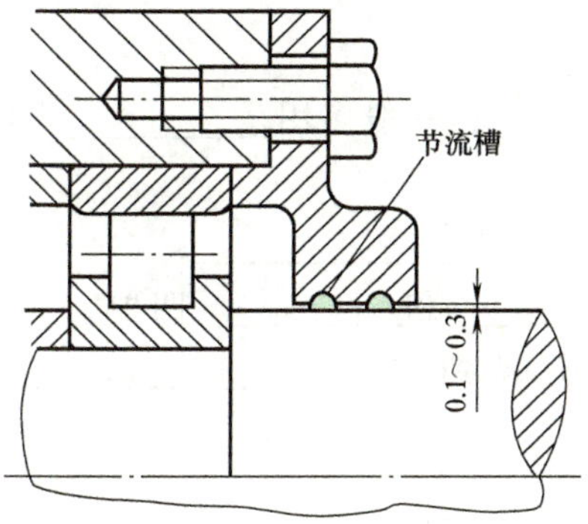

图 3-35　间隙密封

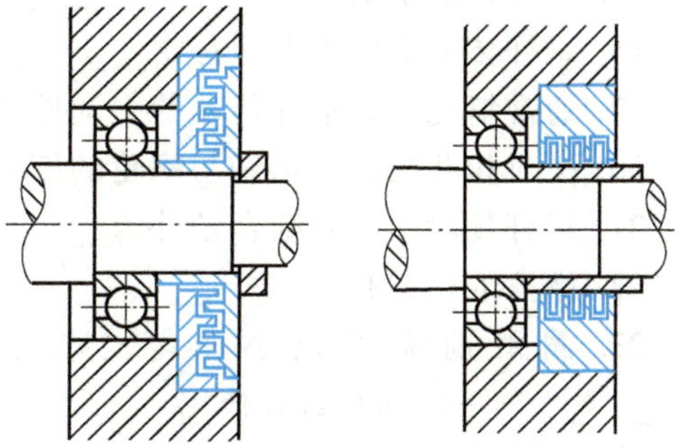

图 3-36　迷宫式密封

习题与思考

一、填空题

1. 生产中应用的带传动有________、________、________、________等，其中常用的有________和____________。

2. V 带的工作截面形状为______，平带的截面形状为______。

3. 标准 V 带有____________和________________两种结构，两种结构均由________、________、________、________组成，它们的区别在于________。

4. 国家标准中，按 V 带的截面尺寸分 V 带共有________________等七种型号，其中传递的功率最小的是________型 V 带；生产中用得最多的是型号________。

5. V 带传动与平带传动的工作原理都是依靠________________，但前者与后者的不同之处是________________，因此 V 带传动的传递能力比平带大。

6. 传动链有__________链和__________链两种类型。传递功率较大时可选用多排链，其排数常为__________。

7. 链传动的常用类型按用途分为________、________和______________。

8. 链传动的传动比一般控制在______范围内，推荐使用____________。

9. 齿轮传动的传动比与两齿轮的齿数成__________关系。

10. 齿轮传动按主从动轮轴线位置关系可分为__________、__________和__________三种。

11. 齿轮的齿廓曲线有__________、__________和__________三种。

12. 两齿轮啮合时，能保证__________传动比恒定，因此传递运动准确可靠，__________性能高。

13. 齿轮传动的效率__________，寿命__________，传递功率__________。

14. 斜齿轮是齿线为__________线的圆柱齿轮，其传动的平稳性、承载能力均高于直齿轮传动。

15. 斜齿轮传动适用于__________、__________等场合。

16. 斜齿轮的参数有__________向和__________面之分，规定以__________为标准值。

17. 锥齿轮的正确啮合条件是__________。

18. 蜗杆传动中的主平面是指__________。

19. 通常情况下，蜗杆传动的主动件是__________，一般多用__________蜗杆。

20. 一对相互啮合的蜗杆与蜗轮的旋向__________。

21. 蜗杆传动的正确啮合条件为__________。

22. 摩擦的种类有__________、__________、__________和__________四种。

23. 润滑剂除了减小摩擦，降低磨损外，还起到______、______，________，__________、清污和密封等作用。

二、判断题

1. 带传动中产生的弹性滑动和打滑均可避免。（ ）

2. 一般情况下，大带轮的包角总比小带轮的包角大，故只要限制小带轮的包角大于等于120°，平带传动就能正常工作。（ ）

3. 由于传动带具有弹性且依靠摩擦力来传动，所以工作时存在弹性滑动，不能适用于要求传动比恒定的场合。（ ）

4. V带与平带都是环形的接头带。（ ）

5. V带传动的中心距可比平带传动大。（ ）

6. V带传动的平稳性比平带高。（ ）

7. 小型号V带弯曲性能好，因此在传递功率一定的情况下，选用V带的型号越小越利于传动。（ ）

8. 正确的调整、使用和维护是保证V带传动正常工作和延长寿命的有效措施。（ ）

9. 当中心距较大时，V带张紧程度以大拇指能按下15mm左右为合适。（ ）

10. V带传动平稳，能缓冲、吸振，工作时不一定要安装安全防护罩。（ ）

11. 齿形链具有传动比大、不易磨损、传动平稳、传动速度高、噪声小等特点。（ ）

12. 链传动能在高速、重载和高温条件下及尘土飞扬的不良环境中工作，能保证准确的瞬时传动比。（ ）

13. 链传动的两链轮转速比与两链轮的直径成反比关系。（ ）

14. 滚子链的接头形式有铰链带扣式、开口销式和过渡链节式。（ ）

15. 齿轮传动与链传动均属啮合传动，都可保证瞬时传动比恒定。（ ）

16. 渐开线上任一点的法线、基圆公切线、发生线和啮合线是相同的一条线。（　）
17. 大、小齿轮的齿数分别为 42 和 21，当两齿轮互相啮合传动时，大齿轮转速高，小齿轮转速低。（　）
18. 渐开线上任一点的法线均与基圆相切。（　）
19. 不同齿数和模数的各种标准渐开线齿轮分度圆上的压力角相等。（　）
20. 齿轮传动的瞬时传动比不变，其传动平稳性高。（　）
21. 齿轮传动的传动比与两齿轮的基圆半径有关，与两齿轮的中心距无关。（　）
22. 斜齿轮传动与直齿轮传动比较，其突出的优点是重合度大，传动平稳。（　）
23. 螺旋角越大，斜齿轮传动越平稳。（　）
24. 斜齿轮可以当作滑移齿轮使用。（　）
25. 斜齿轮计算的基本参数是：标准模数、标准压力角、齿数和螺旋角。（　）
26. 锥齿轮的轮齿从小端向大端逐渐增大，且各截面尺寸不相等。（　）
27. 蜗杆传动的自锁性也就是指此种传动的从动件一定是蜗轮。（　）
28. 蜗杆传动中，蜗杆轴线与蜗轮轴线垂直相交。（　）
29. 接触物体在接触表面间相对滑动时产生阻碍其发生相对滑动的切向阻力，这种现象称为磨损。（　）
30. 影响润滑油黏度的主要因素是温度。（　）

三、简答题

1. 普通 V 带传动的使用和维护要注意些什么？
2. 使用张紧轮张紧时，平带传动和 V 带传动张紧轮的安放位置有何区别？为什么？
3. 什么是齿轮传动？齿轮传动有哪些优缺点？对齿轮传动的基本要求是什么？
4. 渐开线是如何形成的？渐开线有哪些性质？
5. 什么是直齿锥齿轮？
6. 典型的磨损分为哪三个阶段？
7. 润滑油和润滑脂的主要性能指标有哪些？
8. 机械密封的目的及常用密封方式有哪些？

单元四 常用工程材料

学习目标

1. 熟悉金属材料的分类方法。
2. 掌握常用碳素钢的牌号、性能和应用。
3. 了解合金钢的分类、牌号、性能及应用。
4. 了解铸铁的分类、牌号、性能和应用。
5. 了解有色金属及其合金的规格、性能和用途。
6. 熟悉金属材料的力学性能。
7. 了解金属材料的工艺性能。
8. 了解通用塑料及工程塑料的基本性能和用途。

教学建议

1. 布置学生注意收集、观察、分析生活和教学实训中使用的一些工程材料。
2. 有条件的学校可通过材料的金相试验帮助学生熟悉材料的力学性能指标。
3. 教学总学时为 5 学时。在教学过程中，要帮助学生学会查阅相关材料手册。

课题一　常用金属材料

工业的发展和科技的进步对工程材料的性能要求越来越高，其用量和品种规格也越来越多。金属材料是目前应用最广泛的工程材料，它包括纯金属及其合金。工业上把材料分为两大类：一类是钢铁材料，它是指铁、锰、铬及其合金，其中以铁为基的合金（钢和铸铁）应用最广；另一类是非铁金属，是指除钢铁材料以外的所有金属及其合金。常用工程材料的分类如图 4-1 所示。

一、常见工程材料的分类、标识及应用

1. 碳素钢的分类、标识及应用

碳的质量分数在 0.0218%~2.11%范围，且不含有特意加入的合金元素的铁碳合金，称为碳素钢，简称碳钢。碳素钢冶炼方便、价格便宜，性能可满足一般工程构件、机械零件和

- 工程材料
  - 金属材料
    - 钢铁材料
      - 铸铁
      - 碳素钢
      - 合金钢
    - 非铁金属
      - 轻非铁金属，例如铝、镁等
      - 重非铁金属，例如铜、铅等
      - 稀有金属及稀土等
  - 高分子材料
    - 塑料
    - 橡胶
    - 合成纤维
  - 陶瓷材料
    - 硅酸盐材料，例如玻璃、水泥、陶瓷、耐火材料(传统陶瓷)
    - 新型陶瓷，是指除SiO_2之外的其他氧化物、碳化物、氮化物材料(特种陶瓷)
  - 复合材料
    - 纤维增强复合材料
    - 粒子增强复合材料
    - 层叠复合材料

图 4-1　常用工程材料的分类

工具的使用要求，因此得到广泛应用。

（1）碳素钢的分类　按照不同的分类标准，碳素钢有不同的分类方法。

按钢中碳的质量分数大小可将其分为以下几类。

1）低碳钢：$w_C \leqslant 0.25\%$。

2）中碳钢：w_C 为 0.25%～0.60%。

3）高碳钢：$w_C \geqslant 0.60\%$。

按钢中有害元素硫、磷含量的多少划分，即按钢的质量可进行如下分类。

1）普通碳素钢：$w_S \leqslant 0.050\%$，$w_P \leqslant 0.045\%$。

2）优质碳素钢：$w_S \leqslant 0.035\%$，$w_P \leqslant 0.035\%$。

3）高级优质碳素钢：$w_S \leqslant 0.025\%$，$w_P \leqslant 0.025\%$

按钢的用途可进行如下分类。

1）碳素结构钢：用于制造各种机械零件和工程构件，碳的质量分数 $w_C < 0.70\%$。

2）碳素工具钢：用于制造各种刀具、模具和量具等，碳的质量分数 $w_C > 0.7\%$。

按冶炼时脱氧程度的不同可进行如下分类。

1）沸腾钢（F）：脱氧程度不完全的钢。

2）镇静钢（Z）：脱氧程度完全的钢。

3）半镇静钢（b）：脱氧程度介于沸腾钢和镇静钢之间的钢。

（2）碳素钢的牌号及用途

1）碳素结构钢。碳素结构钢的牌号由代表屈服点的汉语拼音字母“Q”、屈服点数值、质量等级符号和脱氧方法符号四个部分按顺序组成。其中质量等级分 A、B、C、D 四种，A

级的硫、磷含量最多，D级的硫、磷含量最少。脱氧方法符号用F、b、Z、TZ表示：F是沸腾钢，b是半镇静钢，Z是镇静钢，TZ是特殊镇静钢。Z与TZ符号在钢号组成表示方法中予以省略。碳素结构钢的力学性能和应用举例见表4-1。

表4-1　碳素结构钢的力学性能和应用举例

钢号	质量等级	上屈服强度 R_{eH}/MPa				抗拉强度 R_m /MPa	伸长率 A_5(%)				应用举例
		钢材厚度(直径)/mm					钢材厚度(直径)/mm				
		≤16	>16~40	>40~60	>60~100		≤16	>16~40	>40~60	>60~100	
Q195	—	(195)	(185)	—	—	315~390	33	32	—	—	塑性好，有一定的强度，用于制造受力不大的零件，例如，螺钉、螺母、垫圈，以及焊接件、冲压件、桥梁建筑等金属结构件
Q215	A B	215	205	195	185	335~410	31	30	29	28	
Q235	A B C D	235	225	215	205	375~460	26	25	24	23	
Q275	A B C	255	245	235	225	410~510	24	23	22	21	强度较高，用于制造承受中等载荷的零件，例如，小轴、销、连杆、农机零件等
	D	275	265	255	245	490~610	20	19	18	17	

2）优质碳素结构钢。优质碳素结构钢的牌号用两位数字表示，这两位数字表示以万分数表示的碳的质量分数。例如，“40”表示平均碳的质量分数 w_C 为0.40%的优质碳素结构钢。

根据钢中锰含量的不同，优质碳素结构钢分为普通锰含量钢（$w_{Mn}=0.35\%\sim0.80\%$）和较高锰含量钢（$w_{Mn}=0.70\%\sim1.20\%$）两组。较高锰含量钢在牌号后面标出元素符号“Mn”。例如，“65Mn”钢表示平均碳的质量分数 w_C 为0.65%，并含有较多锰的优质碳素结构钢。

常用优质碳素结构钢的主要性能及应用见表4-2。

表4-2　常用优质碳素结构钢的主要性能及应用

钢号(含碳量范围)	性能	应用
08~25	强度、硬度较低，塑性、韧性及焊接性良好	主要用于制作冲压件、焊接结构件及强度要求不高的机械零件及渗碳件，例如压力容器、小轴、法兰盘、螺钉等
30~55	有较高的强度和硬度，加工性能良好，经调质处理后，能获得较好的综合力学性能	主要用于制作受力较大的机械零件，例如曲轴、连杆、齿轮等
60以上	具有较高的强度、硬度和弹性，焊接性不好，加工性能稍差，冷变形塑性差	主要用于制造具有较高强度、耐磨性和弹性的零件，例如板簧和螺旋弹簧等弹性元件及耐磨零件

3）碳素工具钢。碳素工具钢都是高碳钢，是优质钢或高级优质钢。它主要用于制造刀具、模具和量具。由于大多数工具都要求高硬度和高耐磨性，故碳素工具钢平均碳的质量分数 w_C>0.70%。

碳素工具钢的牌号以“碳”的汉语拼音字母字头“T”及阿拉伯数字表示。其数字表示钢中平均碳的质量分数的千分数，若为高级优质碳素工具钢，则在牌号后面标以字母“A”。例如，“T12”表示平均碳的质量分数 w_C 为 1.2%的碳素工具钢；“T10A”表示平均碳的质量分数 w_C 为 1.0%的高级优质碳素工具钢。

常用碳素工具钢的牌号、碳的质量分数、力学性能和用途见表 4-3。

表 4-3　常用碳素工具钢的牌号、碳的质量分数、力学性能和用途

牌号	碳的质量分数 w_C(%)	硬度		用途
		退火后 HBW≤	淬火后 HRC≥	
T7、T7A	0.65~0.74	187	62	制造承受振动与冲击负荷并要求较高韧性的工具，例如錾子、简单锻模、锤子等
T8、T8A	0.75~0.84	187	62	制造承受振动与冲击负荷并要求足够韧性和较高硬度的工具，例如简单冲模、剪刀、木工工具等
T10、T10A	0.95~1.04	197	62	制造不受突然振动并要求在刃口上有少许韧性的工具，例如丝锥、手锯条、冲模等
T12、T12A	1.15~1.24	207	62	制造不受振动并要求高硬度的工具，例如锉刀、刮刀、丝锥等

4）铸造碳钢。铸造碳钢用于制造形状复杂、力学性能要求较高的机械零件。铸造碳钢广泛用于制造重型机械的某些零件，例如轧钢机机架、水压机横梁、锻锤和砧座等。这些零件形状复杂，很难用锻造或机械加工的方法制造，又由于力学性能要求较高，也不能用铸铁来铸造。铸造碳钢的碳的质量分数 w_C 一般在 0.20%~0.60%范围，若碳的质量分数过高，则塑性变差，铸造时易产生裂纹。

铸造碳钢的牌号是用“铸钢”两汉字的汉语拼音字母字头“ZG”及后面两组数字组成：第一组数字代表最低屈服强度，第二组数字代表最低抗拉强度值。例如 ZG 230-450 表示屈服强度不小于 230MPa，抗拉强度不小于 450MPa 的铸造碳钢。工程用铸造碳钢的力学性能与应用见表 4-4。

表 4-4　工程用铸造碳钢的力学性能与应用

钢号	下屈服强度 $R_{eL}(R_{p0.2})$ /MPa	抗拉强度 R_m /MPa	伸长率 A(%)	根据合同选择			应用举例
				断面收缩率 Z (%)	冲击吸收功 KV/J	冲击吸收功 KU/J	
ZG 200-400	200	400	25	40	30	47	机座、变速箱壳等
ZG 230-450	230	450	22	32	25	35	钻座、外壳、轴承盖、底板、阀体等
ZG 270-500	270	500	18	25	22	27	轧钢机机架、轴承盖、连杆、箱体、曲轴、缸体、飞轮、蒸汽锤等
ZG 310-570	310	570	25	21	15	24	大齿轮、缸体、制动轮、辊子等
ZG 340-640	340	640	10	18	10	16	起重运输机中的齿轮、联轴器等

注：1. 表中所列的各牌号性能，适用于厚度为 100mm 以下的铸件。当铸件厚度超过 100mm 时，表中规定的 R_{eH}（$R_{p0.2}$）仅供设计使用。
2. 表中冲击吸收功 KU 的试样缺口为 2mm。

2. 合金钢的分类、标识及应用

合金钢就是在碳钢的基础上，为了改善钢的性能，例如耐热、耐蚀、高磁性、无磁性、耐磨等，在冶炼时有目的地加入一种或数种合金元素而获得的钢。加入的合金元素有铬、镍、钼、钨、钒、钴、硼、铝、钛及稀土等合金元素。随着现代工业技术的发展，合金钢在机械制造业中获得了越来越广泛的应用。

（1）合金钢的分类　合金钢的分类方法很多，但较为常用的是下面两种分类方法。

按合金元素总含量多少可分为以下几类。

1）低合金钢：合金元素总的质量分数小于 5%。

2）中合金钢：合金元素总的质量分数为 5%～10%。

3）高合金钢：合金元素总的质量分数大于 10%。

按用途的不同可分为以下几类。

1）合金结构钢：用于制造工程结构和机械零件的钢。

2）合金工具钢：用于制造各种量具、刀具、模具等的钢。

3）特殊性能钢：具有某些特殊物理、化学性能的钢，例如不锈钢、耐热钢和耐磨钢等。

（2）合金钢的牌号及应用

1）合金结构钢的牌号及应用。合金结构钢的牌号采用两位数字+元素符号（或汉字）+数字表示。前面两位数字表示钢的平均碳的质量分数 w_C 的万分数；元素符号（或汉字）表明钢中含有的主要合金元素；后面的数字表示该元素的质量分数的百分数。合金元素的质量分数小于 1.5%时不标，平均质量分数的百分数为 1.5%～2.5%，2.5%～3.5%…时，则相应以 2，3…标出。

例如，16Mn 表示平均碳的质量分数 w_C=0.16%，主要合金元素为锰，锰的质量分数在 1.5%以下的合金结构钢。

60Si2Mn 表示平均碳的质量分数 w_C=0.60%、平均硅的质量分数 w_{Si}=2%、合金元素锰的质量分数小于 1.5%的合金结构钢。

合金结构钢，按用途的不同，可以分为低合金结构钢和合金渗碳钢两类。

① 低合金结构钢。低合金结构钢是在碳素结构钢的基础上，加入少量度的合金元素（合金元素总的质量分数小于 3%）的工程用钢。低合金结构钢主要用于各种工程结构，例如桥梁、建筑、船舶等。低合金高强度结构钢碳的质量分数较低（一般在 0.10%～0.25%范围），加入的主要合金元素是锰、钒、铌和钛等。常用低合金高强度结构钢的牌号、力学性能和应用见表 4-5。

表 4-5　常用低合金高强度结构钢的牌号、力学性能和应用

牌号	力学性能			特性及应用举例
	上屈服强度 R_{eH}/MPa	抗拉强度 R_m/MPa	伸长率 A(%)	
Q295	235～295	390～570	23	具有优良的韧性、塑性，冷弯性和焊接性均良好，冲压成形性能良好，一般在热轧或正火状态下使用，用于制作各种容器、螺旋焊管、车辆用冲压件、建筑用结构件、农机结构件、储油罐、低压锅炉汽包、输油管道，造船及金属结构等

（续）

牌号	力学性能			特性及应用举例
	上屈服强度 R_{eH}/MPa	抗拉强度 R_m/MPa	伸长率 A(%)	
Q355	275~345	470~630	21	具有良好的综合力学性能，塑性和焊接性良好，冲击韧度较好，一般在热轧或正火状态下使用，用于制作桥梁、船舶、车辆、管道、锅炉，各种容器、油罐、电站、厂房结构、低温压力容器等结构件
Q390	330~390	490~650	19	具有良好的综合力学性能，焊接性及冲击韧度较好，一般在热轧状态下使用，用于制作锅炉汽包、中高压石油化工容器、桥梁、船舶、起重机、较高负荷的焊接件、连接构件等
Q420	360~420	520~680	18	具有良好的综合力学性能，优良的低温韧性，焊接性好，冷热加工性良好，一般在热轧或正火状态下使用，用于制作高压容器、重型机械、桥梁、船舶、机车车辆、锅炉及其他大型焊接结构件

② 合金渗碳钢。合金渗碳钢中碳的质量分数在0.10%~0.25%范围，心部有足够的塑性和韧性。其中加入铬、锰、镍、硼等合金元素可提高钢的淬透性，使零件在热处理后，表层和心部均得到强化；加入钒、钛等合金元素可细化晶粒，防止在高温渗碳过程中晶粒长大。合金渗碳钢的热处理一般是渗碳后淬火、低温回火。

常用合金渗碳钢的牌号、力学性能和应用见表4-6。

表4-6　常用合金渗碳钢的牌号、力学性能和应用

牌号	毛坯尺寸/mm	抗拉强度 R_m/MPa	下屈服强度 R_{eL}/MPa	伸长率 A(%)	断面收缩率 Z(%)	冲击吸收功 KU/J	用途举例
20Cr	15	835	540	10	40	47	制作截面规格在30mm以下负荷不大的渗碳件，例如齿轮轴、凸轮、活塞销等
20Mn2B	15	980	785	10	45	55	可代替20Cr钢，制作机床上轴套、齿轮、离合器、转向滚轮等
20CrMnTi	15	1080	835	10	45	55	制作截面规格30mm以下的中或重负荷的渗碳件，例如汽车齿轮、轴、爪形离合器、蜗杆等
20MnVB	15	1080	885	10	45	55	可代替20CrMnTi等，用于制作负荷较重的中小型渗碳件
20Cr2Ni4	15	1175	1080	10	45	63	用于大型、高强度的重要渗碳件，例如大型齿轮、轴、曲轴、活塞销等。也可用于制作调质件，例如重型机器连杆、齿轮、曲轴、螺栓等
18Cr2Ni4WA	15	1175	835	10	45	78	

注：表中力学性能为经热处理（淬火、回火）后的性能。

③ 合金调质钢。合金调质钢中碳的质量分数一般为0.25%~0.50%。碳的含量过低会造成硬度不足；碳的含量过高，则韧性不足。它既要求有很高的强度，又要有很好的塑性和韧性。调质处理后零件具有良好的综合力学性能，可用来制造一些受力复杂的重要零件。常用合金调质钢的牌号、热处理、力学性能及应用见表4-7。

表 4-7 常用合金调质钢的牌号、热处理、力学性能及应用

钢号	试样尺寸/mm	热处理温度/℃		力学性能						应用举例
		淬火（介质）	回火（介质）	抗拉强度 R_m/MPa	下屈服强度 R_{eL}/MPa	伸长率 A(%)	断面收缩率 Z(%)	冲击吸收功 KU/J	HBW	
				不小于					不大于	
40Cr	25	850（油）	520（水、油）	980	785	9	45	47	207	用于制作受中等载荷、中速的零件，例如机床主轴、齿轮、连杆、螺栓等
40MnB	25	850（油）	500（水、油）	980	785	10	45	47	207	代替40Cr制作中小截面调质件，例如机床主轴、齿轮、汽车半轴
40MnVB	25	850（油）	520（水、油）	980	785	10	45	47	207	
35CrMo	25	850（油）	550（水、油）	980	835	12	45	63	229	用于制作在高载荷下工作的重要结构件，例如主轴、曲轴、锤杆等
40CrNi	25	820（油）	500（水、油）	980	785	10	45	55	241	用于制作截面较大、载荷较重的零件，例如轴、连杆、齿轮轴
38CrMoAl	30	940（油、水）	640（水、油）	980	835	14	50	71	229	氮化用钢，用于制作磨床主轴、精密丝杠、精密齿轮、高压力阀门等
40CrMnMo	25	850（油）	600（水、油）	980	785	10	45	63	217	用于制作大截面、高强度、高韧性的调质件，例如齿轮、连杆及汽轮机件

④ 合金弹簧钢。合金弹簧钢中碳的质量分数一般为0.45%~0.70%。加入硅、锰主要是提高钢的淬透性，同时也提高钢的弹性极限。其中硅能显著提高钢的弹性极限，但硅的含量过高易使钢在加热时脱碳，锰的含量过高，则钢易于过热，而且有更高的高温强度和韧性。

60Si2Mn是应用较广泛的合金弹簧钢，常用弹簧钢的牌号、化学成分、热处理及力学性能见表4-8。

表 4-8 常用合金弹簧钢的牌号、化学成分、热处理及力学性能

牌号	化学成分(%)					热处理温度/℃		力学性能			
	C	Si	Mn	Cr	V	淬火	回火	上屈服强度 R_{eH}/MPa	抗拉强度 R_m/MPa	伸长率 $A_{11.3}$(%)	断面收缩率 Z(%)
								不小于			
55Si2Mn	0.52~0.60	1.50~2.00	0.60~0.90	≤0.35		870（油）	480	1200	1300	6	30
60Si2Mn	0.56~0.64	1.50~2.00	0.60~0.90	≤0.35		870（油）	480	1200	1300	5	25
50CrVA	0.46~0.54	0.17~0.37	0.50~0.80	0.80~1.10	0.10~0.20	850（油）	500	1150	1300	(δ_5)10	40
60Si2CrVA	0.56~0.64	1.40~1.80	0.40~0.70	0.90~1.20	0.10~0.20	850（油）	410	1700	1900	(δ_5)6	20

⑤ 滚动轴承钢。滚动轴承钢应用最广的是高碳铬钢，其碳的质量分数为0.95%~1.15%，铬的质量分数为0.40%~1.65%。加入合金元素铬是为了提高淬透性，提高钢的硬度、接触疲劳强度和耐磨性。制造大型轴承时，为了进一步提高淬透性，还可以加入硅、锰等元素。滚动轴承钢对有害元素、非金属夹杂物及杂质的限制极高，否则会降低轴承钢的力学性能。轴承钢都是高级优质钢。常用滚动轴承钢的牌号、化学成分及热处理见表4-9。

表4-9 常用滚动轴承钢的牌号、化学成分及热处理

牌号	化学成分(%)				热处理温度/℃		回火后硬度/HRC
	C	Cr	Si	Mn	淬火	回火	
GCr6	1.05~1.15	0.40~0.70	0.15~0.35	0.20~0.40	800~820（水、油）	150~170	62~64
GCr9	1.00~1.10	0.90~1.20	0.15~0.35	0.20~0.40	800~820（水、油）	150~170	62~66
GCr9SiMn	1.00~1.10	0.90~1.20	0.40~0.70	0.90~1.20	810~830（水、油）	150~160	62~64
GCr15	0.95~1.05	1.30~1.65	0.15~0.35	0.20~0.40	820~840（油）	150~160	62~64
GCr15SiMn	0.95~1.05	1.30~1.65	0.45~0.65	0.90~1.20	810~830（油）	150~200	61~65

2）合金工具钢的牌号及应用。合金工具钢的牌号采用一位数字+元素符号（或汉字）+数字表示。合金工具钢用一位数字表示平均碳的质量分数的千分数，当碳的质量分数大于或等于1.0%时，则不予标出，其余牌号表示方法同合金结构钢。

例如9Mn2V表示平均碳的质量分数为0.90%，主要合金元素锰的质量分数为2%，钒的质量分数小于1.5%的合金工具钢。

Cr12MoV表示平均碳的质量分数大于或等于1.0%，主要合金元素铬的平均质量分数为12%，钼和钒的质量分数均小于1.5%的合金工具钢。

高速工具钢平均碳的质量分数小于1.0%时，其碳的质量分数也不予标出。例如，W18Cr4V表示平均碳的质量分数为0.7%~0.8%，其碳的质量分数不予标出。

合金工具钢按用途可分为刃具钢、模具钢和量具钢。与碳素工具钢相比，合金工具钢具有更好的淬透性、耐磨性，且热处理变形小。因此，尺寸大、精度高和形状复杂的模具、量具以及切削速度较高的刀具都应采用合金工具钢制造。

① 低合金刃具钢。低合金刃具钢是在碳素工具钢的基础上加入少量合金元素的钢。其中主要加入铬、锰、硅等元素，目的是提高钢的淬透性及强度。其中加入钨、钒等强碳化物形成元素，可提高钢的硬度和耐磨性，防止加热时过热，保持晶粒细小。

低合金刃具钢主要应用于300℃以下、截面尺寸较大、形状复杂、低速切削的刃具及冷作模具和量具等。

9SiCr和CrWMn是常用的低合金刃具钢。

9SiCr有较高的淬透性和回火稳定性，热硬性可达300~350℃，主要制造变形小的细薄低速切削刀具，例如丝锥、板牙、铰刀等。

CrWMn具有很高的硬度（64~66HRC）和耐磨性，其热处理后变形小，又称微变形钢，主要用来制造较精密的低速切削刀具，例如长铰刀、拉刀等。

② 高速钢。高速钢是碳的质量分数较高（0.70%~1.50%）和大量的钨、铬、钒、钼等强碳化物形成元素的高合金工具钢，例如 W18Cr4V、W6Mo5Cr4V2。

高的碳含量可形成足够量的合金碳化物，使高速钢具有高的硬度和耐磨性；钨、钼可提高钢的热硬性；铬可提高钢的淬透性；钒能显著提高钢的硬度、耐磨性和热硬性，并能细化晶粒。高速钢是一种具有高热硬性、高耐磨性的高合金工具钢。

高速钢的热硬性高，过热和脱碳倾向小，但碳化物较粗大，韧性较差，主要用来制作中速切削刀具或结构复杂的低速切削刀具（如拉刀、齿轮刀具等）。

③ 合金量具钢。合金量具钢是用来制作各种量具（如游标卡尺、量规和样板）的钢。由于量具工作时受摩擦、磨损，所以量具的工作部分一般要求高硬度、高耐磨性及良好的尺寸稳定性。

制造量具常用的钢有碳素工具钢、合金工具钢和滚动轴承钢。精度要求较高的量具，一般均采用微变形合金工具钢制造，例如 GCr15、CrWMn、CrMn。

④ 模具钢。模具钢有冷作模具钢与热作模具钢之分。

冷作模具钢用于制造冷冲模、冷挤压模、拉丝模等，工作中要承受很大的压力、冲击载荷和强烈的摩擦。因此，冷作模具钢应具有高的硬度、耐磨性、疲劳强度和一定的韧性，大型模具还要求有良好的淬透性。

小型冷作模具若尺寸小、形状简单可采用 T8、T10A 等碳素工具钢制造；若形状复杂、要求淬火变形小时，应采用 9SiCr、CrWMn 等低合金刃具钢来制造。大型冷作模具一般采用 Cr12、Cr12MoV 等高碳高铬钢制造。这类钢具有高的硬度、强度和耐磨性。

热作模具是在高温下工作的，例如热锻模、热挤压模和压铸模等。这些模具在工作时承受很大的冲击力，因此要求热模具钢具有高的热强性和热硬性、高温耐磨性和高的抗氧化性，以及较高的热疲劳强度和导热性。

目前一般采用 5CrMnMo 和 5CrNiMo 制作热锻模，采用 3Cr2W8V 制作压铸模和热挤压模。

3）特殊性能钢的牌号及应用。特殊性能钢的牌号表示方法与合金工具钢相同。当碳的质量分数为 0.03%~0.10%时，用 0 表示；当碳的质量分数小于或等于 0.03%时，用 00 表示。

例如 1Cr13 表示碳的质量分数为 0.10%，平均铬的质量分数为 13%的不锈钢。0Cr18Ni9 平均碳的质量分数为 0.03%~0.10%，00Cr30M02 平均碳的质量分数小于 0.03%。

还有一些特殊专用钢，在钢的牌号前面冠以汉语拼音字母字头，表示钢的用途，而不标碳的质量分数，合金元素的含量的标注也和上述有所不同。

例如，滚动轴承钢前面标“G”（“滚”字的汉语拼音字母字头），例如 GCr15。这里应注意铬元素后面的数字是表示铬的质量分数的千分数为 1.5%，其他元素仍按百分数表示。

特殊性能钢是具有某些特殊物理和化学性能的钢。在机械制造业中，常用的有不锈钢、耐热钢和耐磨钢等。

① 不锈钢。不锈钢有铬不锈钢和铬镍不锈钢两种。

铬不锈钢的铬使钢有良好的耐蚀性，而碳则保证钢有适当的强度。随着钢中碳的质量分数增加，钢的强度和硬度提高，而韧性和耐蚀性下降。常用铬不锈钢的牌号有 1Cr13、2Cr13 和 3Cr13 等，通称 Cr13 型不锈钢。

碳的质量分数较低的 1Cr13 和 2Cr13，塑性和韧性很好，且具有良好的抗大气、海水等介质腐蚀的能力，适用于在腐蚀条件下工作、受冲击载荷的零件，例如汽轮机叶片、水压机阀门等。其碳的质量分数为 0.1%~0.4%，铬的质量分数为 12%~13%，主要用于力学性能要求不高，耐蚀性要求较低的零件。

碳的质量分数较高的 3Cr13、3Cr13Mo、7Cr13 等，经淬火、低温回火后，得到马氏体组织，其硬度可达 50HRC 左右，用于制造弹簧、轴承、医疗器械及在弱腐蚀条件下工作且要求高强度的零件。

铬镍不锈钢的牌号有 0Cr18Ni9、1Cr18Ni9 等，这类钢中碳的质量分数低，镍的质量分数高，经热处理后，呈单相奥氏体组织，无磁性，其耐蚀性、塑性和韧性均较 Cr13 型不锈钢好。

铬镍不锈钢主要用于制造强腐蚀介质（硝酸、磷酸、有机酸及碱水溶液等）中工作的零件，例如吸收塔壁、槽、管道及容器等。

② 耐热钢。耐热钢是在高温下具有高的抗氧化性能和较高强度的钢。耐热钢可分为抗氧化钢和热强钢两类。

抗氧化钢是在高温下有较好的抗氧化能力且具有一定强度的钢。抗氧化钢中加入的合金元素为铬、硅、铝等，它们在钢表面形成致密的、高熔点的、稳定的氧化膜，牢固地覆盖在钢的表面，使钢与高温氧化性气体隔绝，从而避免了钢的进一步氧化。这类钢主要用于制造长期在高温下工作但强度要求不高的零件，例如各种加热炉底板、渗碳处理用的渗碳箱等。常用的抗氧化钢有 4Cr9Si2、1Cr13SiAl 等。

热强钢是在高温下具有良好抗氧化能力且有较高高温强度的钢。在钢中加入铬、钨、钼、钛、钒等合金元素，可提高钢的抗氧化能力和高温下的强度。常用的热强钢有 15CrMo、4Cr14Ni14W2Mo 等。15CrMo 钢是典型的锅炉用钢，可以制造在 300~500℃ 条件下长期工作的零件；4Cr14Ni14W2Mo 钢可以制造 600℃ 以下的工作的零件，例如汽轮机叶片、大型发动机排气阀等。

③ 耐磨钢。耐磨钢应具有良好的韧性和耐磨性，主要用于承受严重摩擦和强烈冲击的零件，例如车辆履带、破碎机颚板、挖掘机铲斗等。

牌号为 ZGMn13 的高锰钢，碳的质量分数为 0.9%~1.4%，锰的质量分数为 11%~14%，在热处理后具有单相奥氏体组织，是典型的耐磨钢。为了使高锰钢获得单相奥氏体组织，应进行“水韧处理”，即将钢加热到 1000~1100℃，保温一定时间，使钢中碳化物全部溶解，然后迅速水淬，在室温下获得均匀单一的奥氏体组织。当在工作中受到强烈的冲击和压力而变形时，其表面会产生强烈的硬化使其硬度显著提高（50HRC 以上），从而获得高的耐磨性，而心部仍保持高的塑性和韧性。

因高锰钢极易产生加工硬化，切削加工困难，故高锰钢零件大多采用铸造成型。

耐磨钢履带、火车分道叉就是由高锰钢（ZGMn13）制造而成。

3. 铸铁的分类、标识及应用

铸铁是碳的质量分数大于 2.11%（一般为 2.5%~4%）的铁碳合金。它是以铁、碳、硅为主要组成元素并比碳钢含有较多的锰、硫、磷等杂质的多元合金。其生产工艺和设备简单，成本低，性能良好。与钢相比，其具有优良的铸造性能、加工性能、耐磨性、减振性和耐蚀性，并且价格较低，因此广泛应用于机械制造、石油化工、交通运输、基本建设及国防工业等方面。

（1） 铸铁的分类　根据铸铁中石墨形态不同，可将铸铁可分为以下几种。

1） 灰铸铁。铸铁中石墨呈片状存在。

2） 可锻铸铁。铸铁中石墨呈团絮状存在。它是由一定成分的白口铸铁经高温长时间退火后获得的。其力学性能（特别是韧性和塑性）较灰铸铁高，故习惯上称为可锻铸铁。

3） 球墨铸铁。铸铁中石墨呈球状存在。它是在铁液浇注前经球化处理后获得的。这类铸铁不仅力学性能比灰铸铁和可锻铸铁高，生产工艺比可锻铸铁简单，而且还可以通过热处理进一步提高其力学性能，因此在生产中的应用日益广泛。

（2） 灰铸铁的牌号及应用　灰铸铁的牌号由HT+三位数字组成。其中“HT”是灰铸铁的汉语拼音缩写，数字代表灰铸铁的抗拉强度值。例如HT200表示最低抗拉强度为200MPa的灰铸铁。抗拉强度最小的灰铸铁是HT100，往上以50为间隔递增，最大为HT350，灰铸铁的牌号及用途见表4-10。

表4-10　灰铸铁的牌号及用途

牌号	抗拉强度 R_m(min)/MPa	用途
HT100	100	低载荷和不重要零件，例如盖、外罩、手轮、支架等
HT150	150	承受中等应力的零件，例如底座、床身、工作台、阀体、管路附件及一般工作条件要求的零件
HT200	200	承受较大应力和较重要的零件，例如气缸体、齿轮、机座、床身、活塞、齿轮箱、液压缸等
HT250	250	
HT300	300	床身导轨，车床、冲床等受力较大的床身、机座、主轴箱、卡盘、齿轮等，高压油缸、泵体、阀体、衬套、凸轮，大型发动机的曲轴、气缸体、气缸盖等
HT350	350	

注：灰铸铁根据强度分级，一般采用 ϕ30mm 铸造试棒，切削加工后进行测定。

（3） 可锻铸铁的牌号及用途　可锻铸铁的牌号中的“KT”表示“可铁”二字汉语拼音字头，“H”表示“黑心”，“Z”表示珠光体基体。牌号后面的两组数字分别表示最低抗拉强度和最低延伸率。可锻铸铁牌号和用途见表4-11。

表4-11　可锻铸铁的牌号和用途

牌号	力学性能(不小于)			试样直径 d/mm	用途
	抗拉强度 R_m/MPa	上屈服强度 R_{eH}/MPa	伸长率 A(%)		
KTH300-06	300	186	6	12或15	管道配件、中低压阀门
KTH330-08	330	—	8		扳手、汽车轮壳、钢丝绳接头
KTH350-10	350	200	10		汽车前后轮壳，差速器壳，制动器支架，转向节壳，铁道扣板
KTH370-12	370	226	12		
KTZ450-06	450	270	6		承受较高载荷，耐磨且有一定韧性的重要零件，例如曲轴、凸轮轴、连杆、齿轮、活塞环、传动链条、扳手
KTZ550-04	550	340	4		
KTZ650-02	650	430	2		
KTZ700-02	700	530	2		

（4） 球墨铸铁的牌号、性能及用途　球墨铸铁牌号中的“QT”表示“球铁”二字汉语拼音字头，在“QT”后面两组的数字分别表示最低抗拉强度和最低断后伸长率。球墨铸铁

的牌号、力学性能及用途见表4-12。

表4-12 球墨铸铁的牌号、力学性能及用途

牌号	抗拉强度 R_m/MPa	上屈服强度 R_{eH}/MPa	伸长率 A(%)	供参考		应用举例
	最小值			硬度/HBW	基体组织	
QT400-18	400	250	18	130~180	铁素体	汽车、拖拉机底盘零件,阀门的阀体和阀盖等
QT400-15	400	250	15	130~180	铁素体	
QT450-10	450	310	10	160~210	铁素体	
QT500-7	500	320	7	170~230	铁素体+珠光体	机油泵齿轮等
QT600-3	600	370	3	190~270	铁素体+珠光体	柴油机、汽油机的曲轴,磨床、铣床、车床的主轴,空压机、冷冻机的缸体、缸套
QT700-2	700	420	2	225~305	珠光体	
QT800-2	800	480	2	245~335	球光体或回火组织	
QT900-2	900	600	2	280~360	贝氏体或回火马氏体	汽车、拖拉机传动齿轮等

(5) 蠕墨铸铁的牌号、性能及用途 蠕墨铸铁是近年来发展起来的一种新型工程材料。它是由铁液经变质处理和孕育处理随之冷却凝固后所获得的一种铸铁。

其牌号中"RuT"是"蠕铁"两字汉语拼音的字头,在"RuT"后面的数字表示最低抗拉强度值。蠕墨铸铁的牌号、力学性能及用途见表4-13。

表4-13 蠕墨铸铁的牌号、力学性能及用途

牌号	力学性能(不小于)			硬度/HBW	用途
	抗拉强度 R_m/MPa	条件屈服强度 $R_{p0.2}$/MPa	伸长率 A(%)		
RuT420	420	335	0.75	200~280	用于强度或耐磨性高的零件,例如制动盘、活塞、制动鼓、玻璃模具
RuT380	380	300	0.75	193~274	
RuT340	340	270	1.00	170~249	
RuT300	300	240	1.50	140~217	用于强度高及承受热疲劳的零件,例如排气管、气缸盖、液压件、钢锭模
RuT260	260	195	3.00	121~197	用于承受冲击载荷及热疲劳的零件,例如汽车底盘零件、增压器、废气进气壳体

二、金属材料的主要性能

金属材料的性能包含使用性能和工艺性能两方面。使用性能是指金属材料在使用条件下所表现出来的性能,它包括物理性能(如密度、熔点、导热性、导电性、热膨胀性、磁性等)、化学性能(如耐蚀性、抗氧化性、化学稳定性等)、力学性能等。工艺性能是指在制造机械零件的过程中,材料适应各种冷、热加工和热处理的性能,包括铸造性能、锻造性能、焊接性能、冲压性能、切削加工性能和热处理工艺性能等。

1. 金属的力学性能

所谓力学性能是指金属材料在力或能的作用下,所表现出来的性能。力学性能包括强度、塑性、硬度、冲击韧度及疲劳强度等。它反映了金属材料在各种外力作用下抵抗变形或

破坏的某些能力，是选用金属材料的重要依据，而且和各种加工工艺也有密切关系。力学性能的基本指标及含义见表4-14。具体参数的计算方法可查阅相关国家标准，例如GB/T 228.1—2010《金属材料　拉伸实验　第1部分：室温试验方法》；GB/T 231.1—2009《金属布氏硬度试验　第1部分：试验方法》等。

表4-14　常用的力学性能指标及含义

力学性能	性能指标符号	名称	单位	含义
拉伸视频　应力	R_m R_e	抗拉强度 屈服强度	MPa MPa	试样拉断前所能承受的最大应力 拉伸过程中，载荷不增加（保持恒定），试样仍能继续伸长时的应力
塑性	A Z	伸长率 断面收缩率		标距的伸长量与原始标距的百分比 缩颈处横截面积的缩减量与原始横截面积的百分比
洛氏硬度试验　硬度	HBW HR+标尺	布氏硬度值 洛氏硬度值		球形压痕单位面积上所承受的平均压力 用洛氏硬度相应A、B、C、D、E、F、G、H、K、N、T标尺测得的对应硬度值
布氏硬度试验　冲击韧度	HV	维氏硬度值		正四棱锥形压痕单位表面积上所承受的平均压力
冲击试验　冲击韧度	α_K		J/cm^2	冲击试样缺口处单位横截面积上的冲击吸收功
疲劳强度	S	疲劳极限	MPa	试样承受无数次（或给定次）对称循环应力仍不断裂的最大应力

2. 金属的工艺性能

工艺性能是指金属材料在加工过程中是否易于加工成形的能力，它包括铸造性能、锻造性能、焊接性能和切削加工性能等。工艺性能直接影响零件的制造工艺和加工质量，是选材和制定零件工艺路线时必须考虑的因素之一。

（1）铸造性能　金属在铸造工艺中获得优良铸件的能力，称为铸造性能。衡量铸造性能的主要指标有流动性、收缩性和偏析倾向等。在金属材料中，灰铸铁和青铜的铸造性能较好。

1）流动性。熔融金属的流动能力，称为流动性。它主要受金属化学成分和浇注温度等的影响。流动性好的金属容易充满铸型，从而获得外形完整、尺寸精确、轮廓清晰的铸件。

2）收缩性。铸件在凝固和冷却过程中体积和尺寸减小的现象，称为收缩性。由于铸件收缩不仅影响尺寸精度，还会使铸件产生缩孔、疏松、内应力、变形和开裂等缺陷，所以用于铸造的金属其收缩率越小越好。

3）偏析倾向。金属凝固后，内部化学成分和组织的不均匀现象，称为偏析。偏析严重时，能使铸件各部分的力学性能有很大的差异，降低了铸件的质量。这对大型铸件的危害更大。

（2）锻造性能 用锻压成形方法获得优良锻件的难易程度，称为锻造性能。锻造性能的好坏主要与金属的塑性和变形抗力有关，也与材料的成分和加工条件有很大关系。塑性越好，变形抗力越小，金属的锻造性能越好。例如，黄铜和铝合金在室温状态下就有良好的锻造性能；碳钢在加热状态下锻造性能较好；铸铁、铸铝、青铜则几乎不能锻压。

（3）焊接性能 焊接性能是指金属材料对焊接加工的适应性，也就是在一定的焊接工艺条件下，获得优质焊接接头的难易程度。对碳钢和低合金钢而言，焊接性主要与金属材料的化学成分有关（其中碳含量的影响最大）。例如低碳钢具有良好的焊接性能，高碳钢、不锈钢、铸铁的焊接性能较差。

（4）切削加工性能 金属材料的切削加工性能是指金属材料在切削加工时的难易程度。切削加工性能一般由工件切削后的表面粗糙度及刀具寿命等方面来衡量。影响切削加工性能的因素主要有工件的化学成分、组织状态、硬度、塑性、导热性和形变强化等。一般认为金属材料具有适当硬度（170~230HBW）和足够的脆性时较易切削。从材料的种类而言，铸铁、铜合金、铝合金及一般碳钢都具有较好的切削加工性能。因此，铸铁比钢切削加工性能好，一般碳钢比高合金钢切削加工性能好。改变钢的化学成分和进行适当的热处理，是改善钢切削加工性能的重要途径。

三、非铁金属材料简介

非铁金属是指除钢铁材料以外的所有金属及其合金，旧称有色金属。常用的非铁金属有铜及其合金、铝及其合金、钛及其合金、轴承合金等。

下面仅对机械制造业中常用的铜及铜合金、铝及铝合金以及硬质合金做简要的介绍（表 4-15）。

表 4-15 常用非铁金属的类型及用途

分类	名称	型号	用途
纯铜	纯铜	T1、T2、T3 （序号越大，纯度越低）	主要用作各种导电材料，在电气工业中可制造电刷、电线、电缆、发电机、变压器；在机械设备制造中可用作散热器、冷却器等 主要特点是导电，导热性好，具有良好的耐蚀性和焊接性能
铜合金 （常用的有黄铜、白铜、青铜）	普通黄铜（铜锌合金）	H62、H96	用于一般机械中的导管、冷凝管、散热片、销、螺母以及导电零件等
	特殊黄铜（普通黄铜中加入铅、铝、锰等元素）	HSn90-1	用于汽车，拖拉机弹性导管及其他耐蚀零件
	青铜	QSn4-3	制作弹性元件及耐磨零件和抗磁零件等
		QBe2	制作弹性元件、耐磨零件和高速轴承等

（续）

分类	名称		型号	用途
铝	纯铝		1A99	有很好的导电性和导热性，强度低，塑性好，易加工，广泛用于航空、航天、电气工业和汽车等制造业及日常用品中
铝合金	铸造铝合金		ZAlSi12	主要用来制造一些形状复杂、承载不大、质量较轻，有一定耐蚀、耐热要求的铸件，不宜压力加工
	变形铝合金	防锈铝合金	5A05、3A21	用于制作焊接管道、容器、铆钉等
		硬铝合金	2A01、2A11、2A12	主要用于制造飞机的大梁、空气螺旋桨以及螺栓、铆钉等
		超硬铝合金	7A04、7A06	主要用于制造飞机上受力较大的结构零件，例如飞机大梁、起落架等
硬质合金	钨钴类硬质合金		K	主要用于加工短铁屑的材料（脆性材料）
	钨钴钛类硬质合金		P	主要用于加工长铁屑的材料（塑性材料）
	通用类硬质合金		M	既可加工短铁屑材料，又可加工长铁屑材料

课题二　工程塑料

塑料在现代生活和生产中的应用越来越广泛，图4-2所示的都是一些塑料制品。

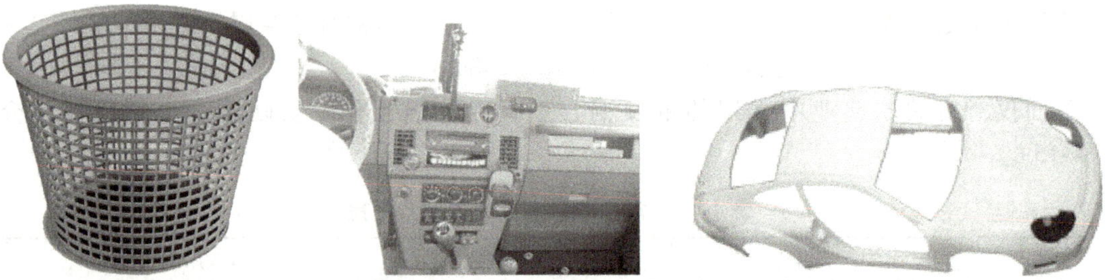

a) 塑料篓子　　b) 汽车驾驶室　　c) 汽车塑料外壳

图4-2　塑料应用举例

塑料是合成的高分子化合物，可以自由改变形体样式。塑料是利用单体原料以合成或缩合反应聚合而成的材料，由合成树脂及填料、增塑剂、稳定剂、润滑剂、着色剂等添加剂组成的，它的主要成分是合成树脂。

1. 塑料的成分

我们通常所用的塑料并不是一种纯物质，它是由许多材料配制而成的。其中高分子聚合物（或称合成树脂）是塑料的主要成分。此外，为了改进塑料的性能，还要在聚合物中添加各种辅助材料，例如填料、增塑剂、润滑剂、稳定剂、着色剂等，才能成为性能良好的塑料。

（1）合成树脂 合成树脂是塑料的主要成分，其在塑料中的含量一般在40%～100%。由于含量大，而且树脂的性质常常决定了塑料的性质，所以人们常把树脂看成是塑料的同义词。例如，把聚氯乙烯树脂与聚氯乙烯塑料、酚醛树脂与酚醛塑料混为一谈。其实树脂与塑料是两个不同的概念。树脂是一种未加工的原始聚合物，它不仅用于制造塑料，而且还是涂料、胶黏剂以及合成纤维的原料，而塑料除了极少一部分含100%的树脂外，绝大多数的塑料，除了主要组分树脂外，还需要加入其他物质。

（2）填料 又称填充剂，它可以提高塑料的强度和耐热性能，并降低成本。例如在酚醛树脂中加入木粉后可大大降低成本，使酚醛塑料成为廉价的塑料之一，同时还能显著提高力学性能。填料可分为有机填料和无机填料两类，前者如木粉、碎布、纸张和各种织物纤维等，后者如玻璃纤维、硅藻土、石棉、炭黑等。

（3）增塑剂 增塑剂可增加塑料的可塑性和柔软性，降低脆性，使塑料易于加工成型。增塑剂一般是能与树脂混合，且无毒无臭，对光、热稳定的高沸点有机化合物。最常用的增塑剂是邻苯二甲酸酯类。例如，生产聚氯乙烯塑料时，若加入较多的增塑剂便可得到软质的聚氯乙烯塑料，若不加或少加增塑剂（用量<10%），则得硬质的聚氯乙烯塑料。

（4）稳定剂 为了防止合成树脂在加工和使用过程中受光和热的作用而分解和破坏，延长其寿命，要在塑料中加入稳定剂。常用的稳定剂有硬脂酸盐、环氧树脂等。

（5）着色剂 着色剂可使塑料具有各种鲜艳、美观的颜色。常用有机染料和无机颜料作为着色剂。

（6）润滑剂 润滑剂的作用是防止塑料在成型时黏在金属模具上，同时可使塑料的表面光滑美观。常用的润滑剂有硬脂酸及其钙镁盐等。

（7）抗氧剂 防止塑料在加热成型或在高温使用过程中受热氧化，而使塑料变黄、发裂等。

除了上述助剂外，还可在塑料中加入阻燃剂、发泡剂、抗静电剂等，以满足不同的使用要求。

2. 塑料的分类

根据各种塑料不同的使用特性，通常将塑料分为通用塑料、工程塑料和特种塑料三种类型。

（1）通用塑料 一般是指产量大、用途广、成型性好、价格便宜的塑料。通用塑料有五大品种，即聚乙烯（PE）、聚丙烯（PP）、聚氯乙烯（PVC）、聚苯乙烯（PS）及丙烯腈-丁二烯-苯乙烯共聚合物（ABS）。它们都是热塑性塑料。

（2）工程塑料 一般指能承受一定外力作用，具有良好的力学性能和耐高、低温性能，尺寸稳定性较好，可以用作工程结构的塑料，例如聚酰胺、聚砜等。

在工程塑料中又将其分为通用工程塑料和特种工程塑料两大类。

通用工程塑料包括：聚酰胺、聚甲醛、聚碳酸酯、改性聚苯醚、热塑性聚酯、超高相对分子质量聚乙烯、甲基戊烯聚合物、乙烯醇共聚物等。

特种工程塑料又有交联型的非交联型之分。交联型的有：聚氨基双马来酰胺、聚三嗪、交联聚酰亚胺等。非交联型的有：聚砜、聚醚砜、聚苯硫醚、聚酰亚胺、聚醚醚酮（PEEK）等。

（3）特种塑料 一般是指具有特种功能，可用于航空、航天等特殊应用领域的塑料。

例如，氟塑料和有机硅具有突出的耐高温、自润滑等性能，增强塑料和泡沫塑料具有高强度、高缓冲性等性能，这些塑料都属于特种塑料的范畴。

3. 塑料的成型过程

塑料的成型加工是指由合成树脂制造厂制造的聚合物制成最终塑料制品的过程。加工方法（通常称为塑料的一次加工）包括压塑（模压成型）、挤塑（挤出成型）、注塑（注射成型）、吹塑（中空成型）、压延等。

压塑主要用于酚醛树脂、脲醛树脂、不饱和聚酯树脂等热固性塑料的成型。

挤塑是使用挤塑机（挤出机）将加热的树脂连续通过模具，挤出所需形状制品的方法。挤塑有时也有于热固性塑料的成型，并可用于泡沫塑料的成型。挤塑的优点是可挤出各种形状的制品，生产率高，可自动化、连续化生产；缺点是热固性塑料不能广泛采用此法加工，制品尺寸容易产生偏差。

注塑是使用注射机将热塑性塑料熔体在高压下注入到模具内经冷却、固化获得产品的方法。注射也能用于热固性塑料及泡沫塑料的成型。注射的优点是生产速度快、效率高，操作可自动化，能成型形状复杂的零件，特别适合大量生产；缺点是设备及模具成本高，注射机清理较困难等。

吹塑是借助压缩空气的压力使闭合在模具中的热的树脂型坯吹胀为空心制品的一种方法。吹塑包括吹塑薄膜及吹塑中空制品两种方法。用吹塑法可生产薄膜制品、各种瓶、桶、壶类容器及儿童玩具等。

压延是将树脂合各种添加剂经预期处理（捏合、过滤等）后，通过压延机的两个或多个转向相反的压延辊的间隙加工成薄膜或片材，随后从压延机辊筒上剥离下来，再经冷却定型的一种成型方法。压延是主要用于聚氯乙烯树脂的成型方法，能制造薄膜、片材、板材、人造革、地板砖等制品。

4. 塑料的特性

1）大多数塑料质轻，化学性稳定，不会锈蚀。

2）耐冲击性好。

3）具有较好的透明性和耐磨耗性。

4）绝缘性好，导热性低。

5）一般成型性、着色性好，加工成本低。

6）大部分塑料耐热性差，热膨胀率大，易燃烧。

7）尺寸稳定性差，容易变形。

8）多数塑料耐低温性差，低温下变脆。

9）容易老化。

10）某些塑料易溶于溶剂。

5. 塑料的应用

塑料已被广泛用于农业、工业、建筑、包装、国防工业以及人们日常生活等各个领域。

农业方面，大量塑料被用于制造地膜、育秧薄膜、大棚膜和排灌管道、渔网、养殖浮漂等。

工业方面，电气和电子工业广泛使用塑料制作绝缘材料和封装材料；在机械工业中用塑料制成传动齿轮、轴承、轴瓦及许多零部件，代替金属制品；在化学工业中用塑料制造管道、各种容器及其他耐蚀材料；在建筑工业中用于制造门窗、楼梯扶手、地板砖、天花板、隔热隔声板、壁纸、落水管件及坑管、装饰板和卫生洁具等。

在国防工业和尖端技术中，无论是常规武器、飞机、舰艇，还是火箭、导弹、人造卫星、宇宙飞船和原子能工业等，塑料都是不可缺少的材料。

在人们的日常生活中，塑料的应用更为广泛，例如市场上销售的塑料凉鞋、拖鞋、雨衣、手提包、儿童玩具、牙刷、肥皂盒等。目前在各种家用电器，例如电视机、电风扇、洗衣机、电冰箱等方面也获得了广泛的应用。

塑料作为一种新型包装材料，在包装领域中已获得广泛应用，例如各种中空容器、注射容器（周转箱、集装箱、桶等），包装薄膜，编织袋、瓦楞箱、泡沫塑料、捆扎绳和打包带等。

6. 常用塑料的性能与应用实例

塑料的类型很多，应用也极其广泛，本部分内容以常用塑料及工程塑料为例介绍其性能及应用，具体内容见表 4-16。

表 4-16　典型塑料的性能及应用

名称	性能	应用
聚乙烯(PE)	HDPE 有较好的热性能、电性能和力学性能，而 LDPE 和 LLDPE 有较好的柔韧性、冲击性能、成膜性等	LDPE 和 LLDPE 主要用于包装用薄膜、农用薄膜、塑料改性等，而 HDPE 的用途比较广泛，可用于薄膜、管材、注射日用品等多个领域
聚丙烯(PP)	聚丙烯的品种很多，品种主要有均聚聚丙烯(HOMOPP)，嵌段共聚聚丙烯(COPP)和无规共聚聚丙烯(RAPP)	均聚聚丙烯主要用在拉丝、纤维、注射、BOPP 膜等领域；共聚聚丙烯主要应用于家用电器注射件、改性原料、日用注射产品、管材等；无规共聚聚丙烯主要用于透明制品、高性能产品、高性能管材等
聚氯乙烯(PVC)	成本低廉，产品具有自阻燃的特性	在建筑领域里用途广泛，尤其是下水道管材、塑钢门窗、板材、人造皮革等应用最为广泛
聚苯乙烯(PS)	是一种透明的原材料	用于制造汽车灯罩、日用透明件、透明杯、罐等
ABS	是一种用途广泛的工程塑料，具有杰出的物理和热性能	广泛应用于家用电器、面板、面罩、组合件、配件等，尤其是家用电器，例如洗衣机、空调、冰箱、电风扇等，用量十分庞大。另外，在塑料改性方面，用途也很广
苯乙烯丙烯腈共聚体(AS 或 SAN)	比聚苯乙烯有更高的冲击强度和优良的耐热性、耐油性、耐蚀性。例如，它能很好地耐某些使聚苯乙烯应力开裂的烃类，而弹性模量是现有热塑性塑料中较高的一种	广泛用于制作耐油、耐热、耐化学药品的工业制品，以及仪表板、仪表框、罩壳、电池盒、接线盒、开关等
丙烯腈-丁二烯-苯乙烯共聚物(ABS)	具有“坚韧、质硬、刚性”的材料，具有较高冲击韧性和力学强度，尺寸稳定，耐化学性能及电性能良好，易于成形和机械加工等特点。此外，表面还可镀铬，成为塑料涂金属的一种常用材料。另外，ABS 与#372 有机玻璃接性良好，可作双色成形塑件	在机械工业系统中用来制造凸轮、齿轮、泵叶轮、轴承、电动机外壳、仪表壳、蓄电池槽、水箱外壳、手柄、冰箱衬里等；在汽车工业中用来制造热空气调节，管加热器等，还可供电视机、晶体管收音机制造外壳

（续）

名称	性能	应用
聚碳酸酯(PC)	冲击强度特别突出，在一般热塑性树脂中是较优良的。弹性模量较高，受温度影响极小，耐热温度为120℃，耐寒达-100℃才发生脆化。尺寸稳定性高，耐腐蚀、耐磨性均良好。但高温下对水的敏感性大	用来制造齿轮、蜗杆、齿条、凸轮、心轴、轴承、垫圈、铆钉、泵叶轮、汽车汽化器部件、车灯灯罩、闪光灯灯罩、节流阀、润滑油输油管，各种外壳、容器、冷冻和冷却装置零件，电器接线板、线圈骨架、酸性蓄电池槽及高温透镜等

习题与思考

一、名词解释

1. 黑色金属　2. 有色金属　3. 碳钢　4. 合金钢
5. 不锈钢　6. 耐热钢　7. 灰铸铁　8. 可锻铸铁
9. 球墨铸铁　10. 蠕墨铸铁　11. 金属的力学性能　12. 硬度
13. 塑性　14. 冲击韧度　15. 抗拉强度　16. 断后伸长率
17. 金属的工艺性能　18. 塑料　19. 工程塑料

二、填空题

1. 金属材料可分为________和________两类。
2. 钢铁材料是由________、________及Si、Mn、S、P等杂质元素组成的金属材料。
3. 根据钢液的脱氧程度不同，可分为________钢、________钢、________钢和________钢。
4. 碳素钢按钢的用途可分为________、________两类。
5. T12A钢按用途分类属于________钢，按碳的质量分数分类属于________、按质量分类属于________。
6. 45钢按用途分类属于________钢，按质量分类属于________钢。
7. 合金钢按主要质量等级可分为________钢和________钢。
8. 钢的耐热性包括________性和________强度两个方面。
9. 高速钢刀具在切削温度达600℃时，仍能保持________和________。
10. 铬不锈钢为了达到耐蚀的目的，其铬的质量分数必须大于________。
11. 根据铸铁中碳的存在形式，可将铸铁分为________、________、________、________等。
12. 普通黄铜是________、________二元合金，在普通黄铜中再加入其他元素时称________黄铜。
13. 纯铝具有________小、________低、良好的________性和________性，在大气中具有良好的________性等特点。
14. 变形铝合金可分为________铝、________和________铝。
15. 金属的性能分为________性能和________性能。
16. 金属的化学性能包括________性、________性和________性等。

17. 洛氏硬度按选用的总试验力及压头类型的不同，使用的标尺有_____________________________________。

18. 填出下列力学性能指标的符号：屈服点__________、洛氏硬度 A 标尺__________、断后伸长率__________、断面收缩率__________、疲劳强度__________。

19. 金属材料的使用性能包括__________性能、__________性能和__________性能。

20. 塑料是由合成树脂及填料、__________、__________、__________、着色剂等添加剂组成的。它的主要成分是合成树脂。

21. 根据各种塑料不同的使用特性，通常将塑料分为__________、__________和特种塑料三种类型。

22. 塑料已被广泛用于农业、__________、__________、__________、__________以及人们日常生活等各个领域。

三、判断题

1. 一般地说，材料的硬度越高，耐磨性越好，则强度也越高。（　　）

2. 碳的质量分数对碳素钢力学性能的影响是：随着钢中碳的质量分数的增加，钢的硬度和强度增加，塑性和韧性下降。（　　）

3. 硫、磷是碳素钢中的有害杂质，前者使钢产生“热脆”，后者使钢产生“冷脆”，因此两者的含量在钢中应严格控制。

4. 用 65 钢制成的沙发弹簧，使用不久就失去弹性，是因为没有进行淬火和高温回火。（　　）

5. 由于 T13 钢中碳的质量分数比 T8 钢高，故前者的强度比后者高。（　　）

6. GCr15 是滚动轴承钢，钢中铬的质量分数为 15%，主要是制造滚动轴承的内外圈。（　　）

7. 一般地说，材料的硬度越高，耐磨性越好，则强度也越高。（　　）

8. 可锻铸铁比灰铸铁有高得多的塑性，因而可以进行锻打。（　　）

9. 钨钛钴类硬质合金刀具适合加工脆性材料。（　　）

10. 为了防止环境污染，所以塑料不能作为包装材料使用。（　　）

四、简答题

1. 碳素工具钢的碳的质量分数不同，对其力学性能及应用有何影响？

2. 把碳的质量分数为 0.45%的钢和白口铸铁进行高温加热（1000～1200℃），能否进行锻造？为什么？

3. 说明下列牌号属何类钢？其数字和符号各表示什么？

Q235-A　45　T10A　20Cr　9CrSi　60Si2Mn　GCr15　1Cr13

HT250　QT700-2　KTH330-08　KTZ450-06　RuT420

4. 高速钢有何性能特点？

5. 不锈钢和耐热钢有何性能特点？请举例说明其用途。

6. 什么是铸铁？它与钢相比有什么优点？

7. 简述塑料的成形过程，塑料的特性有哪些？

8. 通用塑料有哪些应用？工程塑料的应用如何？

单元五 钳工基本技能

学习目标

1. 熟悉钳工工作场地的常用设备、工具，了解钳工的特点，掌握钳工的安全操作规程。

2. 了解常用量具的类型及长度单位，掌握游标卡尺、千分尺、角尺及游标万能角度尺的选用与维护方法。

3. 了解划线的种类，熟悉划线工具及其使用方法；掌握基本线条的划法，能进行一般零件的平面划线。

4. 能使用手锯或手持式电动切割机；掌握锯削板料、棒料及管料的方法和要领。

5. 了解锉刀的结构、分类和规格，会正确选用常用锉削工具、电动角向磨光机及抛光机等；掌握平面锉削的方法，会锉削简单平面立体。

6. 了解钻床、钻头的结构，会操作台钻和手电钻，熟练掌握钻头的装卸方法，能在工件上钻孔。

7. 了解攻螺纹工具的结构、性能，能正确使用攻螺纹工具，掌握攻螺纹的方法。

8. 了解钳工的基本工艺分析方法，能按图样要求完成简单零件的钳工制作。

教学建议

1. 教学过程可以选择两种形式，一种是先讲理论后进行综合实训，也可根据实训课题边做边讲。

2. 综合实训课题可根据书中提供的两个课题任意选择其中之一进行训练。

3. 教学总学时为26学时，其中综合实训学时为8学时。

课题一 钳工入门

钳工大多是用手工工具并经常在台虎钳上进行手工操作的一个工种。一些采用机械方法不适宜或不能解决的加工，都可由钳工来完成。

随着机械工业的发展，钳工的工作范围越来越广泛，需要掌握的理论知识和操作技能也越来越复杂，于是产生了专业性的分工，以适应不同工作的需要。钳工一般分为普通钳工

（模具钳工）、机修钳工和工具钳工等。

相关知识

一、钳工常用设备、工具及其使用

钳工常用的设备可分为：主要设备（钳台、台虎钳、砂轮机）、钻床、常用工具等。其图例、功用与相关知识见表 5-1～表 5-3。

表 5-1　钳工主要设备简介

名称	图例	功用与相关知识
钳台	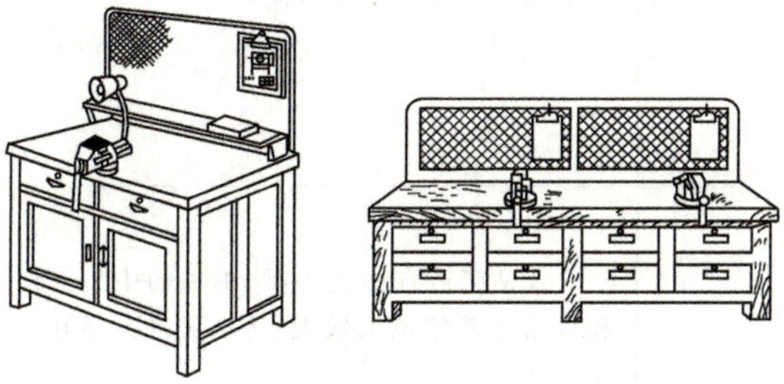 a) 长方形钳台  b) 六边形钳台	钳台也称钳工台或钳桌，主要用来安装台虎钳。台面一般为长方形、六边形等，其长、宽尺寸由工作需要确定，高度一般以 800～900mm 为宜
台虎钳	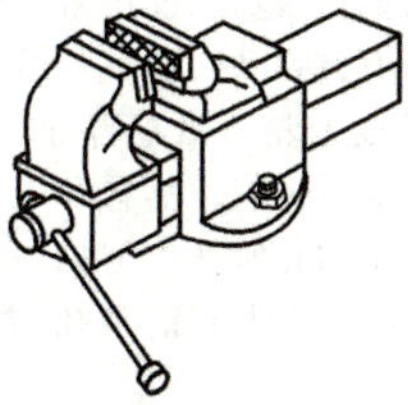 a) 固定式台虎钳 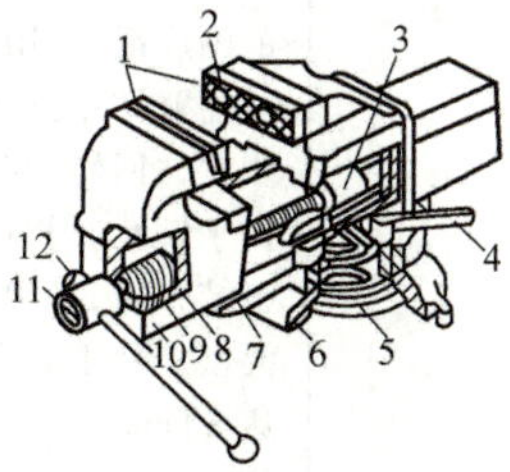 b) 回转式台虎钳 1—钳口　2—螺钉　3—螺母　4、12—手柄　5—夹紧盘 6—转盘座　7—固定钳身　8—挡圈　9—弹簧 10—活动钳身　11—丝杠	台虎钳是用来夹持工件的通用夹具。在钳台上安装台虎钳时，必须使固定钳身的钳口工作面处于钳台边缘之外，台虎钳必须牢固地固定在钳台上，两个固定螺钉必须扳紧
砂轮机	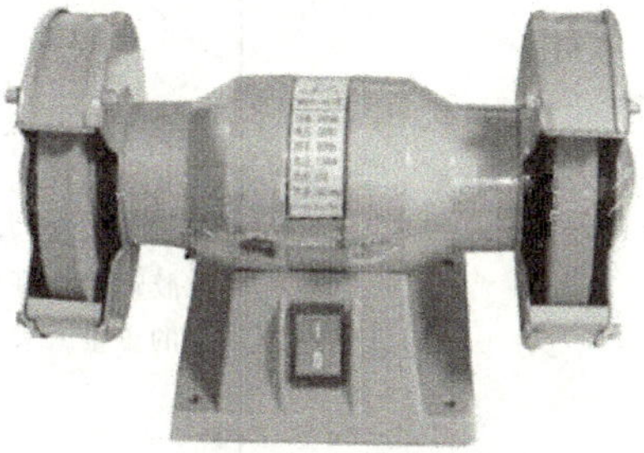	砂轮机主要是用来磨削各种刀具或工具的，如磨削錾子、钻头、刮刀、样冲、划针等，也可刃磨其他刀具

表 5-2 钳工常用钻床

名称	图例	功用与相关知识
台式钻床		台钻转速高，使用灵活，效率高，适用于较小工件的钻孔。由于其最低转速较高，故不适宜进行锪孔和铰孔加工 钻孔时，扳动手柄使主轴上下移动，以实现进给和退刀。钻孔深度通过调节标尺杆上的螺母来控制。一般台钻有五挡不同的主轴转速，可通过安装在电动机主轴和钻床主轴上的一组 V 带轮来变换主轴转速
立式钻床		立式钻床适宜加工小批、单件的中型工件。由于主轴变速和进给量调整范围较大，所以可进行钻孔、锪孔、铰孔和攻螺纹等加工 通过操纵手柄，使进给变速箱沿立柱导轨上下移动，从而调节主轴至工作台的距离。摇动工作台手柄，也可使工作台沿立柱导轨上下移动，以适应不同尺寸的加工。在钻削大工件时，可将工作台拆除，将工件直接固定在底座上加工。最大钻孔直径有 25mm、35mm、40mm、50mm 等几种
摇臂钻床	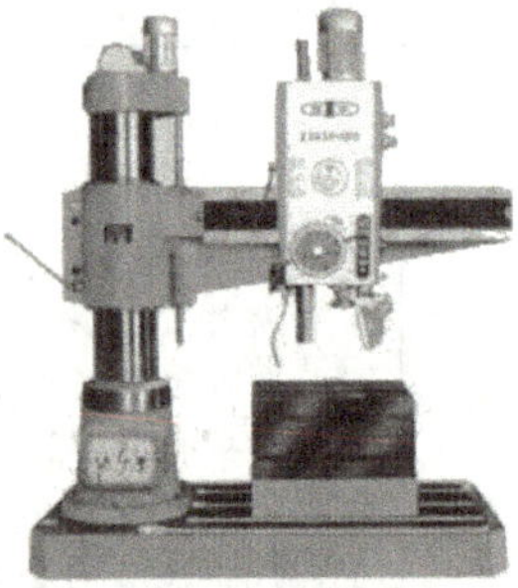	摇臂钻床的主轴变速范围和进给量调整范围广，因此加工范围广泛，可用于钻孔、扩孔、锪孔、铰孔和攻螺纹等加工 摇臂钻床操作灵活省力，钻孔时，摇臂可沿立柱上下升降和绕立柱回转 360°。主轴变速箱可沿摇臂导轨做大范围移动，便于钻孔时找正钻头的加工位置。摇臂和主轴变速箱位置调整结束后，必须锁紧，防止钻孔时产生摇晃而发生事故。可在大型工件上钻孔或在同一工件上钻多孔，最大钻孔直径可达 80mm

表 5-3 钳工常用工具

名称	图例	功用与相关知识
锤子	  锤头的形状	锤子是用来敲击的工具，有金属锤和非金属锤两种。常用金属锤有钢锤和铜锤两种；常用非金属锤有塑料锤、橡胶锤和木锤等。锤子的规格是以锤头的重量来表示

（续）

名称	图例	功用与相关知识
螺钉旋具	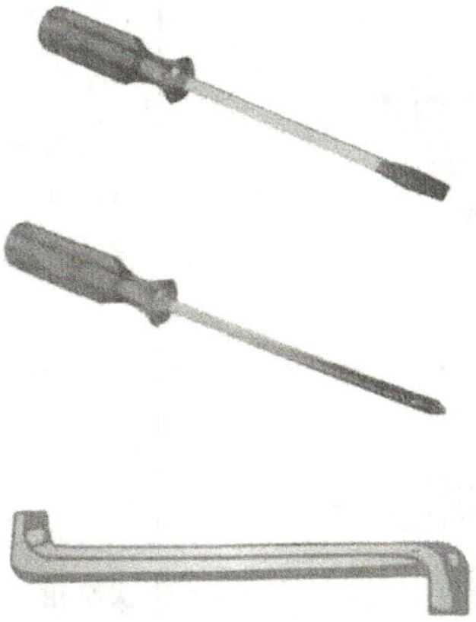	其主要作用是旋紧或松退螺钉。常见的螺钉旋具有一字螺钉旋具、十字螺钉旋具和内六角花形螺钉旋具等
呆扳手		它主要用于旋紧或松退固定尺寸的螺栓或螺母。常见的呆扳手有单口扳手、梅花扳手、梅花开口扳手及开口扳手等。呆扳手的规格是以钳口开口的宽度标识的
活扳手	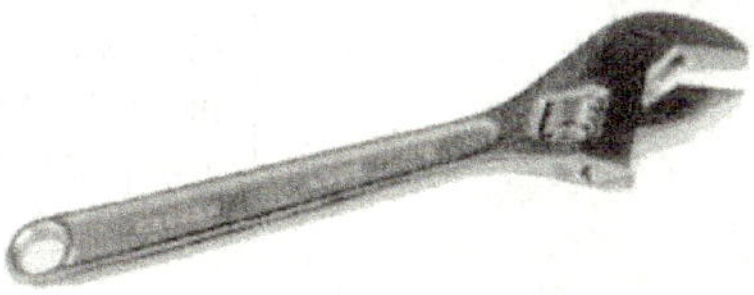	钳口的尺寸在一定的范围内可自由调整，用来旋紧或松退螺栓或螺母。活扳手的规格是以扳手全长尺寸标识的
管子钳	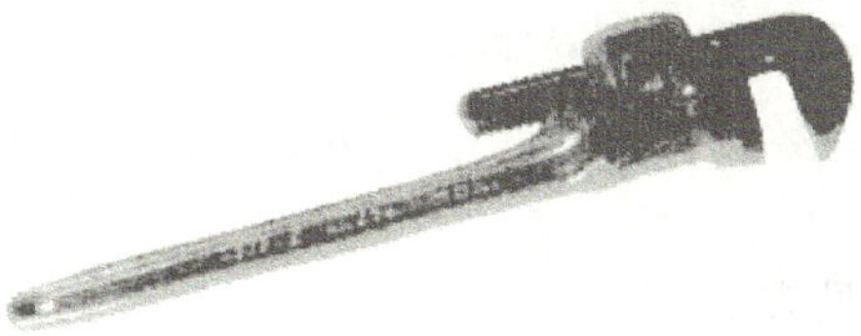	钳口有条状齿，常用于旋紧或松退圆管、磨损的螺母或螺栓。管子钳的规格是以扳手全长尺寸标识的
特殊扳手	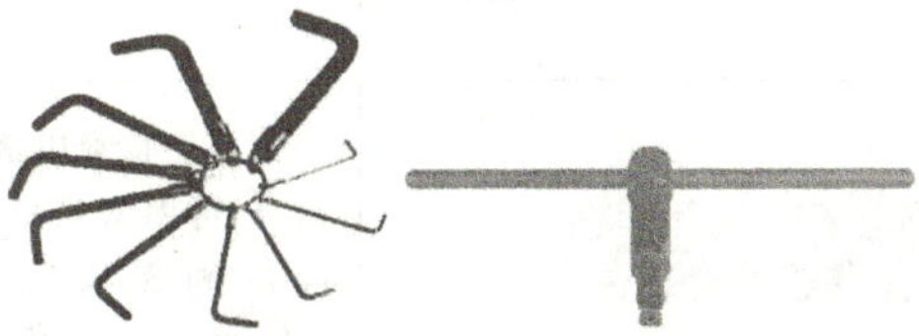	为了某种目的而设计的扳手称为特殊扳手。常见的特殊扳手有内六角扳手、T形夹头扳手、面扳手及扭力扳手等

（续）

名称	图例	功用与相关知识
夹持用手钳		夹持用手钳的主要作用为夹持材料或工件
夹持剪断用手钳	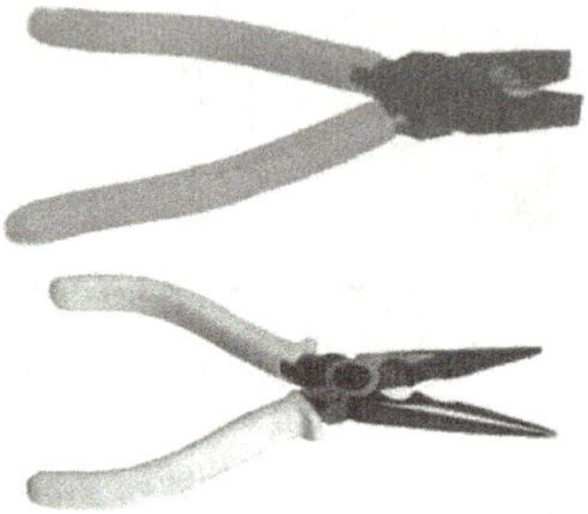	常见的夹持剪断用手钳有侧剪钳和尖嘴钳。夹持剪断用手钳的主要作用除可夹持材料或工件外，还可用来剪断小型物件，例如钢丝、电线等
拆装扣环用卡环手钳		常用的有直轴用卡环手钳和套筒用卡环手钳。拆装扣环用卡环手钳的主要作用是装拆扣环，即可将扣环张开套入或移出环状凹槽
特殊手钳		常用的特殊手钳有剪切薄板、钢丝、电线的斜口钳；剥除电线外皮的剥皮钳；夹持扁物的扁嘴钳；夹持大型筒件的链管子钳等

二、常用量具的类型与功用及其维护

1. 钳工常用量具

钳工基本操作中常用的量具有钢直尺、刀口形直尺、内外卡钳、游标卡尺、千分尺、直角尺、量角器、塞尺、量块、百分表等。

钳工常用量具的名称、图例与功用见表5-4。

表5-4　钳工常用量具

名称	图例	功用
金属直尺		钢直尺是常用量具中最简单的一种量具，可用来测量工件的长度、宽度、高度和深度等。规格有150mm、300mm、500mm和1000mm四种

（续）

名称	图例	功用
游标卡尺	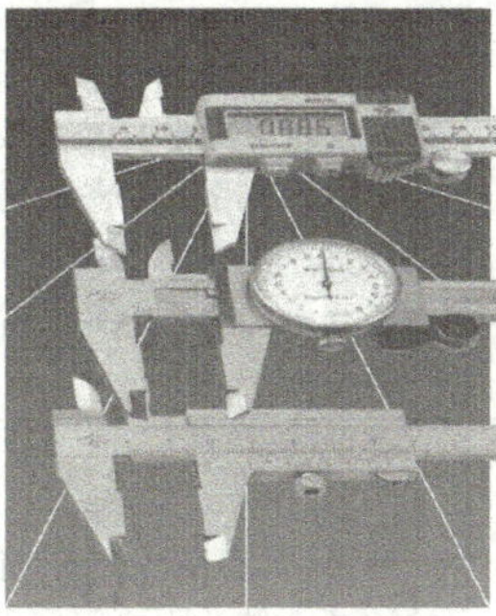  a) 游标高度卡尺 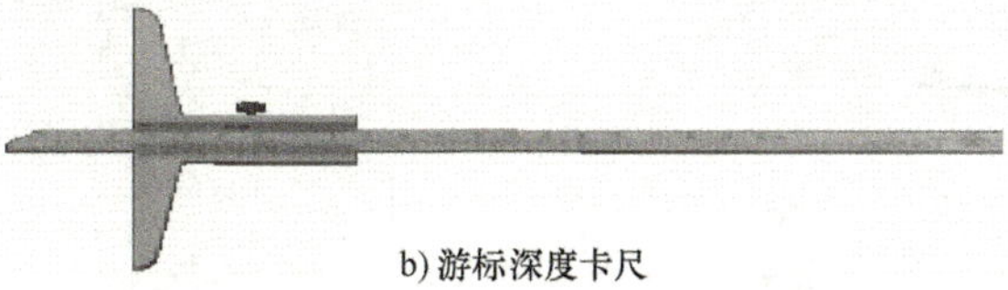 b) 游标深度卡尺	游标卡尺是一种中等精密度的量具，可以直接测量出工件的外径、孔径、长度、宽度、深度和孔距等尺寸
千分尺	 a) 外径千分尺  b) 电子数显外径千分尺 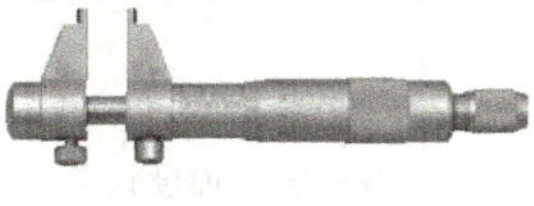 c) 内测千分尺  d) 深度千分尺	千分尺是一种精密量具，它的精度比游标卡尺高，而且比较灵敏。因此，它一般用来测量精度要求较高的尺寸
百分表		百分表可用来检验机床精度和测量工件的尺寸、形状及位置误差等
游标万能角度尺	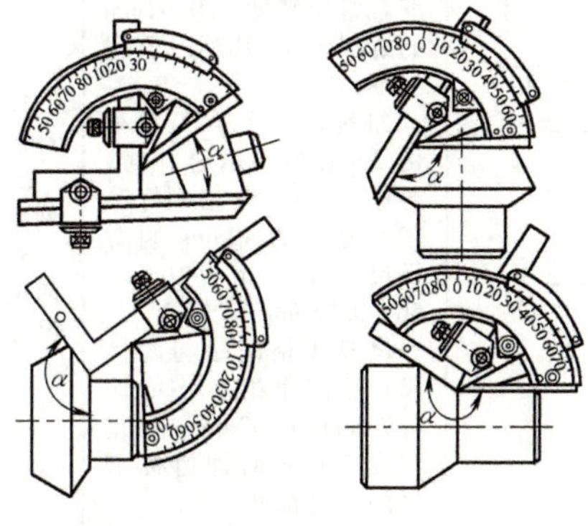	游标万能角度尺是用来测量工件内外角度的量具。按游标的测量精度可分为 2′和 5′两种，其示值误差分别为 ±2′和±5′，测量范围是 0°～320°

（续）

名称	图例	功用
量块	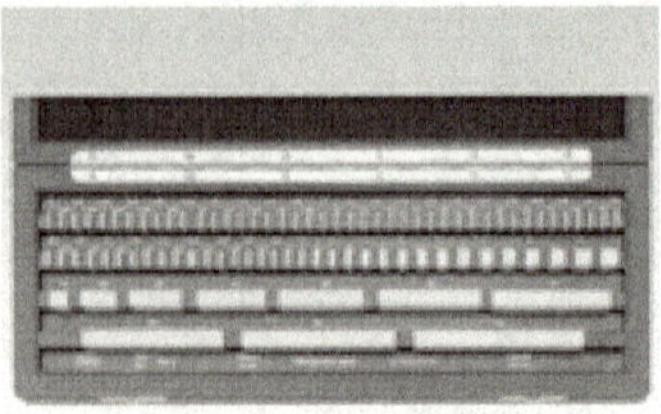	量块是机械制造业中长度尺寸的标准。量块可对量具和量仪进行校正检验，也可以用于精密划线和精密机床的调整，量块与有关附件并用时，可以用于测量某些精度要求高的尺寸
塞尺		塞尺（又称厚薄规或间隙片）是用来检验两个结合面之间间隙大小的片状量规
直角尺	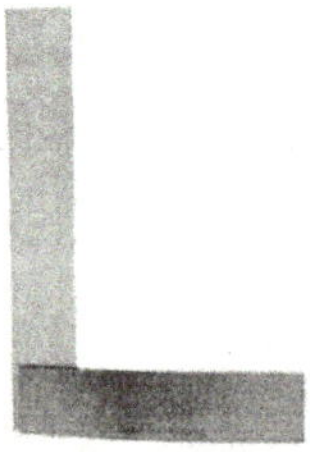 	常用的有刀口形直角尺和宽座直角尺等，它可用来检验零部件的垂直度及用作划线的辅助工具
刀口形直尺		刀口形直尺主要用于检验工件的直线度和平面度误差

2. 典型量具的刻线原理和读数方法

钳工加工产品的品质测量常用的量具有游标卡尺、千分尺、游标万能角度尺等。其刻线原理和读数方法见表5-5。

表5-5　钳工典型量具的刻线原理和读数方法

名称	图例	刻线原理	读数方法
游标卡尺	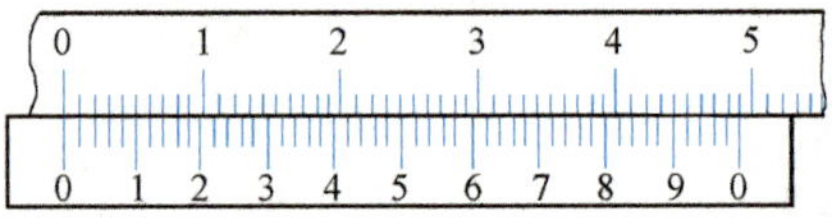 a) 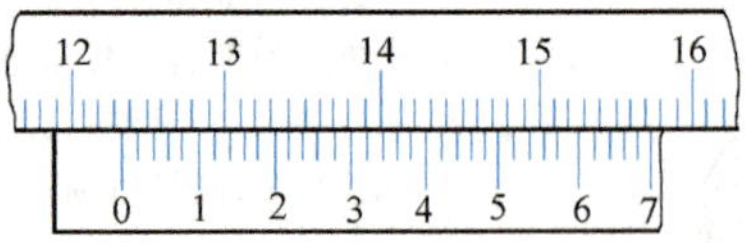 b) 图例游标卡尺的读数为：120.22mm	游标卡尺有0.10mm、0.05mm、0.02mm三种精度。常用精度为0.02mm的游标卡尺，其刻线原理如下： 如图a所示，尺身每小格1mm，当两爪合并时，游标尺上的50格刚好等于尺身上的49mm，则游标尺每格间距=49mm÷50=0.98mm 尺身每格间距与游标尺每格间距相差=1mm−0.98mm=0.02mm。此差值为0.02mm，即游标卡尺的测量精度	1. 读出游标上零线在尺身上的毫米数 2. 读出游标尺上哪一条刻线与尺身对齐 3. 把尺身和游标尺上的两尺寸加起来，即为测量尺寸，如图b所示

（续）

名称	图例	刻线原理	读数方法
千分尺	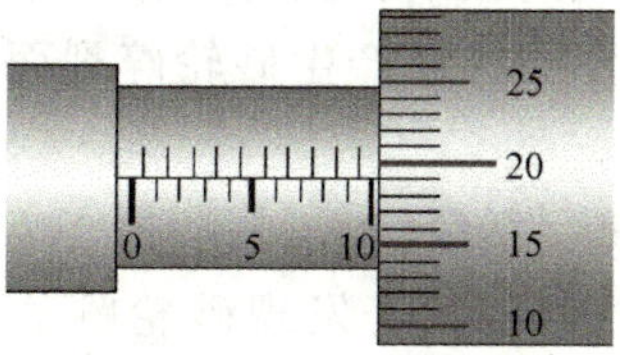 图例千分尺的读数为:10.19mm	微分筒的圆周上刻有50个等分线，当微分筒转一周时，测微螺杆就推进或后退0.5mm，微分筒转过它本身圆周刻度的一小格时，两测砧面之间转动的距离为：0.5mm÷50=0.01mm，0.01mm为千分尺的测量精度	1. 读出活动套管边缘在固定套管线最近的轴向刻度线后面的数（为0.50mm的整数倍） 2. 读出活动套管上哪一格同固定套管上基准线对齐（即轴向刻度中心线重合）的圆周刻度数（为0.50mm的等分数） 3. 将以上两个读数相加，即为总尺寸
游标万能角度尺	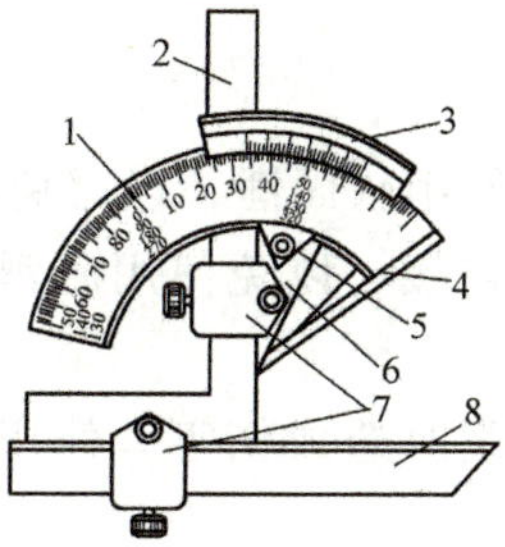 1—主尺　2—角尺　3—游标　4—基尺　5—制动器 6—扇形板　7—卡块　8—活动直尺	游标万能角度尺主尺上的刻度线每格1°。由于游标尺上刻有30格，所占的总角度为29°，因此两者每格刻线的度数差是 $1°-\frac{29°}{30}=\frac{1°}{30}=2'$ 即游标万能角度尺的精度为2′	游标万能角度尺的读数方法和游标卡尺相同，先读出游标尺零线前的角度是几度，再从游标尺上读出角度“分”的数值，两者相加就是被测零件的角度数值

3. 常用量具的正确使用和维护

正确选择量具，并使用量具进行技术参数的测量，以及学会保养量具，可延长量具的寿命，是每个工程技术人员必备的基本功，所有必须做到以下几点。

1）爱护使用和合理选用量具，要选用相应精度的量具进行测量。

2）严禁把标准量具作为一般量具使用。

3）严防温差对量具的影响，尽量缩小因热胀冷缩产生的测量误差。

4）量具不应放在灰尘、油腻的地方，以免污物侵入量具内，降低测量精度。

5）千分尺、游标卡尺不用时，测量基准面应分离。

6）严禁将量具用作动态测量，以免出现事故和量具损坏。

7）当发现量具失准，缺附件或损坏时，要及时送去计量检测部门检修。

8）量具用完后，擦拭干净，放在量具盒内。

三、钳工安全生产操作规程

1. 设备操作安全规则

（1）台虎钳的安全操作注意事项

1）夹紧工件时只允许依靠手的力量扳紧手柄，不能用手锤敲击手柄或随意套上长管子扳手柄，以免丝杠、螺母或钳身因受力过大而损坏。

2）强力作业时，应尽量使力朝向固定钳身，否则丝杠和螺母会因受到较大的力而导致螺纹损坏。

3）不要在活动钳身的光滑平面上敲击工件，以免降低它与固定钳身的配合性能。

4）丝杠、螺母和其他活动表面，都应保持清洁并经常加油润滑和防锈，以延长寿命。

（2）砂轮机的安全操作注意事项　砂轮机主要由砂轮、机架和电动机组成。工作时，砂轮的转速很高，很容易因系统不平衡而造成砂轮机的振动，因此要做好平衡调整工作，使其在工作中平稳旋转。由于砂轮质硬且脆，如使用不当容易产生砂轮碎裂而造成事故，所以使用砂轮机时要严格遵守以下的安全操作注意事项。

1）砂轮的旋转方向要正确，应使磨屑向下飞离，不致伤人。

2）砂轮机起动后，要等砂轮转速平稳后再开始磨削，若发现砂轮跳动明显，应及时停机修整。

3）砂轮机的搁架与砂轮间的距离应保持在3mm以内，以防磨削件轧入，造成事故。

4）磨削过程中，操作者应站在砂轮的侧面或斜侧面，不要站在正对面。

2. 常用工具操作安全规则

（1）使用锤子时的注意事项

1）精制工件表面或硬化处理后的工件表面，应使用软面锤，以避免损伤工件表面。

2）使用锤子前应仔细检查锤头与锤柄是否紧密连接，以免使用时锤头与锤柄脱离，造成意外事故。

3）手锤锤头边缘若有毛边，应先磨除，以免破裂时造成伤害。使用手锤时应配合工作性质，合理选择手锤的材质、规格和形状。

（2）使用螺钉旋具时的注意事项

1）应根据螺钉的槽宽选用螺钉旋具。大小不合的螺钉旋具非但无法承受旋转力，而且也容易损伤钉槽。

2）不可将螺钉旋具当作錾子、杠杆或划线工具使用。

（3）使用扳手时的注意事项

1）根据工作性质选用适当的扳手，尽量使用呆扳手，少用活扳手。

2）各种扳手的钳口宽度与钳柄长度有一定的比例，故不可加套管或用不正当的方法延长钳柄的长度，以增加使用时的扭力。

3）选用呆扳手时，钳口宽度应与螺母宽度相当，以免损伤螺母。

4）使用活扳手时，应向活动钳口方向旋转，使固定钳口受主要的力。

5）扳手钳口若有损伤，应及时更换，以保证安全。

（4）使用钳子时的注意事项

1）钳子主要是用来夹持或弯曲工件的，不可当锤子或螺钉旋具使用。

2）侧剪钳、斜口钳只可剪细的金属线或薄的金属板。

3）应根据工作性质合理选用钳子。

3. 操作人员安全职责

1）在设备使用与维修的过程中，必须制订相应的安全措施。首先检查电源、气源是否被断开。如果设备与动力线之间的连接未切断，务必禁止工作。必要时，在电源、气源的开关处挂“不准合闸”或“不准开气”等警示牌。

2）操作前，应根据所用工具的需要，穿戴必要的劳保防护用品，同时遵守相关的规定。如使用电动工具时，需要穿戴绝缘手套和胶鞋；使用手持照明灯时，其工作电压应低于36V。

3）多人、多层作业时，要做到统一指挥，密切配合，动作协调，同时也要注意安全。

4）拆卸下来的零部件应尽量摆放在一起，并按相关规定摆放，不要乱丢乱放。

5）起吊和搬运重物时，应严格遵守起重工安全操作规程。

6）高处作业必须戴安全帽，系好安全带。不准上下投递工具或零件。

7）试车前，应检查电源的接法是否正确；各部分的手柄、行程开关、撞块等是否灵敏可靠；传动系统的安全防护装置是否齐全；确认无误后，方可开车运转。

8）机械设备运转时，不得用身体任何部位触及运动部件或进行调整；必须待停稳后，才可进行检查和调整。

课题二 平面划线

划线图样如图 5-1 所示。要正确划线，必须掌握划线的相关知识。

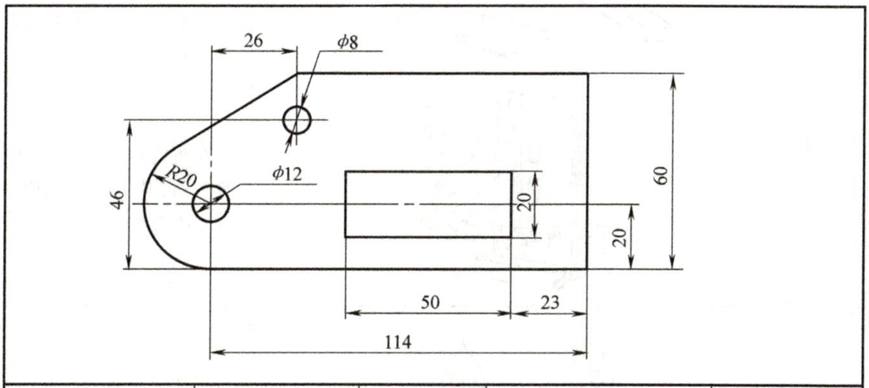

学习内容	课时数	材料	毛坯尺寸	件数
平面划线	2	Q235A	150mm×70mm×8mm	1

图 5-1 划线图样

相关知识

一、常用的划线工具及其使用

常用划线工具及使用常识见表 5-6。

表 5-6 常用划线工具及使用常识

名称	图例	使用常识
划线平台	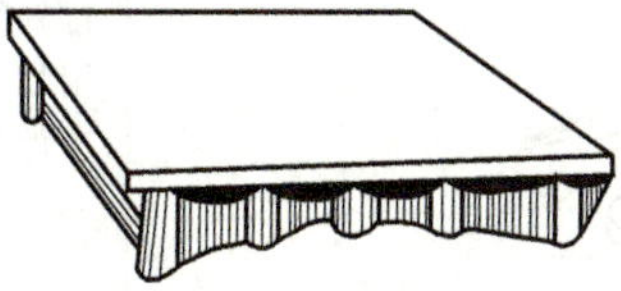	划线平台又称划线平板，是用来安放工件和划线工具，并在其工作表面上完成划线过程的基准工具

（续）

名称	图例	使用常识
划线方箱	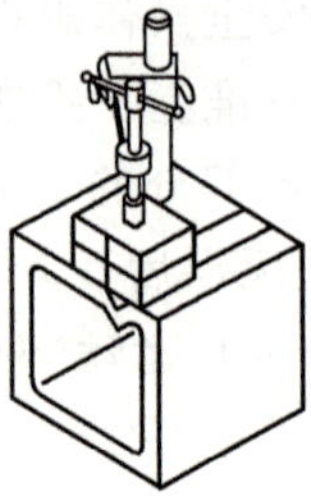	划线方箱通常带有V形槽并附有夹持装置，用于夹持尺寸较小而加工面较多的工件。通过翻转方箱，能实现一次安装后在几个表面划线的工作
V形铁	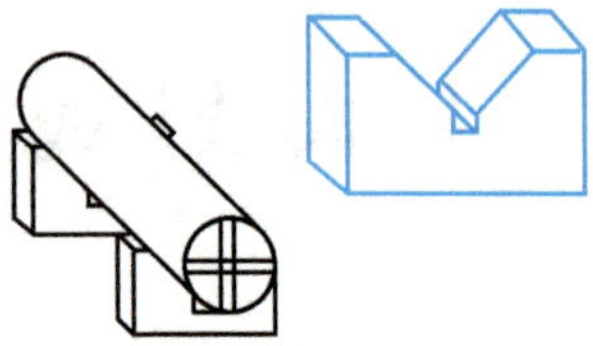	V形铁主要用于安放轴、套筒等圆形工件，以确定中心并划出中心线
垫铁	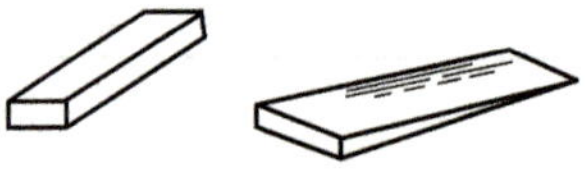	垫铁是用来支持、垫平和升高毛坯工件的工具，常用斜垫铁对工件位置的高低进行少量调节
直角铁	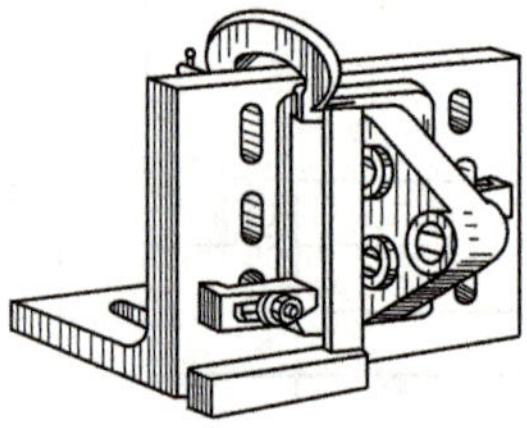	直角铁有两个经精加工的互相垂直的平面，其上的孔或槽用于固定工件时穿压板螺钉
千斤顶	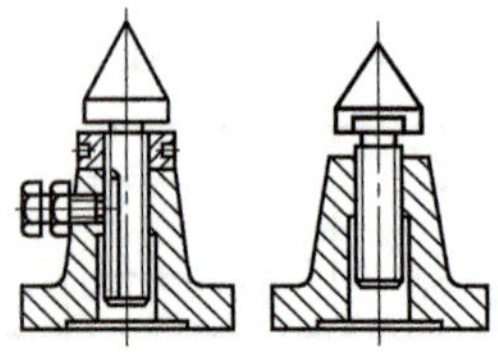	千斤顶用于支承较大的或形状不规则的工件，常三个一组使用，其高度可以调节，便于找正
划针	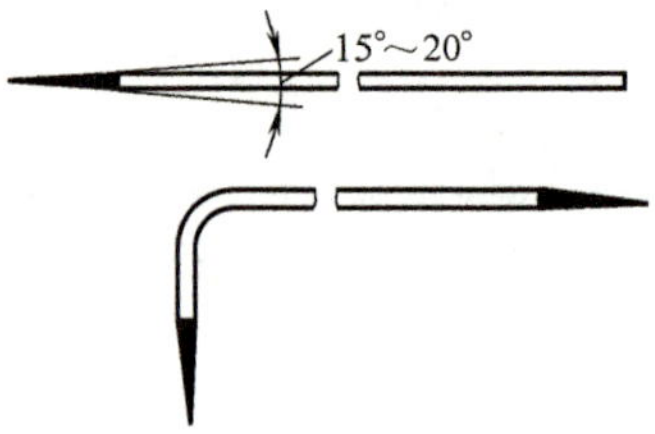	划针用来在工件上划线条，一般用$\phi3\sim\phi4$mm的弹簧钢丝或高速钢制成，尖端磨成15°～20°的尖角，经淬火处理
划线盘	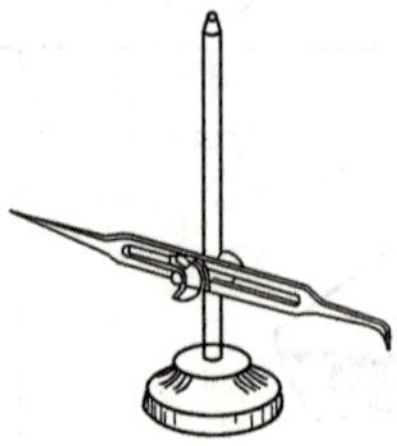	划线盘用于在划线平台上对工件进行划线或找正工件位置。使用时一般用划针的直头端划线，弯头端用于对工件的找正

（续）

名称	图例	使用常识
划规	 a) 普通划规　b) 扇形划规　c) 弹簧划规 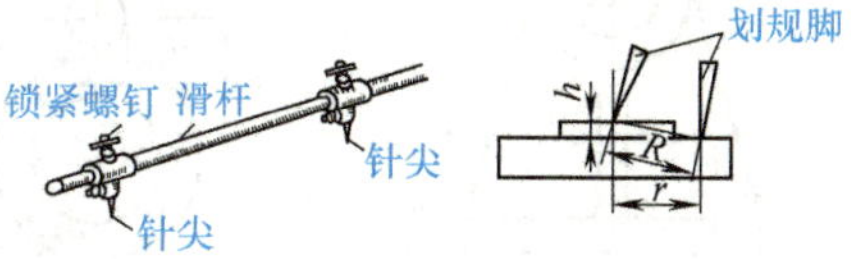	划规用于划圆和圆弧线、等分线段、量取尺寸等
直角尺	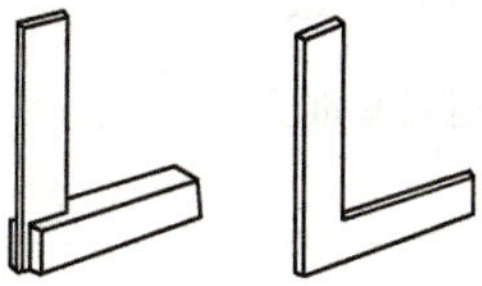	直角尺既可作为划垂直线及平行线的导向工具，又可找正工件在划线平板上的垂直位置，检查两垂直面的垂直度或单个平面的平面度
样冲		样冲用于在工件所划线条上打样冲眼，作为加强界限标志和划圆弧或钻孔时的定位中心
游标高度卡尺	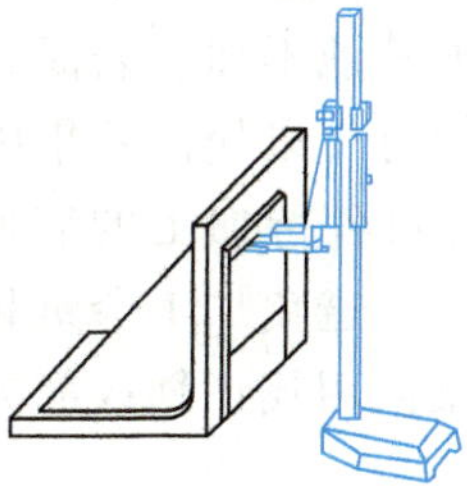	游标高度卡尺是精密的量具及划线工具，它可用来测量高度尺寸，其量爪可直接划线

二、划线的操作要领

划线前，首先要看懂图样和工艺要求，明确划线任务，检验毛坯和工件是否合格，然后对划线部位进行清理、涂色，确定划线基准，选择划线工具进行划线。

1. 划线前的准备

划线前的准备包括对工件或毛坯进行清理、涂色及在工件孔中装中心塞块等。

常用的涂料有石灰水和蓝油。石灰水用于铸件毛坯表面的涂色。蓝油是由质量分数为2%~4%的龙胆紫、3%~5%的虫胶和91%~95%的酒精配制而成的，主要用于已加工表面的涂色。

2. 确定划线基准

所谓基准，即工件上用来确定其他点、线、面位置的依据（点、线、面）。划线基准确定的原则如下。

1）划线基准应与设计基准一致，并且划线时必须先从基准线开始。

2）若工件上有已加工表面，则应以已加工表面为划线基准。

3）若工件为毛坯，则应选重要孔的中心线等为划线基准。

4）若毛坯上无重要孔，则应选较平整的大平面为划线基准。

常用的划线基准有三种，如图 5-2 所示。

1）以两个相互垂直的平面为基准。

2）以一个平面与一条中心线为基准。

3）以两条相互垂直的中心线为基准。

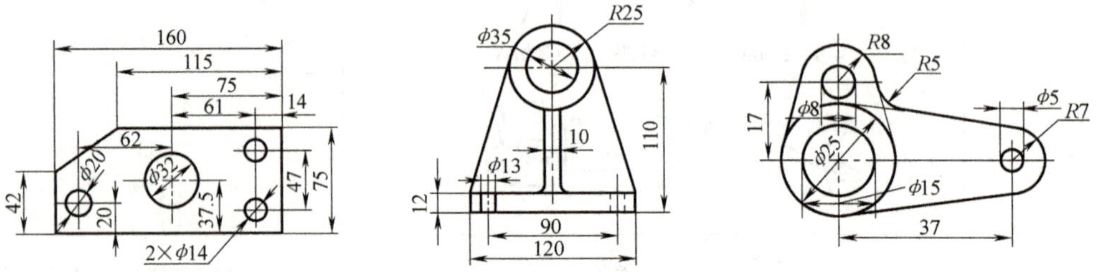

图 5-2　划线基准类型

3. 划线前的找正与借料

找正就是利用划线工具，通过调节支承工具，使工件有关的毛坯表面都处于合适的位置。找正时有以下注意事项。

1）当工件上有不加工表面时，应按不加工表面找正后再划线，这样可使加工表面与不加工表面之间的尺寸均匀。需要注意的是，当工件上有两个以上不加工表面时，应选择重要的或较大的不加工表面作为找正依据，并兼顾其他不加工表面，这样不仅可以使划线后的加工表面与不加工表面之间的尺寸比较均匀，而且可以使误差集中到次要或不明显的部位。

2）当工件上没有不加工表面时，可通过对各待加工的表面自身位置的找正后再划线。这样可以使各待加工表面的加工余量均匀分布，避免加工余量相差悬殊。

当毛坯的尺寸、形状或位置误差和缺陷难以用找正划线的方法得以补救时，就需要利用借料的方法来解决。

借料就是通过试划和调整，使各待加工表面的余量互相借用，合理分配，从而保证各待加工表面都有足够的加工余量，使误差和缺陷在加工后便可排除。

借料时，首先应确定毛坯的误差程度，从而决定借料的方向和大小，然后从基准开始逐一划线。若发现某一待加工表面的余量不足时，应再次借料，重新划线，直至各待加工表面都有允许的最小加工余量为止。

三、划线操作方法

划平行线、划垂直线、划圆弧线分别见表 5-7～表 5-9。

表 5-7　划平行线的方法

主要方法		练习要领	示意图
方法一	用钢直尺或划规与钢直尺配合划平行线	划已知直线的平行线时，用钢直尺或划规与钢直尺按两线距离在不同两处的同侧划一短直线或弧线，再用金属直尺将两直线相连，或作两弧线的切线，即得平行线	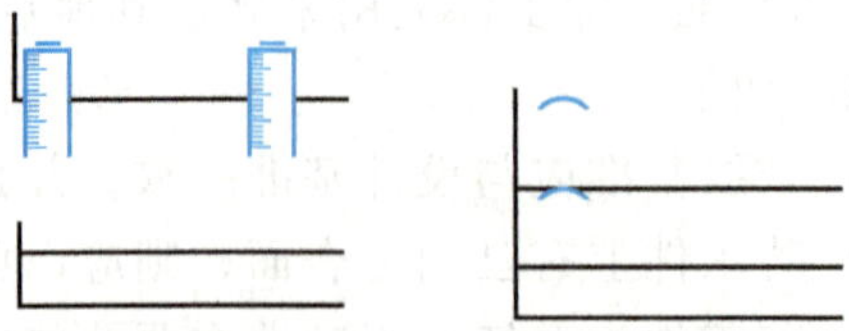 a) 用钢直尺划平行线　b) 用划规与钢直尺配合划平行线

（续）

主要方法		练习要领	示意图
方法二	用单脚规划平行线	用单脚规的一脚靠住工件已知直边，在工件直边的两端以相同距离用另一脚各划一短线，再用金属直尺连接两短线即成	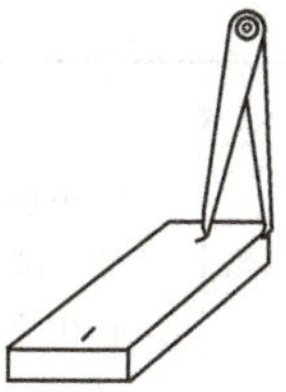
方法三	用钢直尺与直角尺配合划平行线	用钢直尺与直角尺配合划平行线时，为防止钢直尺松动，常用夹头夹住钢直尺。当钢直尺与工件表面能较好地贴合时，可不用夹头	
方法四	用划线盘或游标高度卡尺划平行线	若工件可垂直放在划线平台上，可用划线盘或游标高度卡尺度量尺寸后，沿平台移动，划出平行线	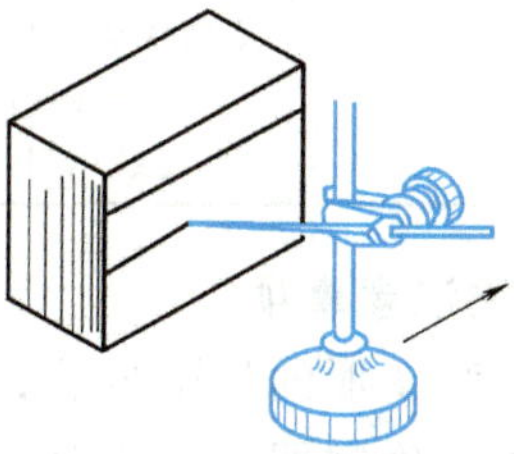 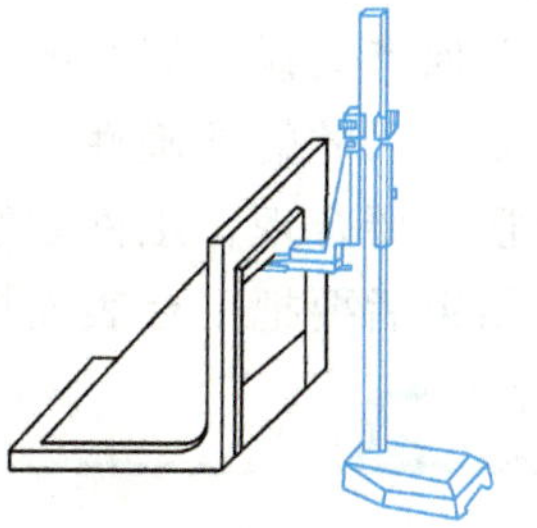

表 5-8　划垂直线的方法

主要方法		练习要领	示意图
方法一	用直角尺划垂直线	直角尺的一边对准或紧靠工件已知边，划针沿尺的另一边垂直划出的线即为所需垂直线	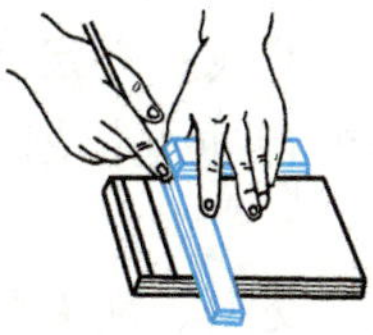
方法二	用划线盘或游标高度卡尺划垂直线	先将工件和已知直线调整到垂直位置，再用划线盘或游标高度卡尺划出已知直线的垂直线	见表 5-7 方法四的示意图

划圆弧线前要先划中心线，确定中心点，在中心点打样冲眼，然后用划规以一定的半径划圆弧。求圆心的方法见表 5-9。

表 5-9　求圆心的方法

主要方法		练习要领	示意图
方法一	单脚规求圆心	将单脚规两脚尖的距离调到大于或等于圆的半径，然后把划规的一只脚靠在工件侧面，用左手大拇指按住，划规另一脚在圆心附近划一小段圆弧，如图 a 所示。划出一段圆弧后再转动工件，每转 1/4 周就依次划出一段圆弧，如图 b 所示。当划出第四段后，就可在四段弧的包围圈内由目测确定圆心位置，如图 c 所示	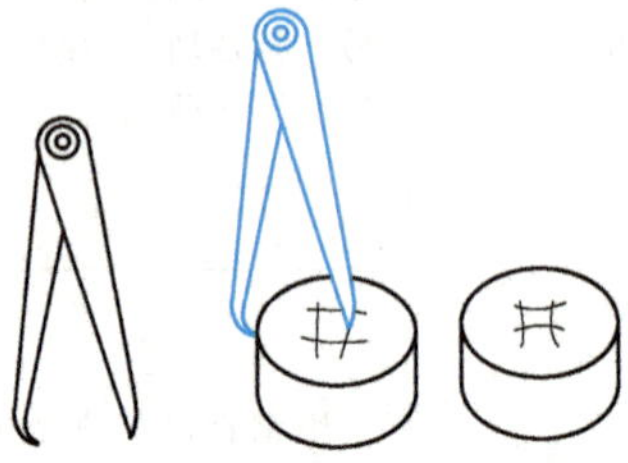
方法二	用划线盘求圆心	把工件放在 V 形铁上，将划针尖调到略高或略低于工件圆心的高度。左手按住工件，右手移动划线盘，使划针在工件端面上划出一短线。再依次转动工件，每转过 1/4 周，便划一短线，共划出四根短线，再在这个“#”形线内目测出圆心位置	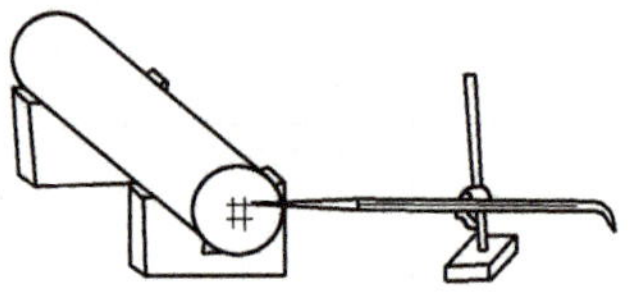

四、划线注意事项

1）为熟悉图形的作图方法，练习前可先让学生作一次纸上练习。

2）必须正确掌握划线工具的使用方法，根据图样要求选择合适的划线工具。

3）针尖要保持尖锐，划线要尽量一次完成。

4）保证划线尺寸的准确性，线条细而清晰，确保冲眼位置的准确。

5）工具摆放要合理，工件划线后，必须仔细复检校对。

6）划线结束后要把平台表面擦净，上油防锈。

操作步骤

1）认真分析解读图 5-1 所示图形，选择划线工具，制订划线工艺路线，选定划线基准。

2）对划线表面涂色。

3）划水平基准线；划尺寸 20mm、46mm、60mm、30mm（20mm + 10mm）、10mm（20mm−10mm）水平线。

4）划垂直基准线；划尺寸 23mm、50mm、114mm、26mm 垂直线。

5）对圆心进行冲点；划 ϕ8mm、ϕ12mm 圆，划 R20mm 圆弧，划斜线与 R20mm 圆弧相切。

6）对切点、交点、所有的已划线进行冲点。

效果评价

平面划线评分表见表 5-10。

表 5-10 平面划线评分表

类型	项次	项目与技术要求	配分	评定方法	实测记录	得分
过程评价40%	1	能熟练识读加工图样	10	满分 10 分		
	2	能正确制订平面划线的工艺路线	10	每错一项扣 2 分		
	3	能正确选用相关划线工具	5	每选错一样扣 1 分		
	4	操作熟练、姿势正确	5	发现一项不正确扣 2 分		
	5	安全文明生产、劳动纪律执行情况	10	违者扣 10 分		
加工质量评价60%	1	基准的选择	10	基准选择不当扣 10 分		
	2	涂色情况	4	薄而均匀得分		
	3	线条清晰无重线	10	线条不清晰或有重线每处扣 3 分		
	4	尺寸及线条位置偏差	14	大于±0.5mm 每一处超差扣 2 分		
	5	斜线、圆弧连接	14	连接不光滑每一处扣 2 分		
	6	检验样冲眼分布合理	8	分布不合理每一处扣 2 分		

课题三 锯 削

锯削图样如图 5-3 所示。

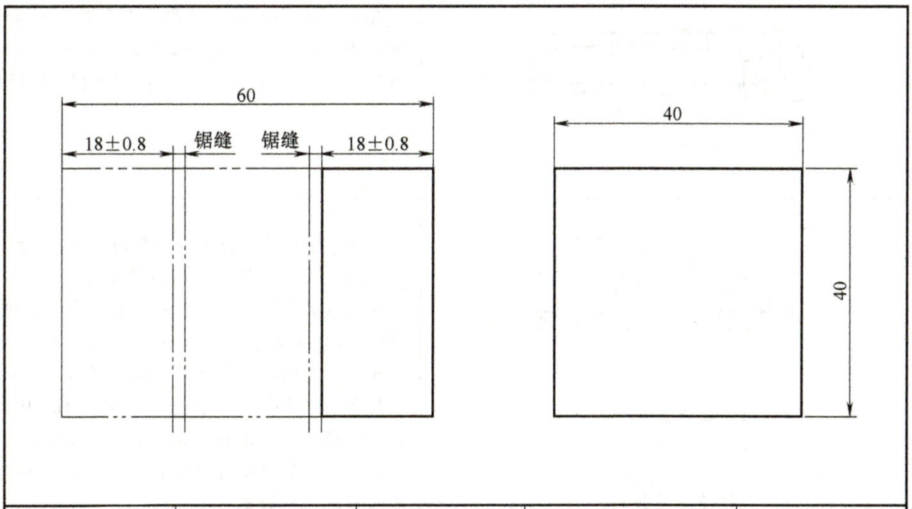

学习内容	课时数	材料	毛坯尺寸	件数
锯削	2	HT150	40mm×40mm×60mm	1

图 5-3 锯削图样

相关知识

锯削是指用手锯对材料或工件进行分割或锯槽等的加工方法。锯削适宜于对较小材料或工件的加工，如图 5-4 所示。

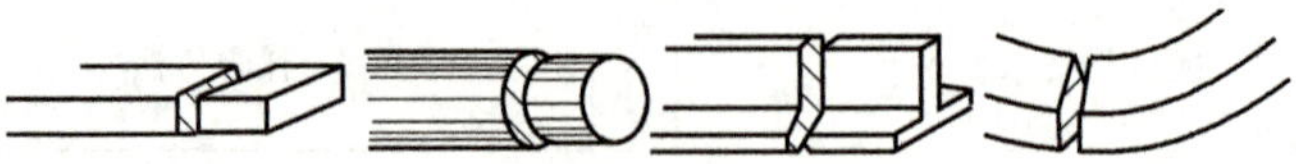

a) 锯断材料

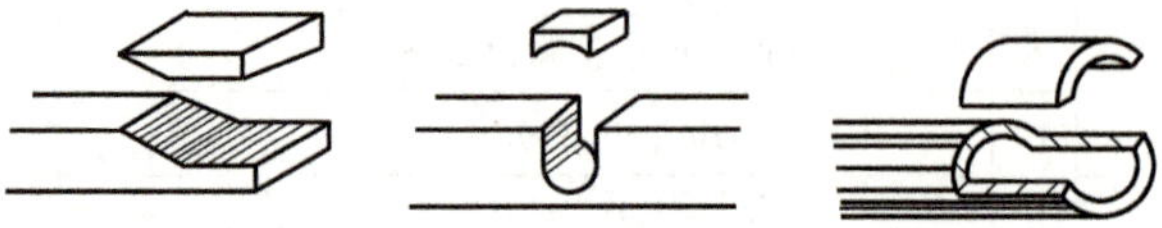

b) 锯掉工件上的多余部分

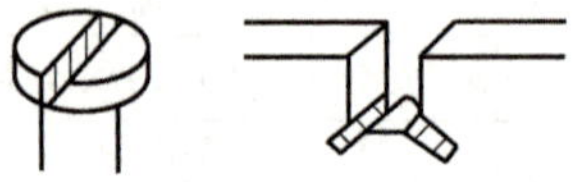

c) 在工件上锯槽

图 5-4　锯削的工作范围

一、锯削工具及其选用

常用锯削工具的功用及相关知识见表 5-11。

表 5-11　常用锯削工具的功用及相关知识

名称	图例	功用及相关知识
锯弓	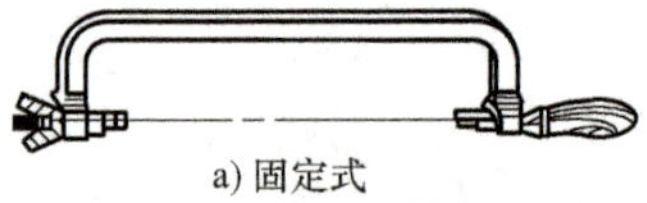 a) 固定式 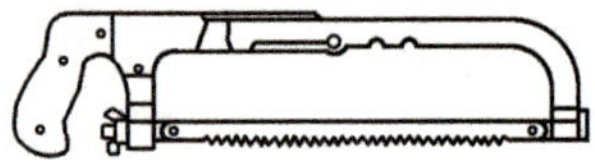 b) 可调式	锯弓的作用是张紧锯条，且便于双手操持。有固定式和可调节式两种，一般都选用可调节式锯弓，这种锯架分为前、后两段。前段套在后段内可伸缩，能安装几种长度规格的锯条，灵活性好，因此得到广泛应用
锯条	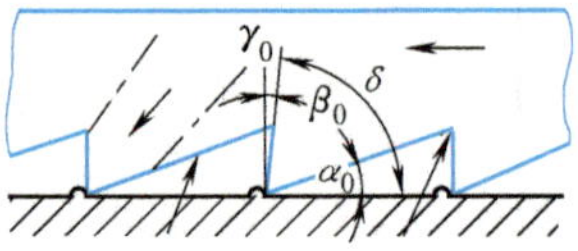 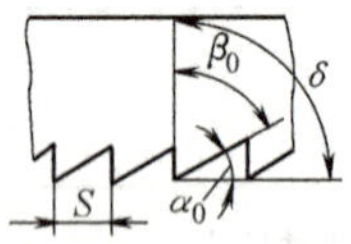	锯条安装时应使锯齿方向与切削方向一致 锯条是用来直接锯削材料或工件的刀具，其规格是以两端安装孔的中心距来表示的。常用的锯条规格是 300mm，其宽度为 10~25mm，厚度为 0.6~1.25mm 锯条的切削部分由许多均布的锯齿组成。常用的锯条后角 $\alpha_0=40°$，楔角 $\beta_0=50°$，前角 $\gamma_0=0°$，如左图所示。制成这一后角和楔角的目的，是为使切削部分具有足够的容屑空间和使锯齿具有一定的强度，以便获得较高的工作效率
手持式电动切割机	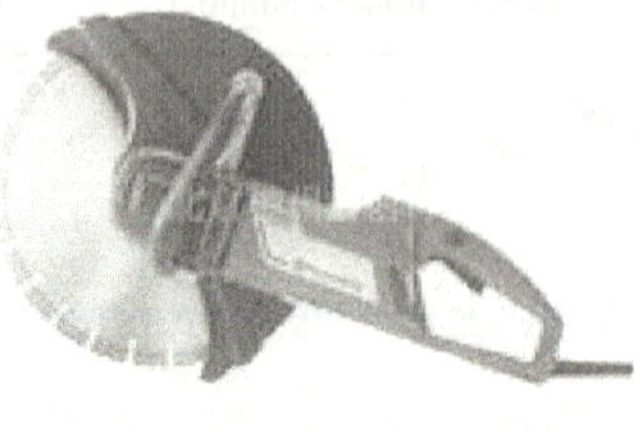	利用在高速旋转的主轴前端部安装超薄的外圆切削刃切割刀片，对被加工物进行切割或开槽 配备双重绝缘电动机，头壳齿轮箱接地，防止意外的人身触电伤害。双动作开关，能防止不经意间起动机器。配备了软起动开关，能降低对电网的冲击，同时能防止由于猛烈的冲击致使机器脱手的危险。电子调速线路板能提供由于工作条件的不同而需要的不同的转速

二、锯削动作要领

锯削动作要领及起锯方法见表 5-12。

表 5-12　锯削动作要领及起锯方法

内容	说明	动作要领	示意图
锯削姿势及锯削运动	正确的锯削姿势能减轻疲劳，提高工作效率	1. 握锯时，要自然舒展，右手握手柄，左手轻扶锯弓前端 2. 锯削时，夹持工件的台虎钳高度要适合锯削时的用力需要，如图 a 所示，即从操作者的下颚到钳口的距离以一拳一肘的高度为宜 3. 锯削时右腿伸直，左腿弯曲，身体向前倾斜，重心落在左脚上，两脚站稳不动，靠左膝的屈伸使身体做往复摆动，即起锯时，身体稍向前倾，与竖直方向约成 10°角，此时右肘尽量向后收，如图 b 所示。随着推锯的行程增大，身体逐渐向前倾斜。行程达 2/3 时，身体倾斜约 18°角，左、右臂均向前伸出，如图 c、d 所示。当锯削最后 1/3 行程时，用手腕推进锯弓，身体随着锯的反作用力退回到 15°角位置，如图 e 所示。锯削行程结束后，取消压力将手和身体都退回到最初位置 4. 锯削速度以每分钟 20～40 次为宜。速度过快，易使锯条发热，磨损加重。速度过慢，会直接影响锯削效率。一般锯削软材料可快些，锯削硬材料可慢些。必要时，可用切削液对锯条进行冷却润滑 5. 锯削时，不要仅使用锯条的中间部分，而应尽量在全长度范围内使用。为避免局部磨损，一般应使锯条的行程不小于锯条长的 2/3，以延长锯条的寿命 6. 锯削时的锯弓运动形式有两种：一种是直线运动，适用于锯薄形工件和直槽；另一种是摆动，即在前进时，右手下压而左手上提，操作自然省力。锯断材料时，一般采用摆动式运动 7. 锯弓前进时，一般需加不大的压力，而后拉时不加压力	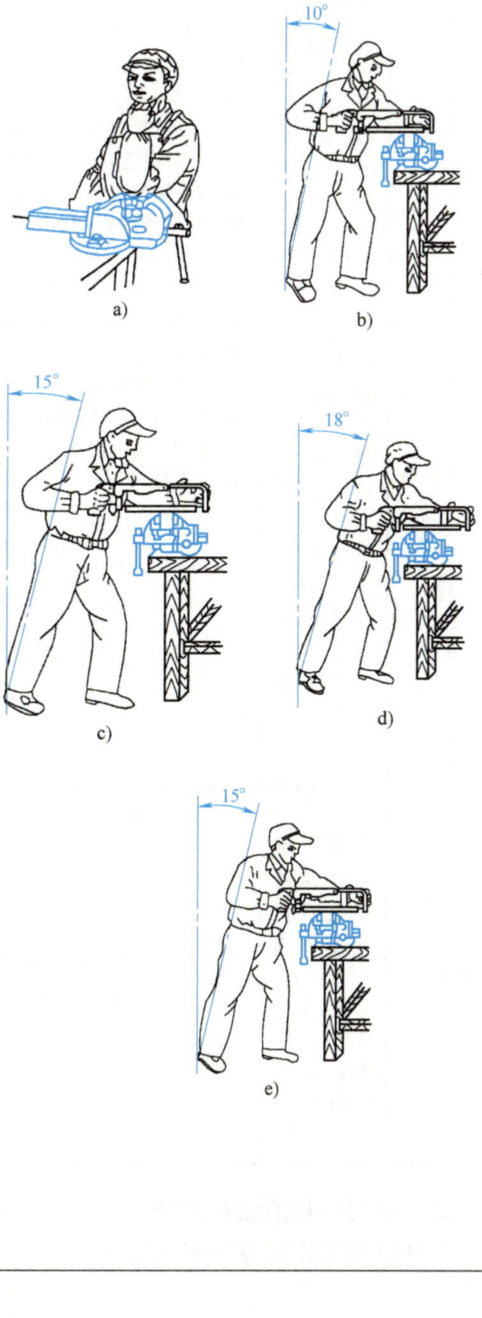

（续）

<table>
<tr><th colspan="2">内容</th><th>说明</th><th>动作要领</th><th>示意图</th></tr>
<tr><td rowspan="2">起锯方法</td><td>远起锯</td><td>它是指从工件远离操作者的一端起锯。此时锯条逐步切入材料，不易被卡住。一般应采用远起锯的方法</td><td rowspan="2">1. 无论用哪一种起锯方法，起锯角度都要小些，一般不大于15°，如图c所示
2. 如果起锯角太大，锯齿易被工件的棱边卡住，如图d所示
3. 如果起锯角太小，会由于同时与工件接触的齿数多而不易切入材料，锯条还可能打滑，使锯缝发生偏离，工件表面被拉出多道锯痕而影响表面质量，如图e所示
4. 为了使起锯平稳，位置准确，可用左手大拇指确定锯条位置，如图f所示。起锯时要压力小，行程短</td><td rowspan="2">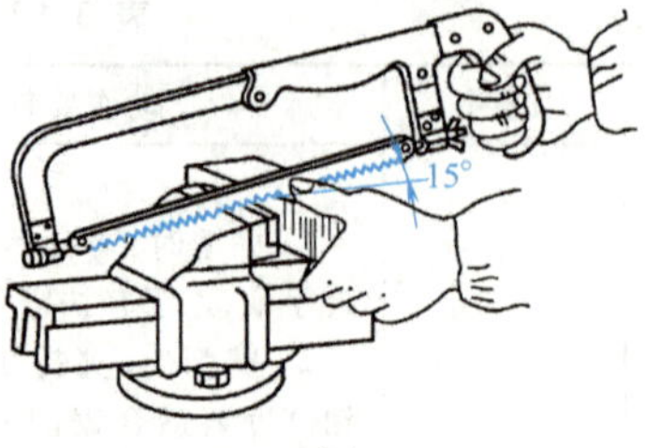
a) 远起锯
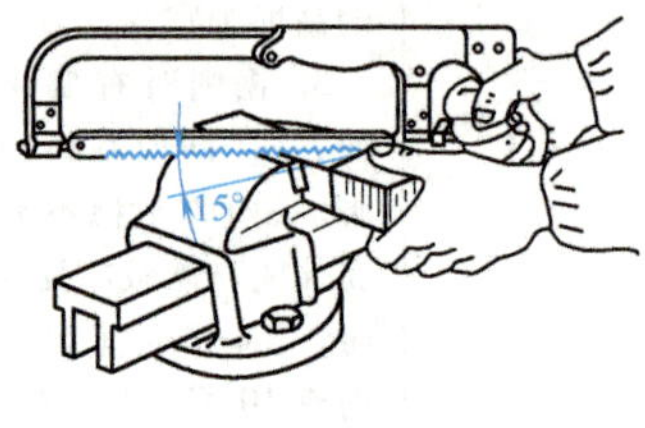
b) 近起锯
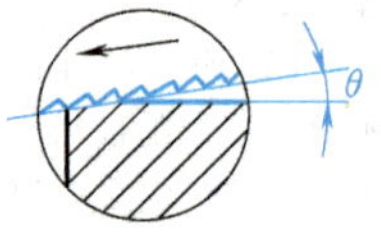
c)
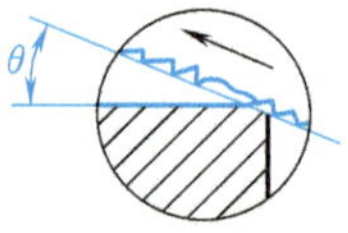
d)
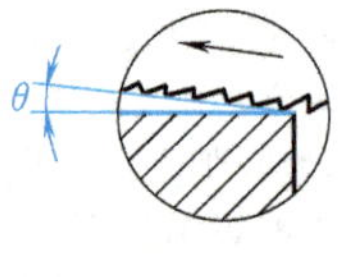
e)
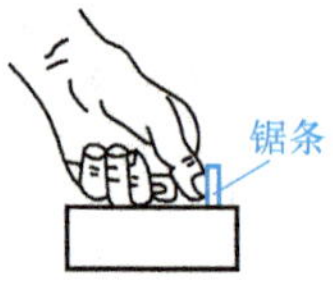
f)</td></tr>
<tr><td>近起锯</td><td>它是指从工件靠近操作者的一端起锯。如果这种方法掌握不好，锯齿会一下子切入较深，而易被棱边卡住，使锯条崩裂</td></tr>
<tr><td colspan="2">锯路</td><td>锯齿按一定的规律左右错开，排列成一定形状。锯路有交叉形（图a）和波浪形（图b）等</td><td>减少锯缝两侧面对锯条的摩擦阻力，避免锯条被夹住或折断</td><td>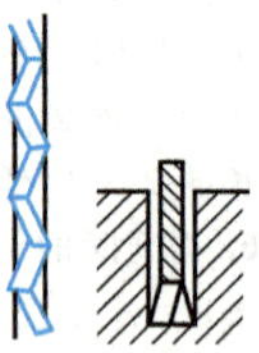
a)
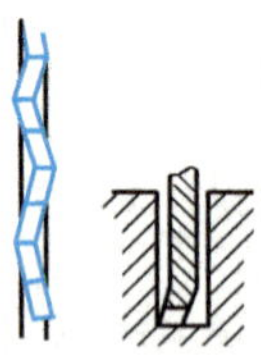
b)</td></tr>
</table>

三、不同材料的锯削方法

各种材料的锯削方法见表5-13。

表 5-13　各种材料的锯削方法

材料	动作要领	示意图
棒料	若要求锯削断面平整，则应从开始起连续锯到结束。若断面要求不高时，可分几个方向锯下，锯到一定程度，用锤子将棒料击断	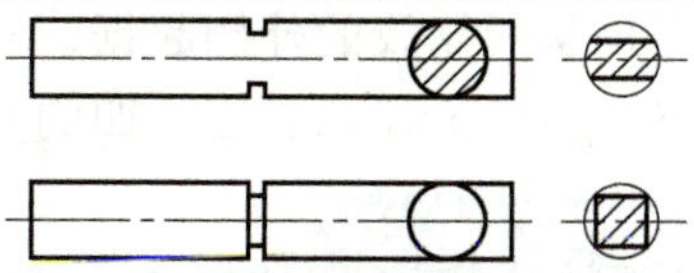
管子	锯削薄壁管时，应先在一个方向锯到管子内壁处，然后把管子向推锯的方向转过一定角度，并连接原锯缝再锯到管子的内壁处，如此不断，直到锯断为止	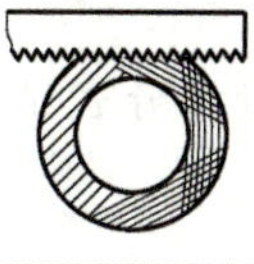
深缝锯削	当锯缝深度超过锯弓高度时，可将锯条转过 90°，重新装夹后再锯	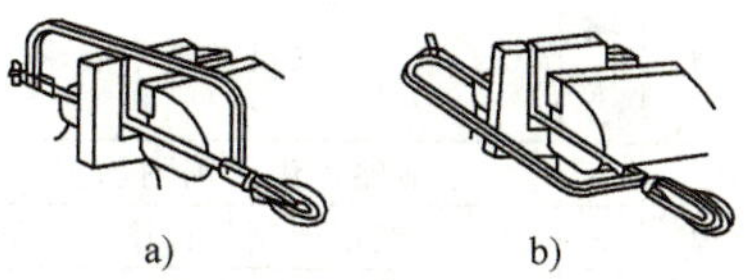 a)　b)
薄板	可将薄板夹在两木块之间进行锯割或将手锯作横向斜推锯	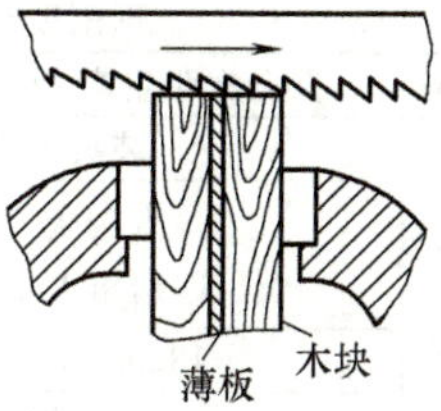

四、锯削注意事项

1）锯削前，注意工件的夹持及锯条锯齿方向的安装要正确。

2）起锯时，起锯角大小要正确、锯割时的摆动姿势要自然。

3）随时注意控制好锯缝的平直，及时纠正。

4）掌握锯条折断可能产生的以下原因。

① 工件未夹紧，锯割时工件有松动。

② 锯条装得过松或过紧。

③ 锯削压力太大或锯削方向突然偏离锯缝方向。

④ 强行纠正歪斜的锯缝，或调换新锯条后仍在原锯缝过猛地锯下。

⑤ 锯削时锯条中间局部磨损，当拉长锯削时锯条被卡住引起折断。

⑥ 中途停止使用时，手锯未从工件中取出而碰断。

5）掌握锯缝歪斜可能产生的以下原因。

① 工件安装时，锯缝线未能与铅垂线方向保持一致。

② 锯条安装太松或相对锯弓平面扭曲。

③ 锯削压力太大而使锯条左右偏摆。

④ 锯弓未扶正或用力歪斜。

操作步骤

1）认真分析解读图形 5-3，选择锯削工具，制订锯削工艺路线。

2）检查备料尺寸并划一端 18mm 锯割加工线。

3）装夹工件，所划线应伸出钳口 20mm 左右。

4）从所划线的外侧起锯，将材料锯断。

5）参照上述二、三、四的步骤完成另一锯缝的锯削。

效果评价

锯削质量评分表见表 5-14。

表 5-14 锯削质量评分表

类型	项次	项目与技术要求	配分	评定方法	实测记录	得分
过程评价 40%	1	能熟练识读锯削加工的图样	10	满分 10 分		
	2	能正确制订锯削工艺路线	10	每错一项扣 2 分		
	3	能正确选用锯削用工具、量具、刀具	5	每选错一样扣 1 分		
	4	锯削姿势正确	5	发现一项不正确扣 2 分		
	5	安全文明生产、劳动纪律执行情况	10	违者扣 10 分		
加工质量评价 60%	1	装夹是否正确	5	不正确不得分		
	2	位置是否正确，起锯角大小是否合适	15	位置偏差大于 1mm 扣 5 分，起锯角太大或太小扣 5 分		
	3	18mm±0.8mm(2 处)	20	尺寸超差每一处扣 10 分		
	4	平面度(2 处)锯削断面纹路整齐	20	不整齐,平面度误差过大不得分		

课题四 锉 削

平面锉削图样如图 5-5 所示。

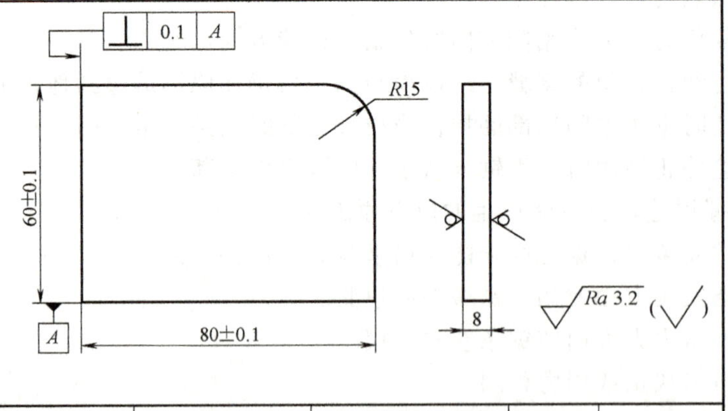

学习内容	课时数	材料	毛坯尺寸	件数	工时/min
锉削	4	Q235A	82mm×62mm×8mm	120	120

图 5-5 平面锉削图样

相关知识

锉削的应用范围很广，可以锉削平面、曲面、外表面、内孔、沟槽和各种复杂表面，还可以配键、做样板以及在装配中修整工件。它是钳工常用的操作之一。

一、锉削刀具及选用

1. 锉刀

锉刀是用高碳工具钢 T13 或 T12 制成，经热处理后切削部分硬度达到 62~72HRC。锉刀的基础常识见表 5-15。

表 5-15　锉刀的基础常识

内容	相关知识	图例及有关参数
锉刀的构造及各部分名称	锉刀由手柄与锉身组成	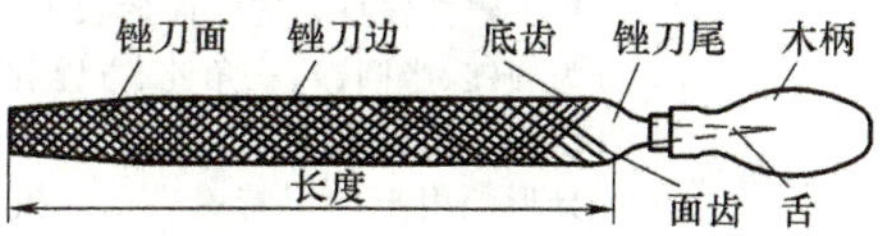
锉刀的类型	按锉刀的用途不同，可分为钳工锉、异形锉和整形锉，如右图所示	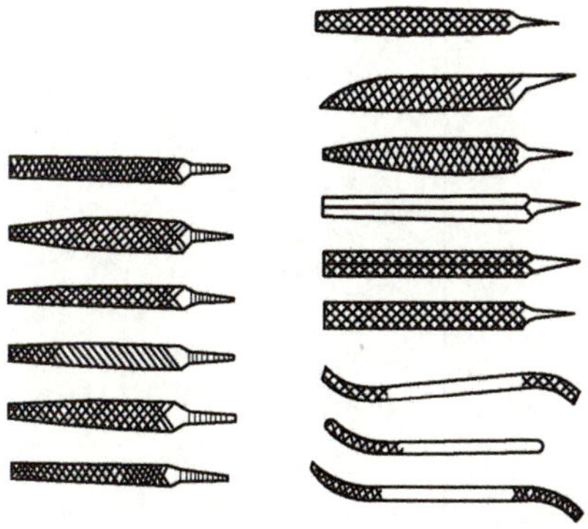 a) 钳工锉　b) 异形锉 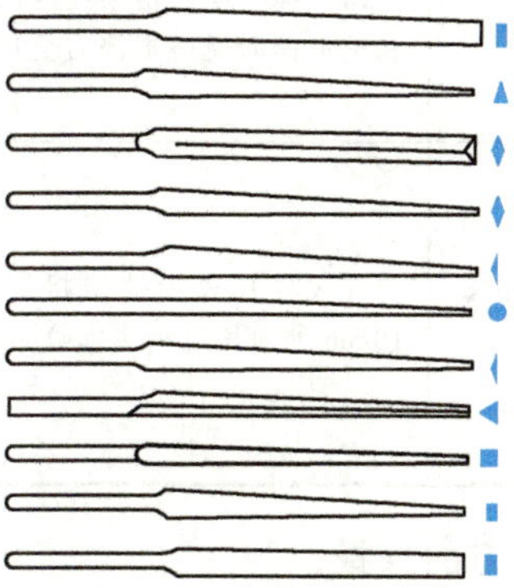 c) 整形锉

（续）

内容	相关知识	图例及有关参数
锉刀的断面形状	钳工锉按锉身处的断面形状不同，又可分为扁锉、半圆锉、三角锉、方锉、圆锉等。其断面形状如右图 a~e 所示 异形锉用于加工特殊表面。按其断面形状不同，又可分为菱形锉、单面三角锉、刀形锉、双半圆锉、椭圆锉、圆边扁锉、棱边锉等。其断面形状如右图 f~l 所示	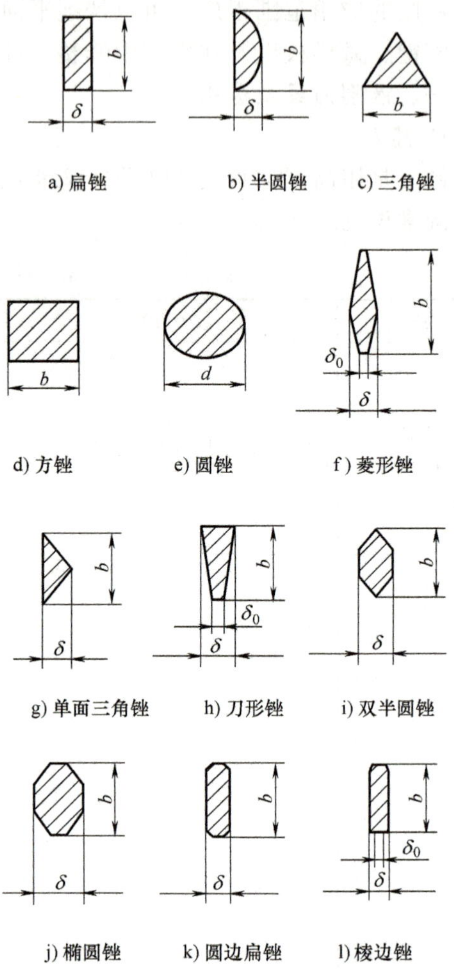 a) 扁锉 b) 半圆锉 c) 三角锉 d) 方锉 e) 圆锉 f) 菱形锉 g) 单面三角锉 h) 刀形锉 i) 双半圆锉 j) 椭圆锉 k) 圆边扁锉 l) 棱边锉
锉刀的规格	钳工锉的规格是指锉身的长度；异形锉和整形锉的规格指锉刀全长	钳工锉的长度规格有 100mm、125mm、150mm、200mm、250mm、300mm、350mm、400mm、450mm。异形锉的长度规格为 170mm。整形锉的长度规格有 100mm、120mm、140mm、160mm、180mm
锉纹的主要参数	锉纹号是表示锉齿粗细的参数，按每 10mm 轴向长度内主锉纹条数划分	钳工的锉纹号共分五种，分别为 1~5 号，锉齿的齿高应不小于主锉纹法向齿距的 45% 异形锉、整形锉的锉纹号共分 10 种，分别为 00、0、1、…、7、8 号，锉齿的齿高应不小于主锉纹法向齿距的 40%，而在距锉刀末端 10mm 长度内齿高不小于 30%；用切齿法制成的锉刀齿高小于主锉纹法向齿距的 30%

2. 锉刀的选择

每种锉刀都有它适当的用途，如果选择不当，就不能发挥它的效能，甚至会过早地丧失加工性能。因此，锉削之前要正确选择锉刀。

锉刀的断面形状和长度应根据被锉削工件的表面形状和大小选用。锉刀的形状应适应工件加工的表面形状，如图 5-6 所示。

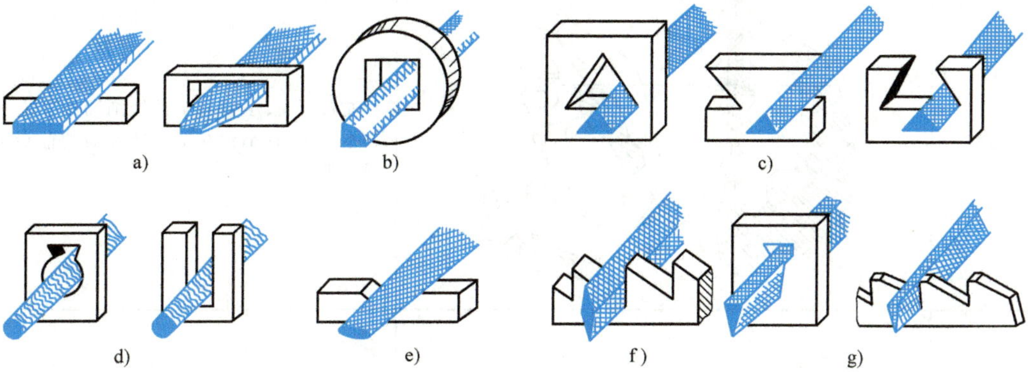

图 5-6　不同加工表面使用的锉刀

锉刀粗细规格的选择，决定于工件材料的性质、加工余量的大小，加工精度的高低和表面粗糙度值的大小。

各规格锉刀适宜的加工余量及能达到的尺寸精度和表面粗糙度值见表 5-16。

表 5-16　锉刀粗细规格

锉刀	适用场合		
	加工余量/mm	尺寸精度/mm	表面粗糙度值/μm
1 号(粗锉)	0.5~1	0.2~0.5	*Ra*100~25
2 号(中锉)	0.2~0.5	0.05~0.2	*Ra*12.5~6.3
3 号(细锉)	0.1~0.3	0.02~0.05	*Ra*12.5~3.2
4 号(双细齿锉)	0.1~0.2	0.01~0.02	*Ra*6.3~1.6
5 号(油光锉)	0.1 以下	0.01	*Ra*1.6~0.8

二、锉削操作要领

锉刀握法及操作说明见表 5-17。锉削加工的方法及动作要领见表 5-18。电动角向磨光机及抛光机的使用说明见表 5-19。

表 5-17　锉刀握法

内容	操作示意图	操作说明
锉刀握法	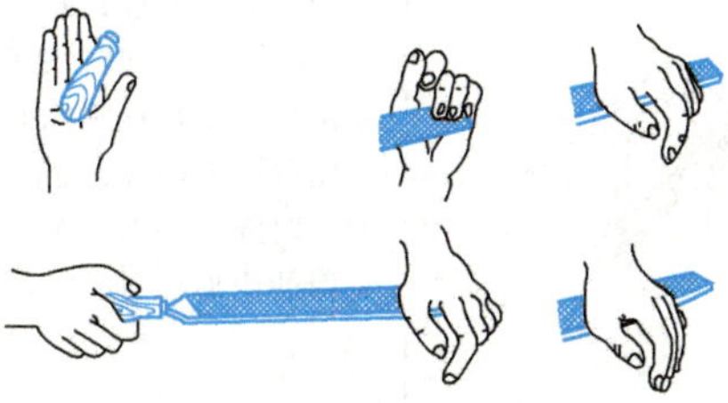	板锉握法：右手紧握锉刀柄，柄端抵在拇指根部的手掌上，大拇指放在锉刀柄上部，其余手指握住锉刀柄；左手将拇指肌肉压在锉刀头上，拇指自然伸直，其余四指弯向手心，用中指、无名指捏住锉刀前端。右手推动锉刀，左手协同右手使锉刀保持平衡

表 5-18　锉削加工的方法及动作要领

内容	操作示意图	操作说明
站立姿势	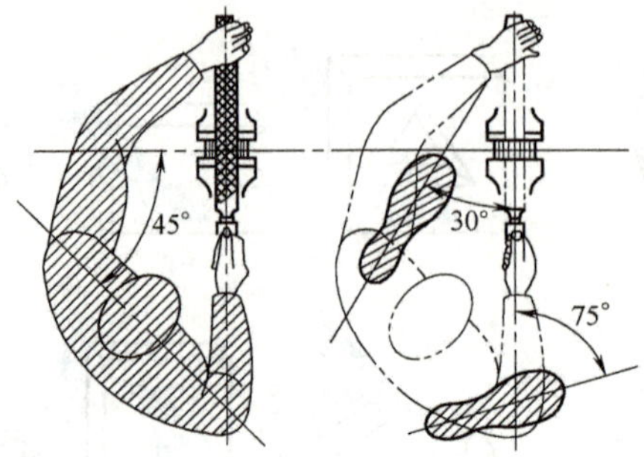	左臂弯曲，小臂与工件锉削面的左右方向基本平行，右小臂与工件锉削面的前后方向保持平行
锉削动作	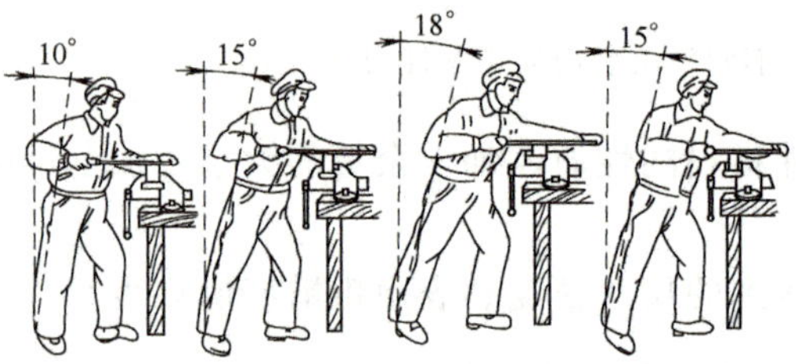	开始锉削时身体略前倾；锉削时身体先于锉刀一起向前，右脚伸直，左膝呈弯曲状，重心在左脚；当锉刀锉至行程将结束时，两臂继续将锉刀锉完行程，同时，左腿自然伸直，顺势将锉刀收回，身体重心后移。当锉刀收回即将结束、身体又先于锉刀前倾时，做第二次锉削运动
锉削时的两手用力方法	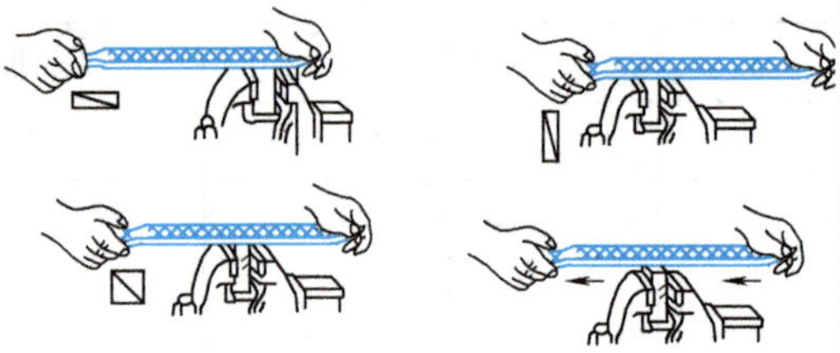	在锉削行程中，保持锉刀做直线运动。推进时右手压力要随锉刀推进而逐渐增加，左手压力则要逐渐减小，回程时不加压力。锉削速度一般每分钟40次左右
平面锉削	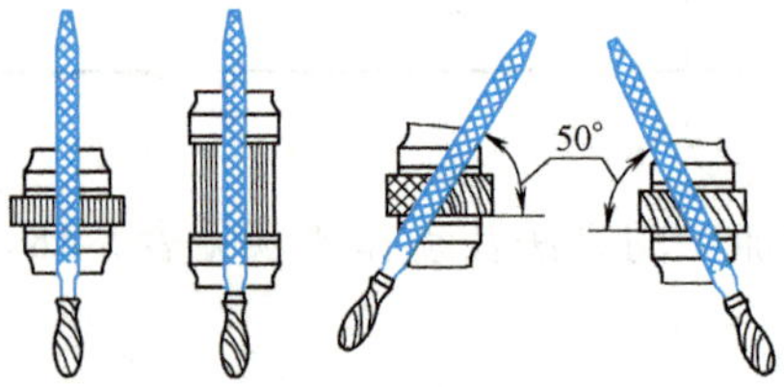	直锉：锉刀运动方向与工件夹持方向始终一致，用于精锉 交叉锉：锉刀运动方向与工件夹持方向成一定角度，一般用于粗锉
外圆弧面的锉削	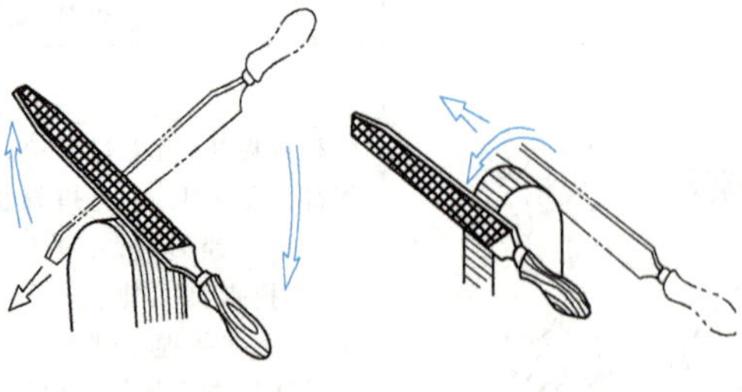 a)　　b)	顺着圆弧面锉：锉削时，锉刀向前，右手下压，左手上提，同时绕工件圆弧中心转动。此方法适用于精锉圆弧面，如图a所示 横着圆弧面锉：锉削时，推动锉刀直线运动的同时随工件做圆弧摆动。此方法适用于圆弧面的粗加工，如图b所示

（续）

内容	操作示意图	操作说明
内圆弧面的锉削	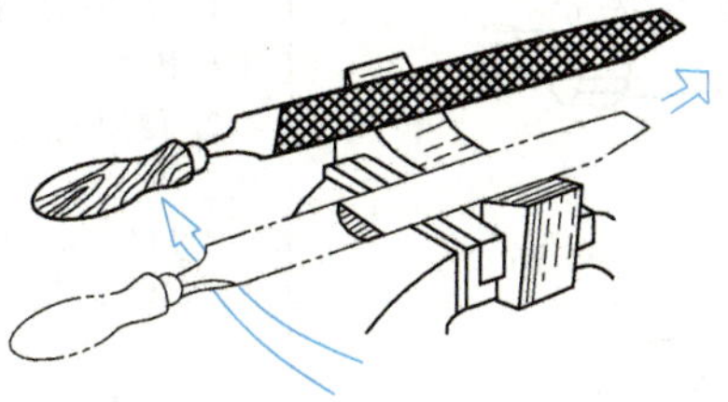	用圆锉或半圆锉。锉刀做直线运动的同时绕锉刀中心转动，并向左做微小移动
球面的锉削	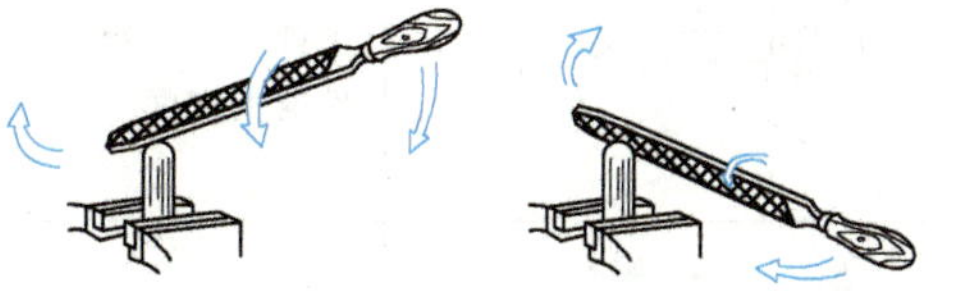	锉削圆柱形工件端部的球面时，锉刀以顺向和横向两种曲面锉法结合进行

表 5-19　电动角向磨光机及抛光机的使用说明

名称	图例	使用说明
电动角向磨光机及抛光机		切削过程大致可分为滑擦、刻划和切削三个阶段，因此，磨削的过程是一个复杂的切削过程，它存在磨粒对金属的挤压、滑擦、刻划和切削作用，且砂轮和工件之间还会掺入破碎和脱落的磨粒细末产生一定研磨作用。另外，磨削时有很大的塑性变形区，有大量的塑变金属仍留在已加工表面内，因此，表面硬化现象和残余应力也比较严重。由于磨削时磨粒是在大负前角下进行切削，所以需要的径向压力比较大，一般为切削力的 1.6~3.2 倍。同时，在磨削时产生大量的热量，使工件磨削表面的温度很高

三、锉削表面质量检测

锉削表面质量检测常用量具及测量方法见表 5-20。

表 5-20　锉削表面质量检测常用量具及其测量方法

名称	示意图	测量方法
游标卡尺	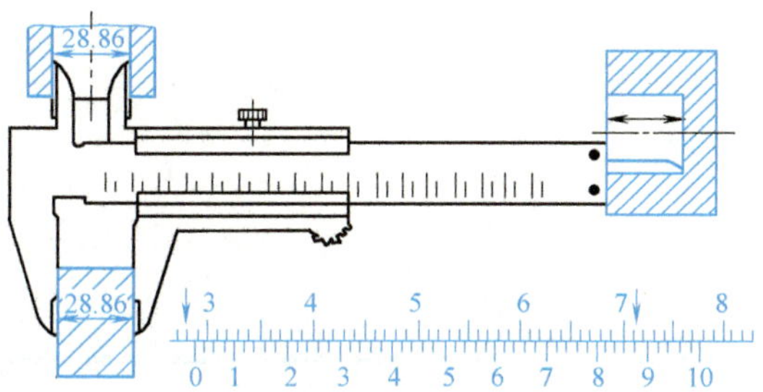	1. 测量前应校对零位。当其尺身与游标尺的零线正好对齐时，量爪两测量面贴合应不透光或微弱透光 2. 测量时两量爪分开到略大于被测尺寸，将固定量爪的侧面贴靠工件，然后轻轻推动游标，使游标尺量爪的测量面也紧靠工件，当游标卡尺测量面的连线垂直于被测工件表面时，读出读数。读数时，视线应垂直于游标卡尺刻度线表面

（续）

名称	示意图	测量方法
千分尺	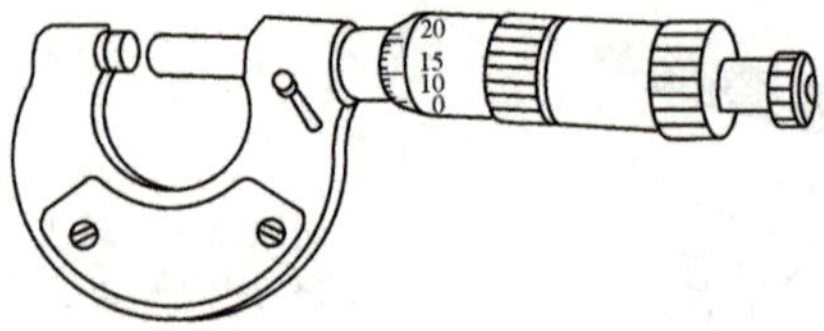	1. 使用前应对零（0～25mm）或用标准样棒校准 2. 使用时旋动固定套管，使两测量面接近工件，然后旋转棘轮，当棘轮发出“吱吱”声后即可读数
直角尺	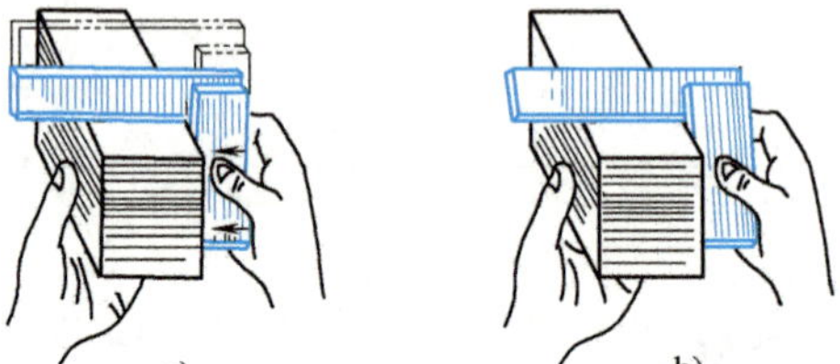 a) b)	使用直角尺检查工件垂直度：使用时，先将尺座紧贴工件基准面，然后将直角尺轻轻向下移动，使尺瞄与被测工件表面接触，目测透光情况，判断工件的垂直度
刀口形直尺或钢直尺	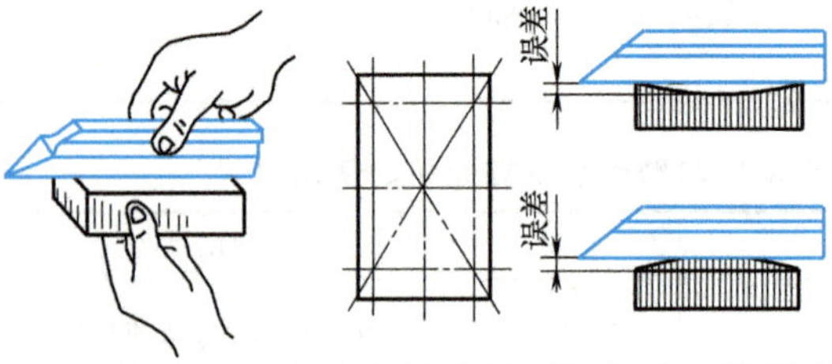	使用刀口形直尺或金属直尺检查平面度：刀口形直尺或金属直尺垂直放在工件表面上，沿纵向、横向、对角线方向多处逐一通过透光法检查。不透光或微弱透光该平面是平直的，反之，该面不平

四、锉削注意事项

1）掌握正确的锉削姿势是学好锉削技能的基础，因此必须练好锉削姿势。

2）平面锉削的要领是锉削时保持锉刀的直线平衡运动。因此，在练习时要注意锉削力的正确运用。

3）顺着圆弧锉时，锉刀上翘下摆的幅度要大，才易于锉圆。

4）不能使用没有装柄的锉刀和锉刀柄开裂的锉刀。

5）不能用嘴吹锉屑，也不能用手擦摸锉削表面。

6）工具、量具要正确使用，合理摆放，做到文明生产。

操作步骤

1）认真分析解读如图 5-5 所示图样，选择锉削工具，制订锉削工艺路线。

2）锉削水平基准面 A。

3）锉削垂直基准面。

4）锉削水平基准面的平行面。

5）锉削垂直基准面的平行面。

6）锉削圆弧面。

效果评价

平面锉削评分表见表 5-21。

表 5-21　平面锉削评分表

类型	项次	项目与技术要求	配分	评定方法	实测记录	得分
过程评价 40%	1	能熟练识读锉削零件图样	10	满分 10 分		
	2	能正确制订锉削工艺路线	10	每错一项扣 2 分		
	3	能正确选用锉削工具、量具、刀具	5	每选错一样扣 1 分		
	4	锉削姿势正确	5	发现一项不正确扣 2 分		
	5	安全文明生产、劳动纪律执行情况	10	违者扣 10 分		
加工质量评价 60%	1	平面度 *Ra*3.2μm	10	超差扣 5 分 表面粗糙度低一级扣 2 分		
	2	平面度 尺寸 60mm±0.1mm *Ra*3.2μm	15	超差扣 5 分 超差扣 5 分 表面粗糙度低一级扣 2 分		
	3	平面度 垂直度 *Ra*3.2μm	15	超差扣 5 分 超差扣 5 分 表面粗糙度低一级扣 2 分		
	4	平面度 80mm±0.1mm *Ra*3.2μm	10	超差扣 5 分 超差扣 5 分 表面粗糙度低一级扣 2 分		
	5	*R*15mm 圆弧与平面的连接	10	不光滑扣 3 分 连接不光滑扣 5 分		

课题五　钻　孔

钻孔加工的零件图如图 5-7 所示。

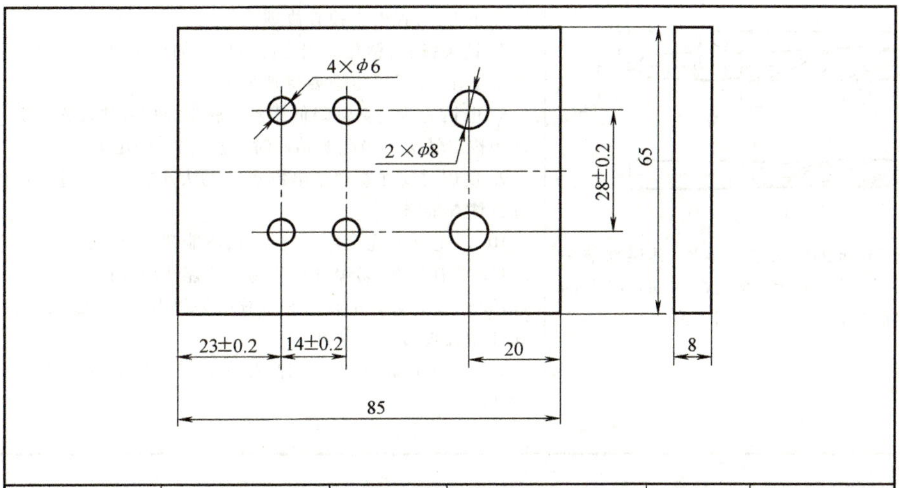

学习内容	课时数	材料	毛坯尺寸	件数	工时/min
钻孔	2	Q235A	85mm×65mm×8mm	1	90

图 5-7　钻孔加工零件图

相关知识

用钻头在实体材料上加工出孔的过程，称为钻孔。

一、钻床及钻孔辅件

1. 常用钻床

钻床的种类很多，常用的钻床有台式钻床、立式钻床和摇臂钻床等。各种常用钻床的功用及相关知识见表 5-2。这里介绍一种生产和生活常用的钻削工具——手电钻。手电钻可区分为手电钻、冲击钻和锤钻三类。其优点为结构简单、重量轻、体积小、携带方便、不占空间、操作容易等。它适用于大多数的工作场所及不同的行业。手电钻的功用及相关知识见表 5-22。

表 5-22　手电钻的功用及相关知识

图例及说明	功用及相关知识
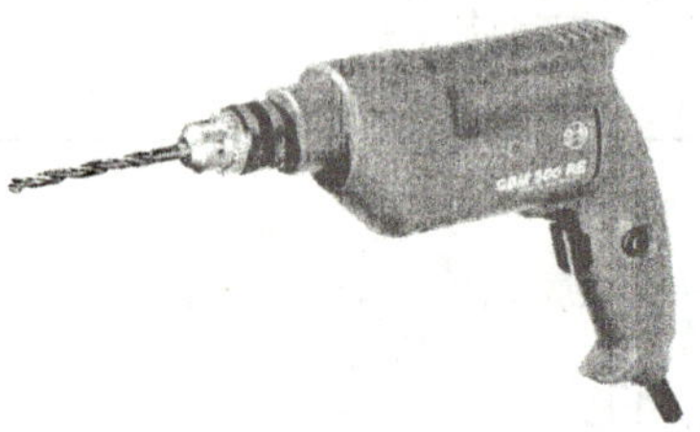 安装钻头时，先用钥匙拧松钻夹头，待插入钻头后再用钥匙旋紧钻夹头。左手握住把柄，右手食指扣动开关 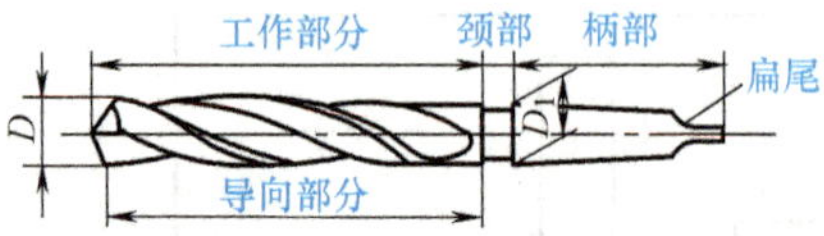 a)  b) 直径大于 13mm 的钻头多为锥柄，其尾部端头有一个扁尾，如图 a 所示；直径在 13mm 以下的钻头都是柱柄式麻花钻头，如图 b 所示	手电钻是电磁旋转式或电磁往复式小容量电动机的电机转子做磁场切割做功运转，通过传动机构驱动作业装置，带动齿轮加大钻头的动力，从而使钻头刮削物体表面，更好地洞穿物体。使用时注意以下几点。 1. 根据孔径选择相应规格的钻头 2. 使用的电源要符合标牌规定值 3. 电钻外壳要采取接零或接地保护措施。接上电源后，用试电笔测试，确保外壳不带电方可使用 4. 手电钻导线要保护好，严禁乱拖，防止轧坏、割破，更不准把电线拖到油水中，防止油水腐蚀电线 5. 使用手电钻时一定要戴胶皮手套，穿胶底鞋；在潮湿的地方工作时，必须戴绝缘手套，穿绝缘鞋站在橡皮垫或干燥的木板上工作，以防触电 6. 使用手电钻过程中发现电钻漏电、震动、高热或有异声时，应立即停止工作，找电工检查修理 7. 钻头锋利，钻孔时用力应适度。如果用力压电钻时，必须使电钻垂直工作，而且固定端要特别牢固 8. 电钻的转速突然降低或停止转动时应赶快放松开关，切断电源，慢慢拔出钻头。当孔要钻通时，应适当减轻压力 9. 使用时要注意观察电刷火花的大小，若火花过大应停止使用并进行检查维修 10. 手电钻未完全停止转动时，不能卸、换钻头 11. 在有易燃、易爆气体的场合不能使用电钻 12. 不要在运行的仪表和计算机旁使用电钻，更不能与操作的仪表和计算机共用一个电源 13. 注意电钻的维护与保养，保持换向器清洁，定期更换电刷和润滑油

2. 钻孔辅件

钻孔辅件主要包括钻头及工件装夹的辅助器具及设备。常用的钻孔辅件功用及相关知识见表 5-23。

表 5-23　钻孔辅件功用及相关知识

名称	图例	功用及相关知识
钻夹头	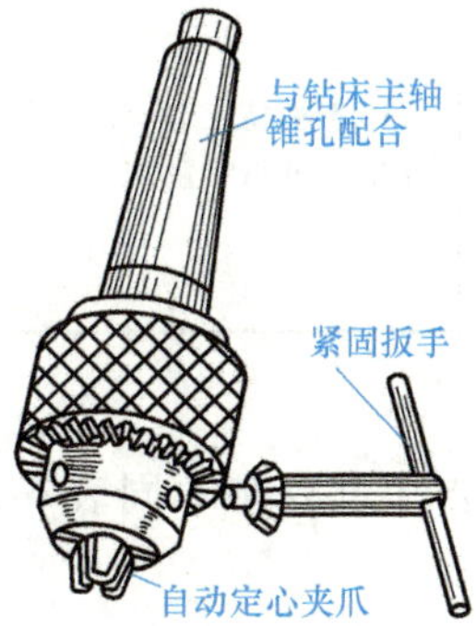	切削时转矩较小。如果夹紧力过小,则容易产生跳动
锥柄钻头	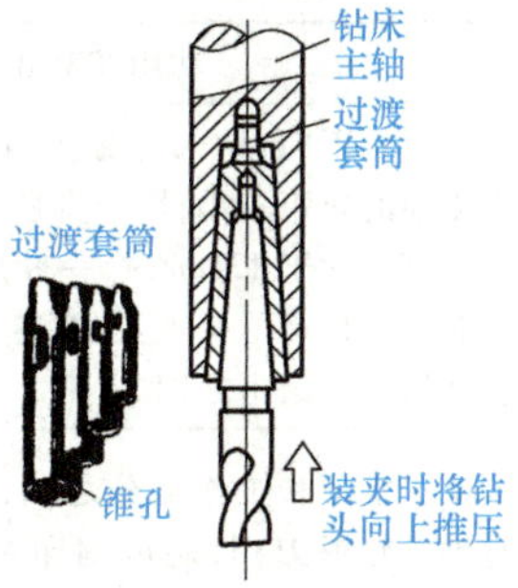	直接或通过钻套将钻头和钻床主轴锥孔配合。这种方法配合牢靠,同轴度好 应注意的是:换钻头时,一定要停车,以确保安全
手钳	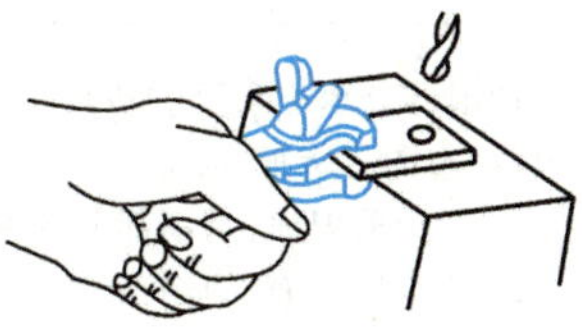	用于夹持工件,夹持工件钻孔时应注意以下问题 1. 钻孔直径在 8mm 以下 2. 工件握持边应倒角 3. 孔将钻穿时,进给量要小
机用平口钳	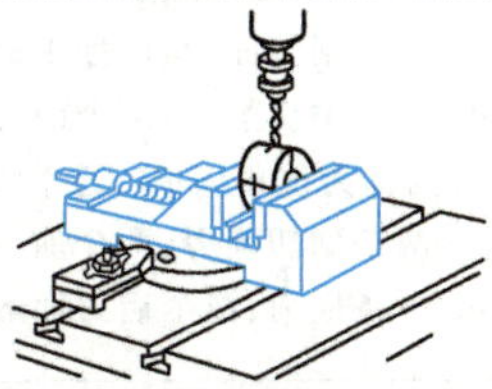	用于夹持直径在 8mm 以上或用手不能握牢的小工件
V 形块	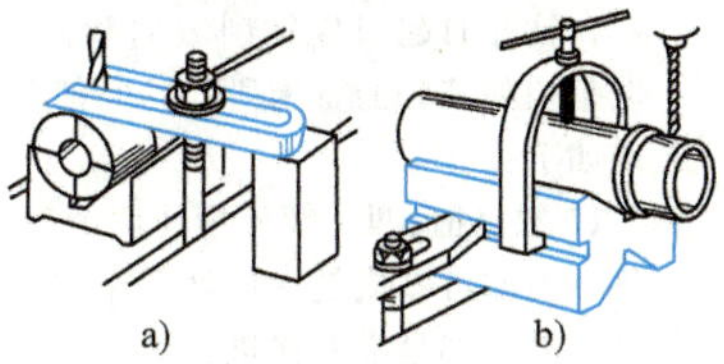	用于夹持工件,夹持工件钻孔时应注意以下问题 1. 钻头轴线位于 V 形块的对称中心 2. 钻通孔时,应将工件钻孔部位离 V 形块端面一段距离,避免将 V 形块钻坏
压板	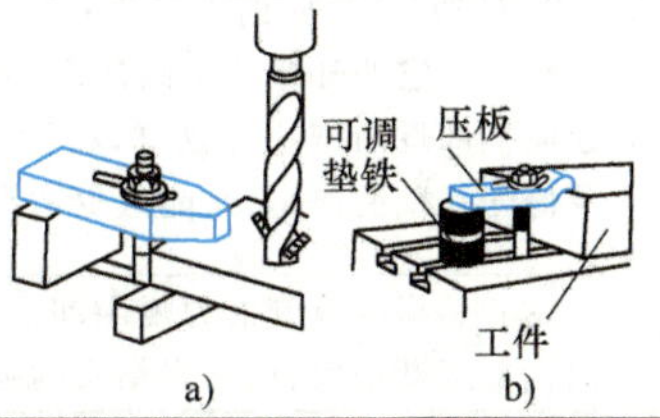	用于夹持工件,夹持工件钻孔时应注意以下问题 1. 钻孔直径在 10mm 以上 2. 压板后端需根据工件高度用垫铁调整

（续）

名称	图例	功用及其相关知识
钻床夹具	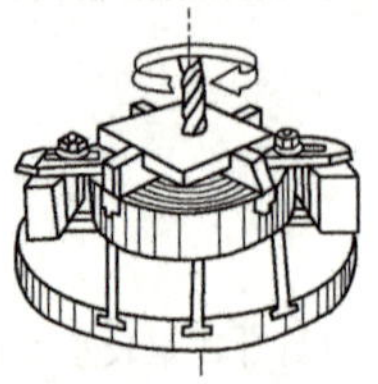	用于夹持工件。它适用于钻孔精度要求高、零件生产批量大的工件

二、钻头结构及其装卸

麻花钻的组成、功用及相关知识见表 5-24。其装卸过程基本同表 5-22 所列手电钻钻头的装卸过程。

表 5-24　麻花钻的组成、功用及相关知识

<table>
<tr><th colspan="2">组成部分</th><th>图例</th><th>功用及其相关知识</th></tr>
<tr><td colspan="2">柄部</td><td rowspan="5">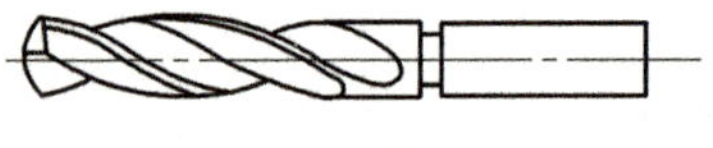
a）直柄
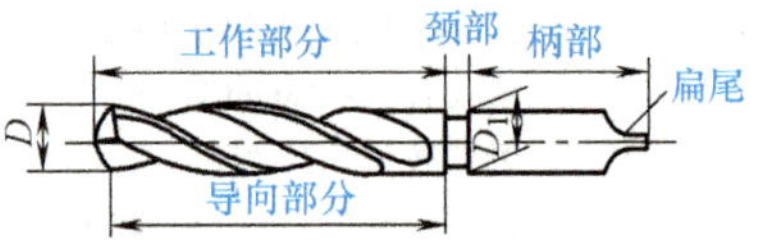
b）锥柄
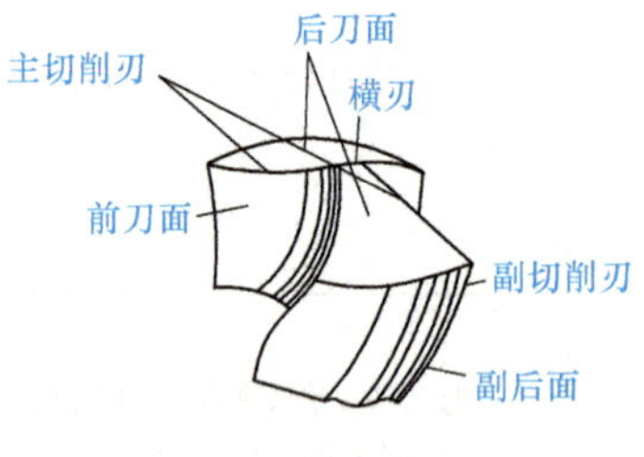
c）切削部分</td><td>按形状不同，柄部可分为直柄和锥柄两种。直柄所能传递的转矩较小，用于直径在 13mm 以下的钻头。当钻头直径大于 13mm 时，一般都采用锥柄。锥柄的扁尾既能增加传递的转矩，又能避免工作时钻头打滑，还能供拆钻头时敲击之用</td></tr>
<tr><td colspan="2">颈部</td><td>位于柄部和工作部分之间，主要作用是在磨削钻头时供砂轮退刀用，还可刻印钻头的规格、商标和材料等，以供选择和识别</td></tr>
<tr><td rowspan="2">工作部分</td><td>切削部分</td><td>切削部分承担主要的切削工作。切削部分的六面五刃，如左图 c 所示
1. 两个前刀面：切削部分的两螺旋槽表面
2. 两个后刀面：切削部分顶端的两个曲面，加工时它与工件的切削表面相对
3. 两个副后面：与已加工表面相对的钻头两棱边
4. 两条主切削刃：两个前刀面与两个后刀面的交线，其夹角称为顶角（2ϕ），通常为 116°～118°
5. 两条副切削刃：两个前刀面与两个副后面的交线
6. 一条横刃：两个后刀面的交线</td></tr>
<tr><td>导向部分</td><td>在钻孔时起引导钻削方向和修光孔壁的作用，同时也是切削部分的备用段。导向部分的各组成要素的作用如下：
1. 螺旋槽：两条螺旋槽使两个刀瓣形成两个前刀面，每一刀瓣可看成是一把外圆车刀。切屑的排出和切削液的输送都是沿此槽进行的
2. 棱边：在导向面上制得很窄且沿螺旋槽边缘突起的窄边。它的外缘不是圆柱形，而是被磨成倒锥，即直径向柄部逐渐减小。这样，棱边既能在切削时起导向及修光孔壁的作用，又能减少钻头与孔壁的摩擦</td></tr>
<tr><td colspan="2">钻心</td><td>钻心是指两螺旋形刀瓣中间的实心部分。它的直径向柄部逐渐增大，以增强钻头的强度和刚性</td></tr>
</table>

三、钻孔的操作要领

钻孔加工的操作要点及注意事项见表 5-25。

表 5-25　钻孔加工的操作要点及注意事项

内容	操作要点及注意事项	示意图
确定加工界线	钻孔前，要在工件上打上样冲眼作为加工界线，中心眼应打得大些，如右图 a 所示。钻孔时先用钻头在孔的中心锪一小坑（约占孔径的 1/4），检查小坑与所划圆是否同心。如稍有偏离，可用样冲将中心冲大矫正或移动工件借正。如偏离较多，可用窄錾在偏斜相反方向凿几条槽再钻，便可以逐渐将偏斜部分矫正过来，如右图 b 所示	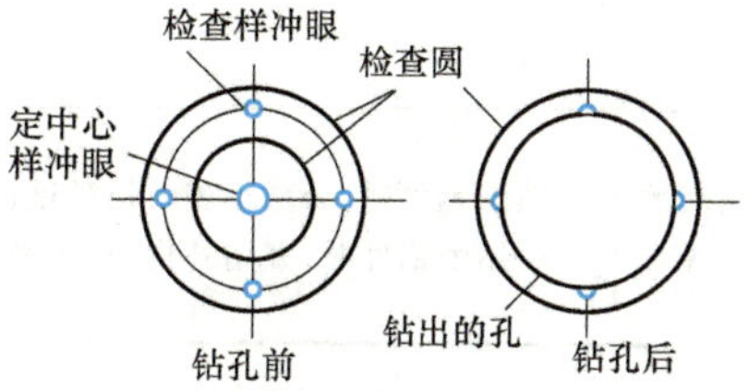 a) 钻孔前打样冲眼 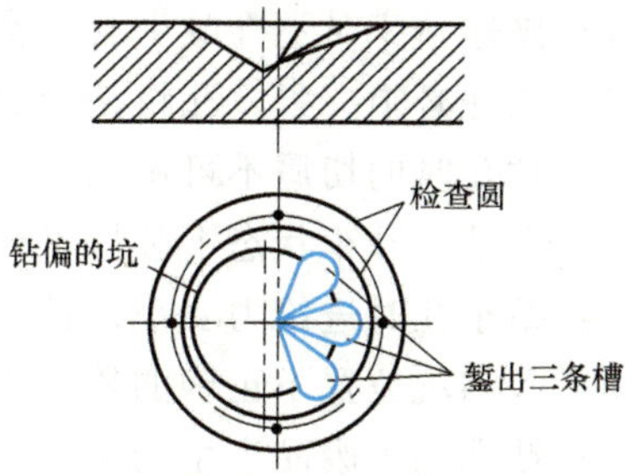 b) 錾槽纠正钻偏的孔
钻通孔	工件下面应放垫铁或把钻头对准工作台空槽。在孔将被钻透时，进给量要小，变自动进给为手动进给，避免钻头在钻穿的瞬间抖动，出现“啃刀”现象，从而影响加工质量，损坏钻头，甚至发生事故	
钻下通孔	要注意掌握钻孔深度。控制钻孔深度的方法有以下几种 1. 调整好钻床上深度标尺挡块 2. 安置控制长度量具或用划线做记号	
钻深孔	用接长钻头加工，加工时要经常退钻排屑，如果为不通孔，则需注意测量与调整钻床上深度标尺挡块	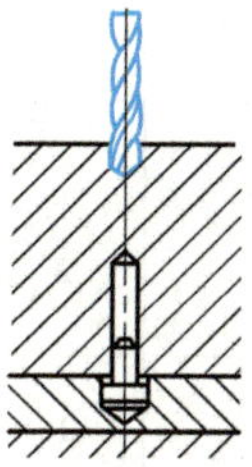
钻大孔	直径 D 超过 30mm 的孔应分两次钻。第一次用 $(0.5\sim0.7)D$ 的钻头先钻，再用所需直径的钻头将孔扩大。这样，既利于钻头负荷分担，也有利于提高钻孔质量	
斜面钻孔	1. 在工件钻孔处铣一小平面后钻孔 2. 用錾子先錾一小平面，再用中心钻钻一锥坑后钻孔	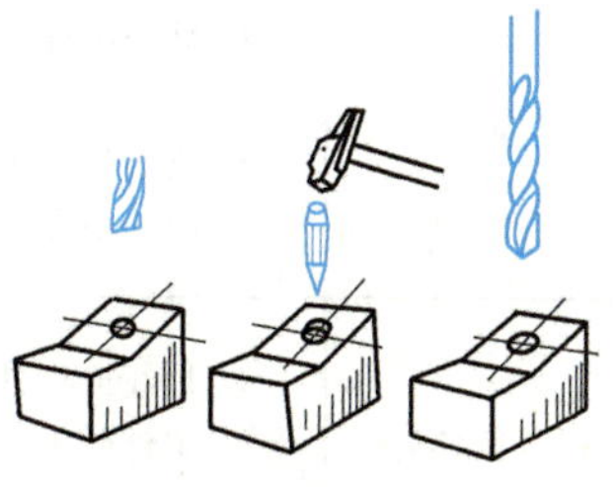

（续）

内容	操作要点及注意事项	示意图
钻半圆孔与骑缝孔	1. 可把两件合起来钻削 2. 两件材质不同的工件钻骑缝孔时，样冲眼应打在略偏向硬材料的一边 3. 使用半孔钻	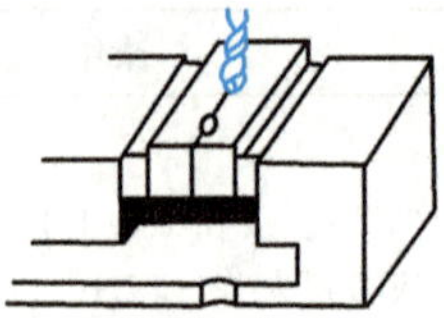
切削液的选择	钻削钢件时，为减小表面粗糙度值，多使用全损耗系统用油作为冷却润滑油；为提高生产率，则多使用乳化液。钻削铝件时，多用乳化液、煤油作为切削液。钻削铸铁件时，用煤油作为切削液	

四、钻孔注意事项

1）操作钻床时不准戴手套，女生必须戴工作帽。

2）工件必须夹紧，孔将钻穿时进给力要小，并减小进给速度。

3）钻孔时的切屑不可用棉纱或嘴吹来清除，必须用毛刷或钩子来清除。

4）严禁在开车状态下装拆工件，停车时不可用手去刹主轴。

5）钻小孔时进给力要小，钻深孔时要经常退钻排屑。

6）起钻坑位置不正确的校正必须在锥坑外圆小于钻头直径之前完成。

7）钻孔加工废品产生的原因和预防措施见表5-26。

表5-26　钻孔加工废品产生的原因和预防措施

废品形式	废品产生原因	预防措施
孔径大	1. 钻头两切削刃长度不等，角度不对称 2. 钻头产生摆动	1. 正确刃磨钻头 2. 重新装夹钻头，消除摆动
孔呈多角形	1. 钻头后角太大 2. 钻头两切削刃长度不等，角度不对称	正确刃磨钻头，检查顶角、后角和切削刃
孔歪斜	1. 工件表面与钻头轴线不垂直 2. 进给量太大，钻头弯曲 3. 钻头横刃太长，定心不良	1. 正确装夹工件 2. 选择合适进给量 3. 磨短横刃
孔壁粗糙	1. 钻头不锋利 2. 后角太大 3. 进给量太大 4. 冷却不足，切削液润滑性能差	1. 刃磨钻头，保持切削刃锋利 2. 减小后角 3. 减少进给量 4. 选用润滑性能好的切削液
钻孔位置偏移	1. 划线或样冲眼中心不准 2. 工件装夹不准 3. 钻头横刃太长，定心不准	1. 检查划线尺寸和样冲眼位置 2. 工件要装稳夹紧 3. 磨短横刃

8）钻孔时钻头损坏的原因和预防方法见表5-27。

表5-27　钻孔时钻头损坏的原因和预防方法

损坏形式	损坏原因	预防方法
钻头工作部分折断	1. 用钝钻头钻孔 2. 进给量太大 3. 切屑塞住钻头螺旋槽，未及时排出 4. 孔快钻通时，进给量突然增大 5. 工件松动 6. 钻孔产生歪斜，仍继续工作	1. 把钻头磨锋利 2. 正确选择进给量 3. 钻头应及时退出，排出切屑 4. 孔快钻通时，减少进给量 5. 将工件装稳紧固 6. 纠正钻头位置，减少进给量
切削刃迅速磨损	1. 切削速度过高，切削液不充分 2. 钻头刃磨角度与工件硬度不适应	1. 降低切削速度，充分冷却 2. 根据工件硬度选择钻头刃磨角度

操作步骤

1）认真分析解读图5-7所示零件图，选择钻床、钻头，制订钻削工艺路线。

2）按图样要求划4×ϕ6mm、2×ϕ8mm孔的中心线，找到中心位置。

3）在ϕ6mm、ϕ8mm孔的中心样冲眼，划出孔的圆周线。

4）装夹工件。

5）起钻出浅坑。观察浅坑与划线圆是否同轴，如果偏心，及时校正。

6）起钻达到钻孔位置要求后，进给完成钻孔，用同样的方法依次完成其他孔的钻削。

效果评价

钻孔质量评分表见表5-28。

表5-28　钻孔质量评分表

类型	项次	项目与技术要求	配分	评定方法	实测记录	得分
过程评价40%	1	能熟练识读孔加工图样	10	满分10分		
	2	能正确制订钻孔加工工艺路线	10	每错一项扣2分		
	3	能正确选用钻孔相关工具、量具、刀具	5	每选错一样扣1分		
	4	钻削姿势正确	5	发现一项不正确扣2分		
	5	安全文明生产、劳动纪律执行情况	10	违者扣10分		
加工质量评价60%	1	划线是否正确	10	偏差大于0.3mm扣2.5分×4		
	2	样冲眼大小、位置	10	总体评定		
	3	校正是否正确	5	不正确不得分		
	4	浅坑与划线圆周线的同轴度	18	不同轴度偏差太大扣3分×6		
	5	孔径ϕ6mm、ϕ8mm 孔距7mm、28mm、23mm 表面质量	5 6 6	偏差太大扣2.5分×2 偏差太大扣2分×3 太差扣1分×6		

课题六　攻　螺　纹

螺纹图样如图 5-8 所示。

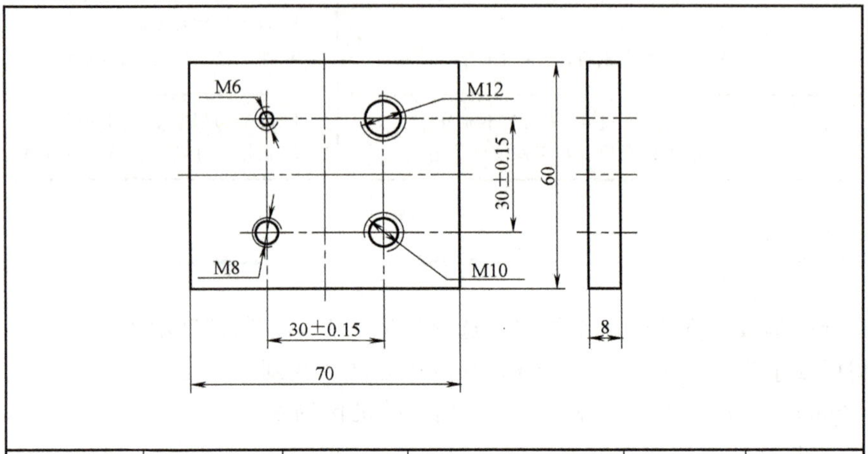

学习内容	课时数	材料	毛坯尺寸	件数	工时/min
攻螺纹	2	HT200	70mm×60mm×8mm	1	90

图 5-8　螺纹图样

相关知识

螺纹传统的加工方法是用丝锥或板牙来进行加工。用丝锥在圆孔内表面加工内螺纹的方法称为攻螺纹。

一、攻螺纹工具及辅具

丝锥是加工内螺纹的工具，有机用丝锥和手用丝锥。机用丝锥通常指高速钢磨牙丝锥，其螺纹公差带分 1H、2H、3H 三种；手用丝锥用碳素工具钢和合金工具钢制造，螺纹公差带为 4H。

1. 丝锥的构造

丝锥的构造如图 5-9 所示，丝锥由工作部分和柄部组成，工作部分又包括切削部分和校准部分。

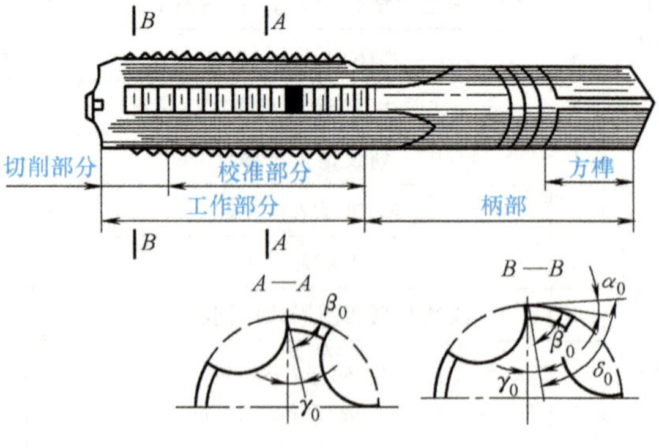

图 5-9　丝锥的构造

丝锥沿轴向开有几条容屑槽，以形成切削部分锋利的切削刃，起主要切削作用。切削部分前角 $\gamma_0 = 8° \sim 10°$，后角铲

磨成 $\alpha_0=6°\sim8°$。前端磨出切削锥角，使切削负荷分布在几个刀齿上，使切削省力，便于切入。丝锥校准部有完整的牙型，用来修光和校准已切出的螺纹，并引导丝锥沿轴向前进，后角 $\alpha_0=6°$。为了适用于不同工件材料，丝锥切削部分前角可参考表 5-29 所列数值适当增减。

表 5-29　丝锥切削部分前角的选择

加工材料	铸造青铜	铸铁	黄铜	中碳钢	低碳钢	不锈钢	铝合金
前角	0°	5°	10°	10°	15°	15°～20°	20°～30°

丝锥校准部分的大径、中径、小径均有 0.05～0.12/100mm 的倒锥，以减小与螺纹孔的摩擦，减小所攻螺纹孔的扩张量。

为了制造和刃磨方便，丝锥上的容屑槽一般做成直槽。有些专用丝锥为了控制排屑方向，做成螺旋槽，如图 5-10 所示。

加工不通孔螺纹，为使切屑向上排出向上排出，容屑槽做成右旋槽，如图 5-10a。加工通孔螺纹，为使切屑向下排出，容屑槽做成左旋槽，如图 5-10b 所示。一般丝锥的容屑槽为 3～4 个。

丝锤柄部分有方榫，用以夹持并传递转矩。

2. 成组丝锥切削用量分配

为了减少切削力和延长丝锥的寿命，一般将整个切削工作量分配给几支丝锥来担当。通常 M6～M24 的丝锥每组有两支；M6 以下及 M24 以上的丝锥每组有三支；细牙丝锥为两支一组。

成套丝锥中，对每支丝锥切削量的分配有两种方式。

（1）锥形分配　如图 5-11a 所示，一组丝锥中，每支丝锥的大径、中径、小径都相等，切削部分的切削锥角及长度不等。锥形分配切削量的丝锥又称等径丝锥。当加工通孔螺纹时，用头攻（初锥）一次切削即可加工完毕，二次（又称中锥），三攻（底锥）则用得较少。一组丝锥中，每支丝锥磨损很不均匀。由于头攻能一次加工成形，所示切削厚度大，切屑变形严重，加工表面质量差。一般只有 M12 以下丝锥采用锥形分配。

（2）柱形分配　如图 5-11b 所示，柱形分配切削量的丝锥又称不等径丝锥，即头攻（又称第一粗锥）、二攻（第二粗锥）的大径、中径、小径都比三攻（精锥）小。头攻、二攻的中径一样，大径不一样；头攻大径小，二攻大径大。这种丝锥的切削量分配比较合理，

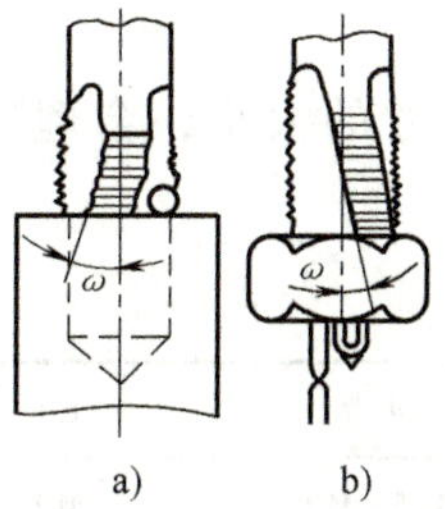

图 5-10　螺旋槽丝锥

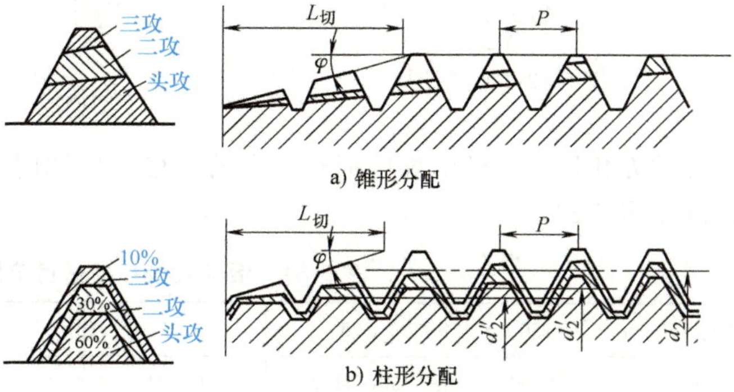

图 5-11　成套丝锥切削量分配

三支一套的丝锥按为 6：3：1 分担切削量，两支一套的丝锥按顺序为 7.5：2.5 分担切削量，切削省力，各锥磨损量差别小，寿命较长。同时底锥（精锥）的两侧也参加少量切削，因此加工表面质量较好。一般 M12 以上的丝锥多属于这一种。表 5-30 列出了两种丝锥的主要参数。

表 5-30　单支和成组丝锥的主要参数比较

分类	适用范围/mm	名称	主偏角 κ_r	切削锥长度 l_5
单支和成组丝锥（等径）	$P \leqslant 2.5$	初锥	4°30′	8 牙
		中锥	8°30′	4 牙
		底锥	17°	2 牙
成组丝锥（不等径）	$P > 2.5$	第一粗锥	6°	6 牙
		第二粗锥	8°30′	4 牙
		精椎	17°	2 牙

3. 丝锥的种类

丝锥种类很多，钳工常用的有机用丝锥、手用丝锥、螺纹丝锥、锥形丝锥等。

国家标准 GB/T 3464.1—2007 规定，机用和手用普通螺纹丝锥有粗牙、细牙之分，粗柄、细柄之分，单支、成组之分，等径、不等径之分。此外，还有长柄机用丝锥（GB/T 3464.2—2003）、螺母丝锥（GB/T 967—2008）等。

4. 铰杠

铰杠是手工攻螺纹时用来夹持丝锥的工具，分普通铰杠（图 5-12）和丁字铰杠（图 5-13）两种。各类铰杠又可分为固定式和活动式两种。其中丁字铰杠适用于在凸台旁边或箱体内部攻螺纹，活动式丁字铰杠用于 M6 以下丝锥，固定式普通铰杠用于 M5 以下丝锥。

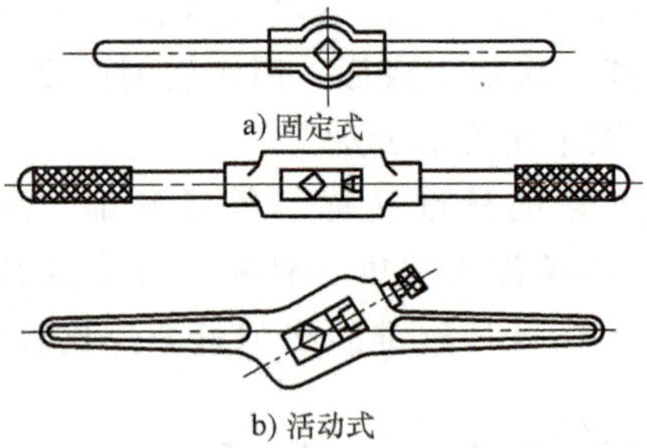

图 5-12　普通铰杠

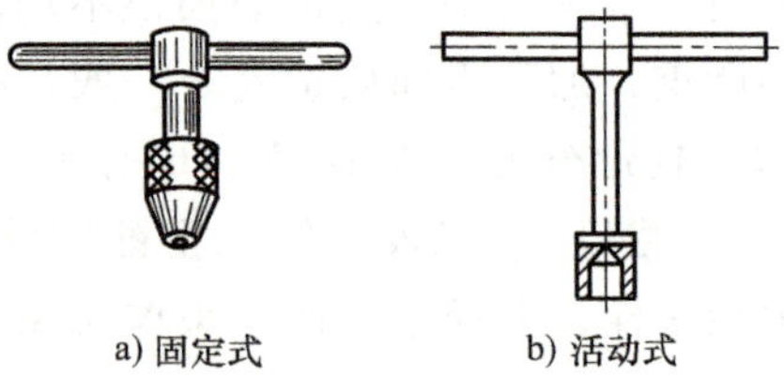

图 5-13　丁字铰杠

铰杠的方孔尺寸和柄的长度都有一定的规格，使用时应按丝锥尺寸的大小，合理选用，具体范围见表 5-31。

表 5-31　活动式铰杠的适用范围

铰杠规格	150	225	275	375	475	600
丝锥范围	M5～M8	M8～M12	M12～M14	M14～M16	M16～M22	M24

二、攻螺纹工艺

1. 攻螺纹底孔直径

攻螺纹底孔直径大小根据工件材料不同可按经验公式计算出或查表得出。

经验公式为

钢和韧性材料　　$D_{底}=D-P$

铸铁和脆性材料　　$D_{底}=D-(1.05\sim1.1)P$

式中　$D_{底}$——底孔直径（mm）；

D——螺纹公称直径（mm）；

P——螺距（mm）。

常用普通米制螺纹攻螺纹底孔直径可从表 5-32 中查得。

表 5-32　普通米制螺纹攻螺纹底孔直径

螺纹直径/mm	螺距/mm	钻孔直径/mm	
		铸铁、黄铜、青铜	钢、可锻铸铁
2	0.4 0.25	1.6 1.75	1.6 1.75
2.5	0.45 0.35	2.05 2.15	2.05 2.15
3	0.5 0.35	2.5 2.65	2.5 2.65
4	0.7 0.5	3.3 3.5	3.3 3.5
5	0.8 0.5	4.1 4.5	4.2 4.5
6	1 0.75	4.9 5.2	5 5.2
8	1.25 1 0.75	6.6 6.9 7.1	6.7 7 7.2
10	1.5 1.25 1 0.75	8.4 8.6 8.9 9.1	8.5 8.7 9 9.2
12	1.75 1.5 1.25 1	10.1 10.4 10.6 10.9	10.2 10.5 10.7 11
14	2 1.5 1	11.8 12.4 12.9	12 12.5 13
16	2 1.5 1	13.8 14.4 14.9	14 14.5 15
18	2.5 2 1.5 1	15.3 15.8 16.4 16.9	15.5 16 16.5 17
20	2.5 2 1.5 1	17.3 17.8 18.4 18.9	17.5 18 18.5 19
22	2.5 2 2.5 1	19.3 19.8 20.4 20.9	19.5 20 20.5 21
24	3 2 1.5 1	20.7 21.8 22.4 22.9	21 22 22.5 23

2. 不通孔螺纹的钻孔深度

钻孔深度按下式计算：

$$L=l+0.7D$$

式中　L——钻孔深度（mm）；

l——螺纹有效深度（mm）；

D——螺纹大径（mm）。

三、攻螺纹的操作要领

攻螺纹的操作要领见表 5-33。

表 5-33 攻螺纹的操作要领

内容	操作要领	示意图
准备工作	攻螺纹前螺纹底孔口要倒角，使丝锥容易切入，并防止攻螺纹后孔口的螺纹崩裂。工件的装夹位置要正确，应尽量使螺纹孔中心线置于水平或垂直位置，其目的是在攻螺纹时便于判断丝锥是否垂直于工件平面	
用头锥起攻螺纹	起攻时应把丝锥放正，用右手掌按住铰杠中部沿丝锥中心线用力加压，此时左手配合作顺向旋进；或两手握住铰杠两端平衡施加压力，并将丝锥顺向旋进，保持丝锥中心与孔中心线重合，不能歪斜，如右图 a 所示。当切削部分切入工件 1~2 圈时，用目测或用直角尺检查来校正丝锥的位置，如右图 b 所示。当切削部分全部切入工件时，应停止对丝锥施加压力，只需平稳地转动铰杠靠丝锥上的螺纹自然旋进。经常将丝锥反方向转动 1/2 圈左右，使切屑碎断后容易排出，避免切屑过长咬住丝锥	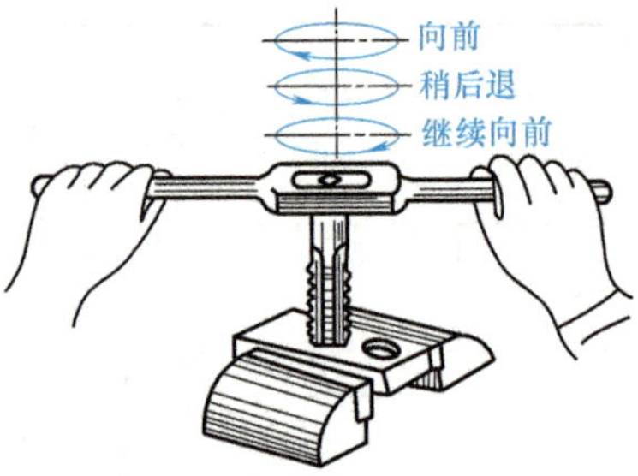
用二锥攻螺纹	先用手将丝锥旋入已攻出的螺纹孔中，直到用手旋不动时，再用铰杠进行攻螺纹，这样可以避免损坏已攻出的螺纹和防止烂牙	a) 攻螺纹的方法
攻不通孔螺纹	攻不通孔螺纹时，在丝锥上做好深度标记，经常退出丝锥，排除孔中的切屑。当将要攻到孔底时，更应及时排出孔底积屑，以免攻到孔底丝锥被轧住	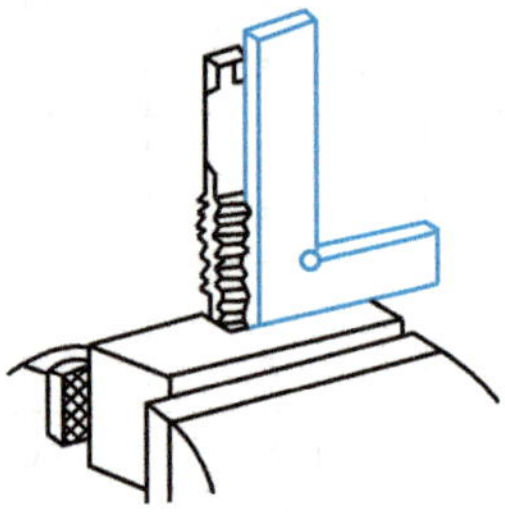
攻通孔螺纹	丝锥校准部分不应全部攻出头，否则会扩大或损坏孔口最后几牙螺纹	
退出丝锥	退出丝锥应先用铰杠带动螺纹平稳地反向转动，当能用手直接旋动丝锥时，应停止使用铰杠，以防铰杠带动丝锥退出时产生摇摆和振动，破坏螺纹表面质量	b) 垂直度的检查
攻不同材料工件上螺孔	在攻材料硬度较高的螺纹孔时，应头锥、二锥交替攻削，这样可减轻头锥切削部分的载荷，防止丝锥折断。攻塑性材料的螺纹孔时，要加切削液，以减少切削阻力和提高螺纹孔的表面质量，延长丝锥的寿命。一般用全损耗系统用油或浓度较大的乳化液，要求高的螺纹孔也可用菜油或二硫化钼等	

四、攻螺纹注意事项

1）攻螺纹前，应先在底孔孔口处倒角，其直径略大于螺纹大径。

2）开始攻螺纹时，应将丝锥放正，用力要适当。

3）当切入 1~2 圈时，要仔细观察和校正丝锥的轴线方向，要边工作、边检查、边校准。当旋入 3~4 圈时，丝锥的位置应正确无误，转动铰杠，丝锥将自然攻入工件，决不能对丝锥施加压力，否则将破坏螺纹牙型。

4）工作中，丝锥每转1/2圈至1圈时，丝锥要倒转1/2圈，将切屑切断并挤出。尤其是攻不通孔螺纹时，要及时退出丝锥排屑。

5）当更换后一支丝锥二攻丝锥时，要用手旋入至不能再旋入时，再改用铰杠夹持丝锥工作。

6）在塑料上攻螺纹时，要加全损耗系统用油或切削液润滑。

7）将丝锥退出时，最好卸下铰杠，用手旋出丝锥，保证螺纹孔的质量。

操作步骤

1）认真分析解读图5-8所示的图样，选择丝锥、铰杠，制订攻螺纹工艺路线。

2）按图划出M12、M10、M8、M6底孔加工线。

3）钻M12、M10、M8、M6底孔。

4）各孔两端孔口倒角。

5）分别攻出M6、M8 M10、M12四个螺纹孔。

效果评价

攻螺纹质量评分表见表5-34。

表5-34　攻螺纹质量评分表

类型	项次	项目与技术要求	配分	评定方法	实测记录	得分
过程评价40%	1	能熟练识读攻螺纹图样	10	满分10分		
	2	能正确制订螺纹孔加工工艺路线	10	每错一项扣2分		
	3	能正确选用相关工具、量具、刀具	5	每选错一样扣1分		
	4	攻螺纹姿势正确	5	发现一项不正确扣2分		
	5	安全文明生产、劳动纪律执行情况	10	违者扣10分		
加工质量评价60%	1	划线位置	10	位置偏差太大扣2.5分		
	2	钻孔位置	10	位置不对每一处扣1.5分		
	3	孔口倒角	5	未倒角每一处扣1分		
	4	螺纹是否歪斜 各螺纹是否烂牙	30	螺纹歪斜每一处扣5分 螺纹烂牙每一处扣3分		
	5	丝锥的使用	5	折断丝锥扣5分		

课题七　综合训练

一、加工凸形块

1. 加工图样与要求如图5-14所示。

____年____月____日

课题1	凸形块		时间	8学时	
材料	Q235A （61mm×67mm×10mm）	工量具	锉刀、游标卡尺、丝锥M8、铰杠、螺纹塞规、百分表等		
姓名		学号		得分	

零件图

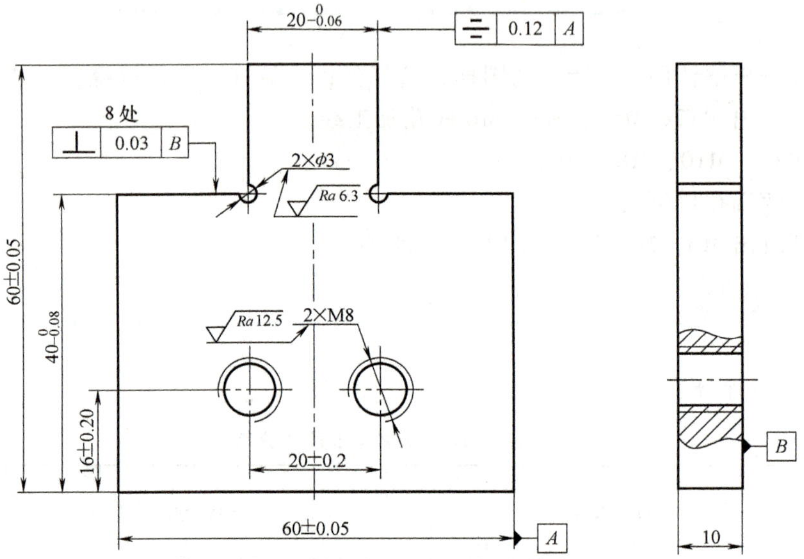

技术要求

1. 孔口倒角为C1。
2. 锐边去毛刺。

Ra 3.2 (√)

检测评分

序号	检测要求	配分	得分	序号	检测要求	配分	得分
1	$20_{-0.06}^{\ 0}$mm	8		6	2×M8（目测）	4×2	
2	$40_{-0.08}^{\ 0}$mm（2处）	8×2		7	20mm±0.2mm	3	
3	60mm±0.05mm（2处）	8×2		8	16mm±0.20mm（2处）	3×2	
4	⊥ 0.03 B（8处）	3×8		9	Ra3.2μm（10处）	1×10	
5	⌯ 0.12 A	9		10	安全文明生产，违者扣1~10分		

图5-14 凸形块加工图样与要求

2. 加工凸形块实习指导（表5-35）

表5-35 凸形块加工实习指导

教学目标	1. 初步掌握具有对称度要求的工件的划线、加工及测量方法 2. 正确使用和保养百分表
工艺知识要求	1. 掌握对称工件的划线方法 2. 掌握对称度的测量方法和百分表的使用与保养

（续）

加工步骤建议	1. 锉削三相互垂直的面作为下一步加工的基准 2. 锉削保证两处 60mm±0.05mm 尺寸 3. 按公称尺寸划出凸台加工线 4. 按划线锯削、锉削加工一侧两垂直面（对于 40mm 尺寸的加工范围，应根据 60mm 处的实际尺寸确定，从而保证下一步尺寸 $20_{-0.06}^{\ 0}$mm 合格的同时，对称度亦合格） 5. 按划线锯去另一侧垂直角，锉削，保证 20mm、40mm 两尺寸达到图样要求 6. 划孔中心线，钻孔 7. 攻制螺纹孔 M8 8. 去毛刺，全面检测
注意事项	1. 不能急于求成将两侧缺角同时锯除，这样将难以精确测量，无法保证对称度 2. 攻螺纹前孔口要倒角

二、加工凹形块

1. 加工图样及要求如图 5-15 所示。

____年____月____日

课题 2	凹形块		时间	8 学时	
材料	Q235A（62mm×52mm×10mm）	工量具	千分尺、游标深度卡尺、直角尺、锉刀、丝锥 M10、铰杠、螺纹塞规等		
姓名		学号		得分	

任务图

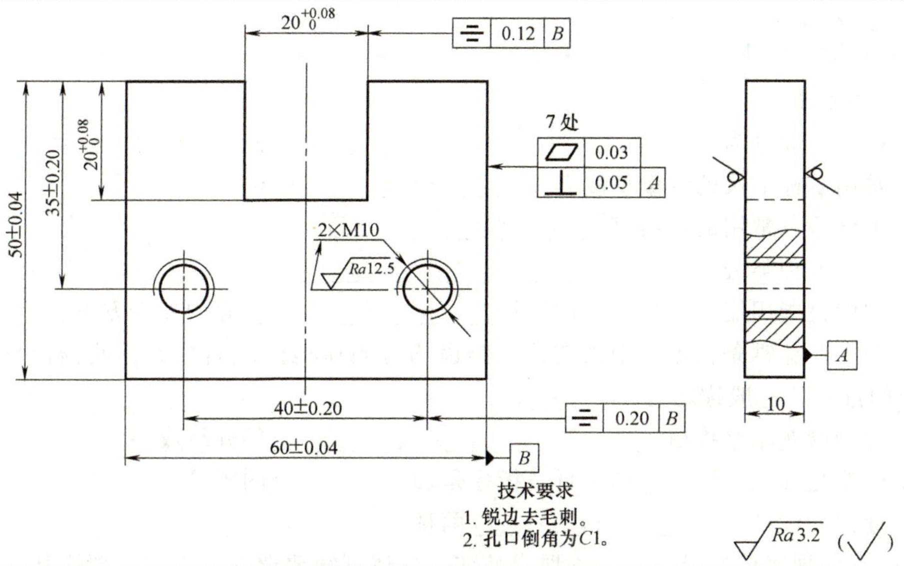

检测评分

序号	检测要求	配分	得分	序号	检测要求	配分	得分
1	60mm±0.04mm	8		8	⌯ 0.12 B	8	
2	50mm±0.04mm	8		9	▱ 0.03（7 处）	2×7	
3	$20_{\ 0}^{+0.08}$mm（2 处）	6×2		10	⊥ 0.05 A（7 处）	2×7	
4	40mm±0.20mm	5		11	*Ra*12.5μm（2 处）	1×2	
5	35mm±0.20mm（2 处）	5×2		12	*Ra*3.2μm（7 处）	1×7	
6	2×M10	3×2		13	安全文明生产，违者扣 1～10 分		
7	⌯ 0.20 B	6					

图 5-15 凹形块加工图样及要求

2. 加工凹形块实习指导（表 5-36）

表 5-36 凹形块加工实习指导

教学目标	1. 掌握凹形对称形状的加工及测量方法 2. 掌握游标深度卡尺的使用和保养方法 3. 进一步提高锉削、锯削、钻孔加工精度
工艺知识要求	1. 游标深度卡尺和千分尺的使用和保养方法 2. 凹形对称形状内表面的加工和测量方法
加工步骤建议	1. 加工外形尺寸 60mm±0.04mm、50mm±0.04mm 2. 按对称形体划线方法，划出凹形加工线和孔加工线 3. 钻孔、锯削、錾削，去除凹形孔中余料，粗锉接近尺寸线 4. 细锉凹形部分，根据 60mm 的实际尺寸，通过控制 20mm 的尺寸误差，保证尺寸 $20^{+0.08}_{0}$mm 和对称度，同时注意控制深度尺寸 5. 划孔中心线，钻孔 6. 攻制螺纹孔 M10 7. 倒角，去毛刺，全面复检
注意事项	1. 钻孔时工件夹持一定要与钻床主轴中心线垂直 2. 凹形孔两侧尺寸应根据外围尺寸 60mm 的实际值确定，不能简单地认为就是 20mm

习题与思考

一、填空题

1. 钳工一般分为________、________、________等工种。

2. 常用游标卡尺的测量精度有________和________两种。

3. 工件涂色常用的涂料有________、________等。

4. 锉刀的种类分为________、________、________。

5. 锯削是指用锯对材料或工件进行________或________等的加工方法。

6. 为了避免锯条在锯缝中被夹住，锯齿均有规律地向左右扳斜，使锯齿形成波浪形或交叉形的排列，一般称之为________。

7. 标准麻花钻结构由________、________、________部分组成。

8. 丝锥是加工________的工具，板牙是加工________的工具。

9. 锉刀的齿纹有________和________两种。

10. 平面划线要选择________划线基准，立体划线要选择________划线基准。

11. 钻头横刃越________则轴向力越________。

12. 单齿锉适用于锉削________，双齿锉适用于锉削________。

二、选择题

1. 零件的清理、清洗是（　　）工作要点。

A. 装配工作过程　　B. 装配工作

C. 部件装配工作　　D. 装配前准备工作

2. 内径千分尺的活动套筒转动一圈，测微螺杆移动（　　）。

A. 1mm　　B. 0.5mm　　C. 0.01mm　　D. 0.001mm

3. 下列锉刀中用于最后修光工件表面的是（　　）。

A. 粗锉刀　B. 细锉刀　C. 油光锉　D. 什锦锉

4. 划线基准应与（　　）一致。

A. 工艺基准　B. 装配基准　C. 设计基准　D. 工序基准

5. 两组导轨在水平面内的平行度误差，应使用（　　）检查。

A. 水平仪　B. 轮廓仪　C. 百分表　D. 测微仪

6. 普通麻花钻靠近外缘处削角为（　　）。

A. 负前角（-45°）　B. 0°　C. 正前角（+30°）　D. 45°

7. 螺纹的顶径是指（　　）。

A. 外螺纹大径　B. 外螺纹小径　C. 内螺纹大径　D. 内螺纹中径

8. 1/50mm 游标卡尺的示值为（　　）。

A. ±0.01mm　B. ±0.02mm　C. ±0.05mm　D. ±0.005mm

三、判断题

1. 千分尺的精度比游标卡尺低，而且比较灵敏。（　　）
2. 游标卡尺是专用量具。（　　）
3. 百分表可用来检验机床精度和测量工件的尺寸、几何误差。（　　）
4. 当划线发生错误或准确度太低时，都可能造成工件报废。（　　）
5. 划线时找正和借料这两项工作是密切结合的。（　　）
6. 锯削软材料或较大切面时一般选用细齿锯条。（　　）
7. 锉刀面是锉削的主要工作面。（　　）
8. 麻花钻顶角的大小影响主切削刃上轴向力的大小。（　　）
9. 当丝锥的切削部分全部进入工件时，应施加压力使丝锥攻入。（　　）
10. 锯条装得过松或过紧易使锯条折断。（　　）

四、简答题

1. 使用台虎钳有哪些注意事项？
2. 使用砂轮机有哪些注意事项？
3. 使用台钻有哪些注意事项？
4. 什么是划线？划线分哪两种？划线的主要作用有哪些？
5. 什么是借料？在什么情况下需要进行借料划线？
6. 安装锯条时，应注意哪些事项？
7. 简述锉削加工的规范姿势。
8. 采用划线方法钻孔时，如何进行纠偏？
9. 攻螺纹的工作要点有哪些？

单元六 机械拆装技术基础

学习目标

1. 了解机械拆卸的基本知识。
2. 了解机械装配的基本知识。
3. 熟悉机械拆装安全和文明生产操作规程。
4. 能根据台虎钳装配图及技术要求完成拆装训练。
5. 能进行液压齿轮泵的拆装实习，了解液压齿轮泵的结构、工作原理和主要零部件，熟悉液压齿轮泵进、出油口的位置关系。
6. 熟悉液压齿轮泵的拆装和调整过程，熟悉装配的技术要领。

教学建议

1. 教学过程可以选择两种形式，一种是先介绍拆装的相关基础理论后进行综合实训，也可根据实训项目在做中教。
2. 综合实训课题可根据书中提供的两个项目任意选择其中之一进行训练。
3. 教学总学时为 4 学时，其中理论教学为 1 学时，综合实训学时为 3 学时。

课题一　机械拆装基础常识

相关知识

一、机械拆卸的基本知识

1. 机械拆卸前的准备工作

拆卸工作是设备使用与维护中重要的一个环节。若在拆卸过程中存在考虑不周全、工具不合理等问题，都可能对被拆卸的零部件造成损坏，甚至使整台设备的精度降低，工作性能受到严重影响。

为使拆卸工作能够顺利进行，必须做好拆卸前的一系列准备工作。首先，仔细研究设备的技术资料，认真分析设备的结构特点、传动系统、零部件的结构特点、配合性质和相互位置关系。其次，明确它们的用途，在熟悉以上各项内容的基础上，确定拆卸方法，选用合理的工具。最后，开始拆卸工作。

2. 机械拆卸的顺序及注意事项

在拆卸设备时，应按照与装配相反的顺序进行，一般是从外向内，从上向下，先拆成部件或组件，再拆成零件的顺序进行。在拆卸过程中有以下注意事项。

1）对不易拆卸或拆卸后会降低连接质量和损坏的连接件，应尽量不拆卸，例如密封连接、过盈连接、铆接及焊接等连接件。

2）拆卸时用力应适当，特别要注意对主要部件的拆卸，不能使其发生任何程度的损坏。对于互相配合的连接件，在必须损坏其中一个的情况下，应保留价值较高、制造困难或质量较好的零件。

3）用锤击法冲击零件时，必须垫加较软的衬垫或用材料硬度较低的锤子（如铜锤）或冲棒，以防损坏零件表面。

4）对于长径比较大的零件，例如较精密的细长轴、丝杠等零件，拆下后应竖直悬挂。对于重型零件需用多个支承点支承后卧放，以防变形。

5）拆卸下的零件应尽快清洗和检查。对于不需更换的零件要涂上防锈油；对于一些精密的零件，最好用油纸包好，以防锈蚀或碰伤；对于零部件较多的设备，最好以部件为单位放置，并做好标记。

6）对于拆卸下来的那些较小的或容易丢失的零件，例如紧定螺钉、螺母、垫圈、销等，清洗后能装上的尽量装上，防止丢失。轴上的零件在拆卸后，最好按原来的次序临时装到轴上，或用铁丝穿到一起放置，这能给最后的装配工作能带来很大的便利。

7）拆卸下来的导管、油杯等油、水、气的通路及各种液压元件，在清洗后均需对进、出口进行密封，以免灰尘、杂质等物侵入。

8）在拆卸旋转部件时，应注意尽量不破坏原来的平衡状态。

9）对于容易产生位移而又无定位装置或有方向性的连接件，在拆卸后应做好标记，以便装配时容易辨认。

3. 机械拆卸的常用方法

对于设备拆卸工作，应根据设备零部件的结构特点，采用不同的拆卸方法。常用的拆卸方法有击卸法、拉拔法、顶压法、温差法和破坏法等。

（1）击卸法　击卸法是拆卸工作中最常用的方法。它是用锤子或其他重物对需要拆下的零部件进行冲击，从而实现把零件拆卸下来的一种方法。

1）用锤子击卸。用锤子敲击拆卸时有以下注意事项。

① 要根据被拆卸零件的尺寸、形状及配合的牢固程度，选用恰当的锤子，且锤击时用力要适当。

② 必须对受击部位采取相应的保护措施，切忌用锤子直接敲击零件。一般应使用铜棒、胶木棒或木板等来保护受敲击的轴端、套端和轮辐等易变形、强度较低的零件或部位。拆卸精密或重要零部件时，还应制作专用工具加以保护，如图 6-1 所示。

③ 应选择合适的锤击点，以防止零件变形或损坏。对于带有轮辐的带轮、齿轮等，应锤击轮与轴配合处的端面，锤击点要对称，不能敲击外缘或轮辐。

④ 对于严重锈蚀而难以拆卸的连接件，不能强行锤击，应加煤油浸润锈蚀部位，当略

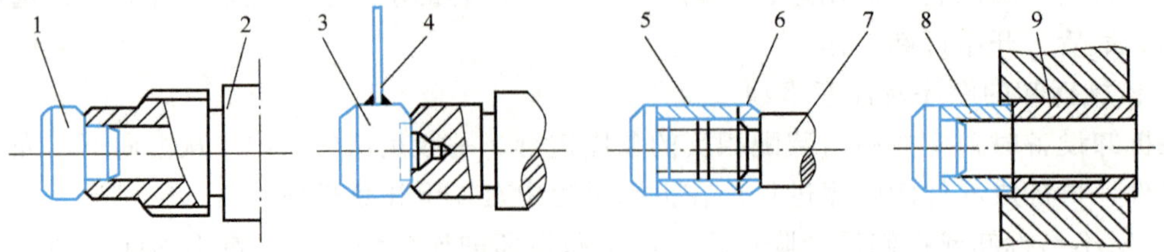

a) 保护主轴用的垫铁　b) 保护中心孔用的垫铁　c) 保护轴端螺纹用的装置　d) 保护轴套用的垫套

图 6-1　击卸时的保护

1、3—垫铁　2—主轴　4—铁条　5—螺母　6、8—垫套　7—轴　9—轴套

有松动时再进行击卸。

2）利用零件自重冲击拆卸。图 6-2 所示为利用自重冲击拆卸蒸汽锤锤头。锤杆与锤头是由锤杆锥体胀开弹性套而产生过盈连接的。为了保护锤体和便于拆卸，在锥孔中衬有纯铜片。拆卸前，先将锤头上的垫铁拆去，用两端平整、直径小于锥孔小端 5mm 左右的纯铜棒作为冲铁，放在下垫铁上，并使冲铁对准锥孔中心。在下垫铁上垫好木板，然后开动蒸汽锤下击，即可利用锤头的惯性将锤头从锤杆上拆卸下来。

3）利用其他重物冲击拆卸。图 6-3 所示是利用吊棒冲击拆卸锻锤中节镶条。先将圆钢靠近两端处焊上两个吊环，然后用起吊装置将圆钢吊起来，如图 6-3b 所示，再将镶条小端倒角，以防冲击时端头变大而使拆卸困难，最后用圆钢冲击镶条小端，即可将配合牢固的镶条拆下。在拆卸大、中型轴类零件时，也可采用这种方法。

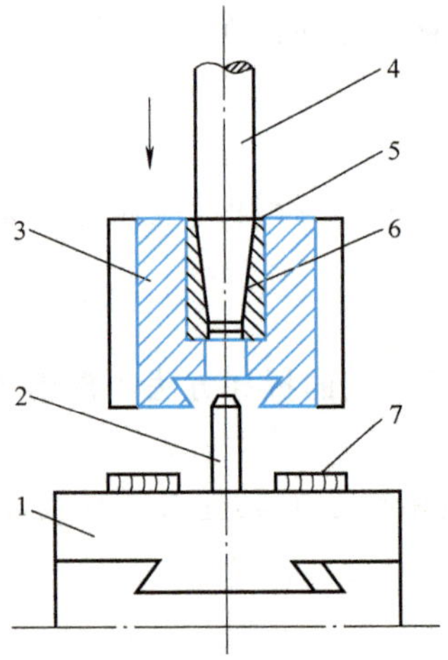

图 6-2　利用自重拆卸锤头

1—下垫铁　2—冲铁　3—锤头　4—锤杆

5—纯铜片　6—弹性套　7—木板

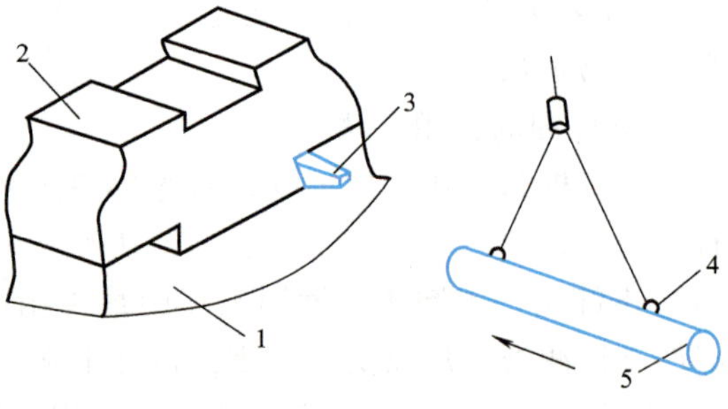

a) 锻锤　b) 吊棒

图 6-3　用吊棒冲击拆卸

1—锤墩　2—中节　3—镶条　4—吊环　5—圆钢

（2）拉拔法

1）轴套的拉卸。轴套一般都是用硬度较低的铜、铸铁或其他轴承合金制成的，如果拆卸不当，很容易使轴套变形或拉伤配合表面。因此，无须拆卸时尽量不去拆卸，只做清洗或修整即可。对于必须拆卸的，可用专用或自制拉具拆卸，如图 6-4 所示。

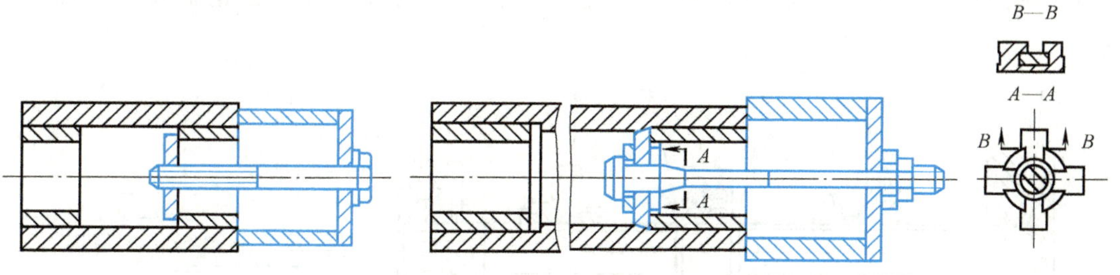

a) 用矩形板拉出　　b) 用带四爪的专用工具拉出

图 6-4　轴套的拉卸

2）轴端零件的顶拔。位于轴端的带轮、链轮、齿轮和滚动轴承等零件的拆卸，可用不同规格的顶拔器进行顶拔拆卸，如图 6-5 所示。

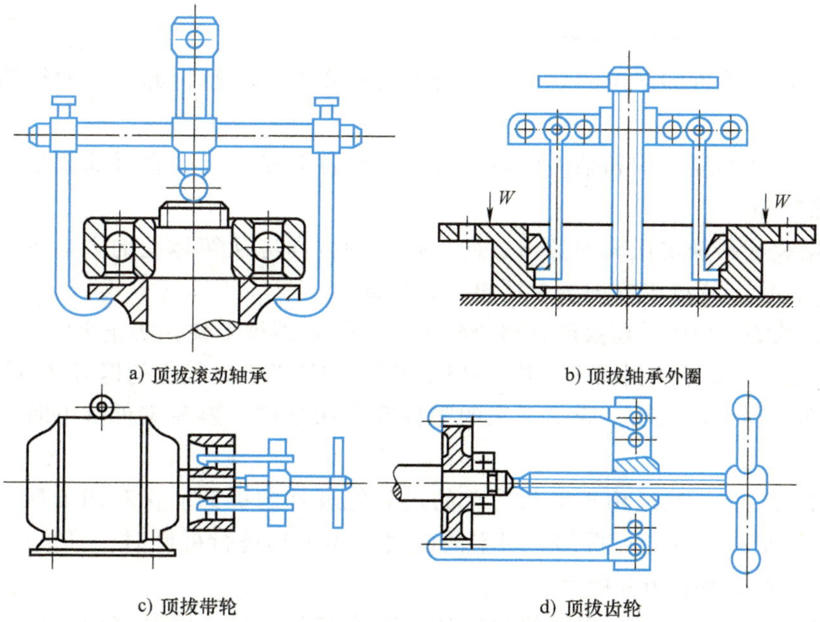

a) 顶拔滚动轴承　　b) 顶拔轴承外圈

c) 顶拔带轮　　d) 顶拔齿轮

图 6-5　轴端零件的顶拔拆卸

3）钩头键的拉卸。图 6-6 所示为两种拉卸钩头键的方法。使用这两种工具既方便，又不损坏钩头键和其他零件。

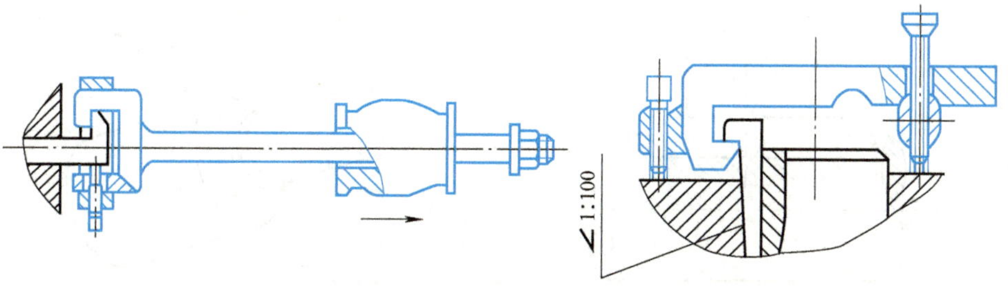

a) 用专用工具拉卸　　b) 用专用工具顶拔

图 6-6　钩头键的拉卸

4）轴的拉卸。对于端面有内螺纹且直径较小的传动轴，可用拔销器拉卸，如图6-7所示。

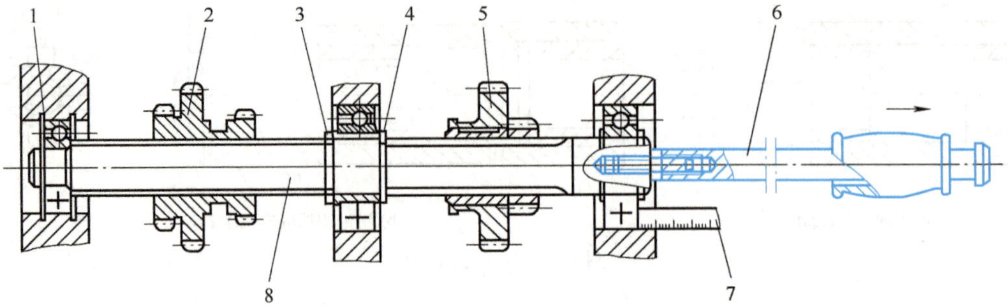

图6-7　用拔销器拉卸传动轴

1、3、4—弹性挡圈　2—三联齿轮　5—双联齿轮　6—拔销器　7—钢直尺　8—花键轴

拉卸轴类零件时，有以下注意事项。

① 拉卸前应熟悉拆卸部位的装配图和有关技术资料，了解拆卸部位的结构和零部件的配合情况。

② 拉卸前应仔细检查轴和轴上的定位件、紧固件等是否已完全拆除或松开，例如弹性挡圈及紧定螺钉等。

③ 要根据装配图确定正确的拉出方向。拉出的方向应从箱体孔的大端将轴拉出来。拆卸时应先进行试拔，待拉出方向确定后再正式拉卸。

④ 在拉卸轴的过程中，还要经常检查轴上的零件是否被卡住，防止影响拆卸过程。例如轴上的键易被齿轮、轴承、衬套等卡住；弹性挡圈、垫圈等落入轴上的退刀槽内使轴被夹住。

⑤ 在拉卸过程中，从轴上脱落下来的零件要设法接住，避免零件落下时被碰坏或砸坏其他零件。

（3）顶压法　顶压法适用于形状简单的过盈配合件的拆卸。常利用油压机、螺旋压力机、千斤顶、C形夹头等进行拆卸。当不便使用上述工具进行拆卸时，可采用工艺螺纹孔，借助螺钉进行顶卸，如图6-8所示。

（4）温差法　温差法是采用加热包容件或冷冻被包容件，同时借助专用工具进行拆卸的一种方法。温差法适用于拆卸尺寸较大、配合过盈量较大的零部件或精度要求较高的配合件。加热或冷冻必须快速，否则会使配合件一起胀缩，使包容件与被包容件不易分开。

拆卸轴承内圈时可用图6-9所示的简易方法进行。其具体方法是将绳子1绕在轴承内圈

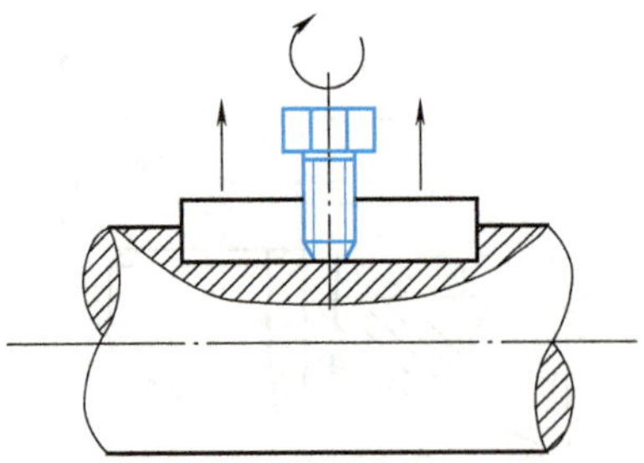

图6-8　用顶压法拆卸平键

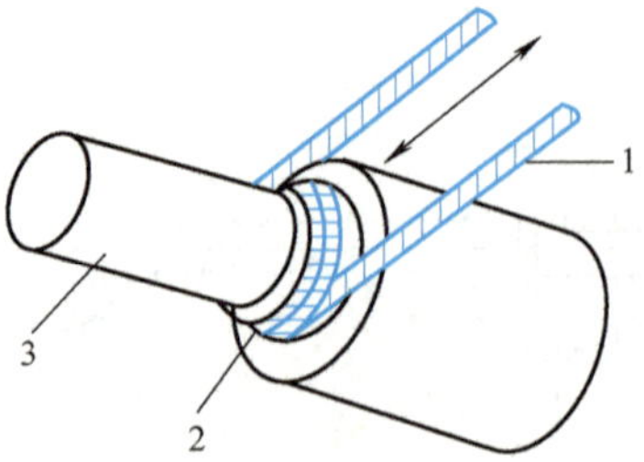

图6-9　温差法拆卸轴承内圈

1—绳子　2—轴承内圈　3—轴

2上，反复快速拉动绳子，摩擦生热使轴承内圈增大，从而较容易地从轴3上拆下来。

（5）破坏法　对于必须拆卸的焊接、铆接、胶接以及难以拆卸的过盈连接等固定连接件，或是因发生事故而使花键轴扭曲变形、轴与轴套咬死及严重锈蚀而无法拆卸的连接件，可采用车、锯、錾、钻、气割等方法进行破坏性拆卸。

二、机械装配的基本知识

按照一定的精度标准和技术要求，将若干个零件组合成部件或将若干个零件、部件组合成机构或机器的工艺过程，称为装配。在机器或机构的使用与维护过程中，要对设备或部件根据需要进行拆卸、清洗和修复，之后进行装配，因此装配是机械拆装过程中应该掌握的一项重要操作技能。

1. 装配前的准备工作

（1）零件的清洗与清理　在装配过程中，零件的清洗与清理工作对提高装配质量、延长设备寿命具有十分重要的意义。

零件在装配前，应清除其表面的铁锈、灰砂、切屑、研磨剂、油污及金属微粒。常用的清洗方法见表6-1。

表6-1　零件的清洗方法

清洗方法	清洗液	特点	使用范围
刷洗	汽油、煤油、轻柴油、乙醇、化学清洗液、常温水剂等	操作简单，设备简单，生产率低，配合适合的清洗设备可提高生产率	用于单件小批量的小型零件或大件局部清洗。用于严重污染的头道清洗
浸洗（上下窜动）	常用各种清洗液	操作简单，设备简单，生产率低，宜多步洗	用于批量较大、形状复杂工件清洗。清除轻度污垢
气相清洗	三氯乙烯、三氯三氟乙烷化学清洗	零件表面清洁度高，装备复杂，配备加热冷凝装置，劳动保护严格	用于中批或大批清洗。清洗黏附严重的污垢或半固体状态油垢
超声波清洗	常用清洗剂、化学清洗液	效果最好，生产率高。装备维修及管理复杂。超声频率≈20kHz	成批清洗形状复杂零件。清洗污垢或半固体油垢
喷洗	碱液、大部分清洗液	效果好，生产率高。装备维修及管理复杂（零件与喷嘴相对运动）	用于清洗小型不复杂零件。清洗中等程度油垢
点解清洗（摇晃）	碱液	清洗液要有一定的导电性	用于大批、中批的小型零件清洗。清洗质量高
高压清洗	清水、碱液水剂清洗液	一般手工操作，时间较长，工作压力常用10~20MPa	用于中、小批的中型零件清洗。清洗严重固态油垢、油脂
多步清洗（联合清洗）	—	清洗生产线或自动化程度高的设备	清洗要求特别高的大、中批中、小零件

下面以滑动轴承为例，介绍零件清理与清洗的方法。被清洗清理的组件如图6-10所示。

清理的方法如下。

1）用錾子、钢丝刷清除轴承座3和轴承盖2上的型砂、飞边和毛刺等。

2）用刮刀、锉刀或砂布清除各零件上的毛刺、切屑和锈痕。

3）用毛刷、风箱或压缩空气清除零件孔、沟槽、台阶处残存的切屑、灰尘或油垢等。

清洗的方法如下。

经过清理后的零件还必须进行清洗，一般是先清洗精密零件，再清洗一般零件；先清洗较小零件，再清洗较大零件。

1）将适当煤油倒入清洗槽（或盒）内。

2）清洗上、下衬套。

3）清洗油杯、螺母、螺栓。

4）清洗上轴承盖。

5）清洗轴承座。

（2）零件的密封性试验　对于设备中的一些精密零件，例如液压元件、液压缸、阀体、泵体等，在一定的工作压力下不仅要求不发生泄漏现象，还要求具有可靠的密封性。但是，由于零件毛坯在铸造过程中容易产生砂眼、气孔及疏松等缺陷，而造成在一定压力情况下的渗漏现象，所以对这类零件在装配前必须进行密封性试验，否则，将对设备的质量、功能产生很大的影响。

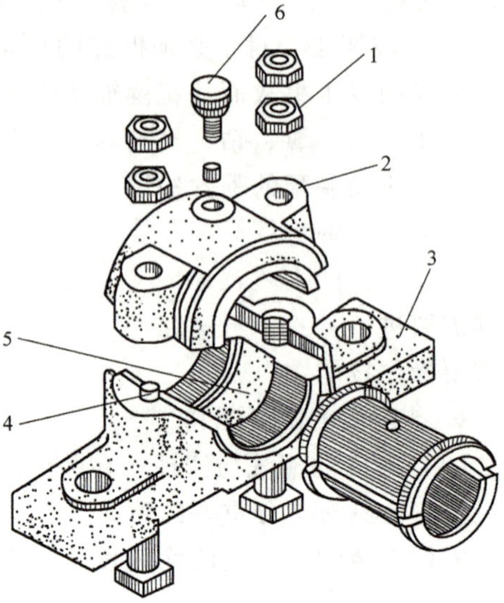

图 6-10　滑动轴承

1—螺母　2—轴承盖　3—轴承座　4—螺栓　5—衬套　6—油杯

密封性试验有气压法和液压法两种。其中以液压法压缩空气密封性试验比较安全。试验时施加的压力，应按照技术要求进行相应的调整。

1）气压法。试验前，先将零件各孔用压盖或螺塞进行密封，然后将密封零件浸入水中，最后通过压缩空气向零件内充气，如图 6-11 所示。此时，密封的零件在水中应无气泡逸出。若有气泡逸出时，可根据气泡的密度来判定零件是否符合技术要求。

2）液压法。对于容积较小的零件进行密封性试验时，可用手动液压泵进行液压试验。图 6-12

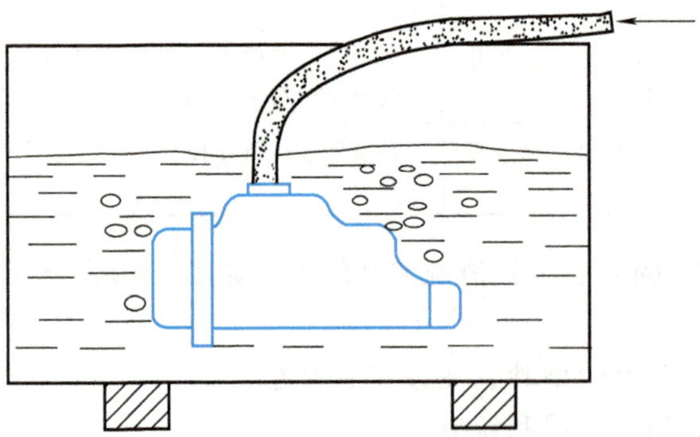

图 6-11　气压法密封性试验

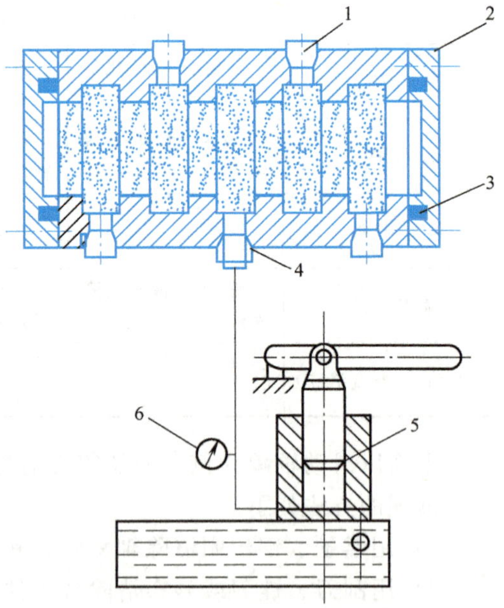

图 6-12　液压法密封性试验

1—锥形螺塞　2—端盖　3—密封圈　4—管接头　5—手动液压泵　6—压力计

所示为五通滑阀阀体的密封性试验。试验前，先在两端装好密封圈和端盖，并用螺钉紧固，各螺纹孔用锥形螺塞拧紧，装上管接头并与手动液压泵接通，然后用手动液压泵将油液注入阀体空腔内，并使油液达到技术要求所规定的试验压力。同时，应注意观察阀体有无渗透和泄漏现象。

对于容积较大的零件在进行密封性试验时，可选用机动液压泵进行注油，但也要控制好压力的大小。

（3）旋转件的平衡　机器中的旋转零件，例如带轮、飞轮、叶轮等，因受形状、加工等因素的限制和影响，都可能由于零件旋转时的不平衡而产生振动现象，从而使机器的工作精度降低，零件的寿命缩短，噪声增大，甚至引发事故。

1）旋转件不平衡的种类如下。

① 静不平衡。有些旋转件在径向各截面上存在不平衡量，但由此产生的离心力的合力仍通过旋转件的重心。这种情况不会产生使旋转轴线倾斜的力矩。这种不平衡称为静不平衡，如图 6-13 所示。静不平衡的特点是：当零件静止时，不平衡量始终处于过重心竖直线的下方；旋转时，不平衡离心力只在垂直轴线方向产生振动。

② 动不平衡。有些旋转件在径向各截面上存在不平衡量，且由此产生的离心力不能形成平衡力矩，因此旋转件不仅会产生垂直于旋转轴线方向的振动，还会产生使旋转轴线倾斜的振动，这种不平衡称为动不平衡，如图 6-14 所示。

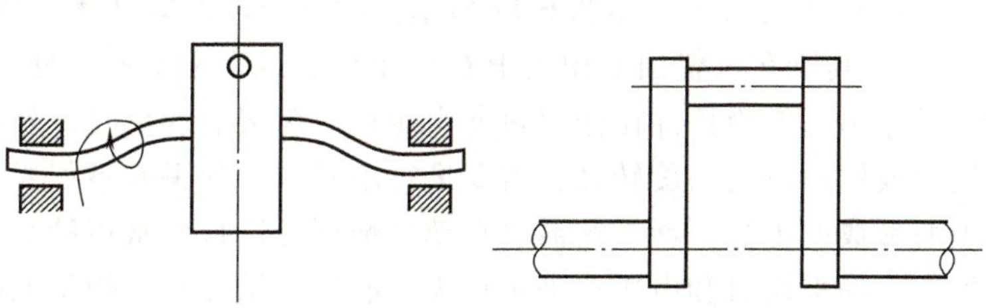

图 6-13　零件静不平衡

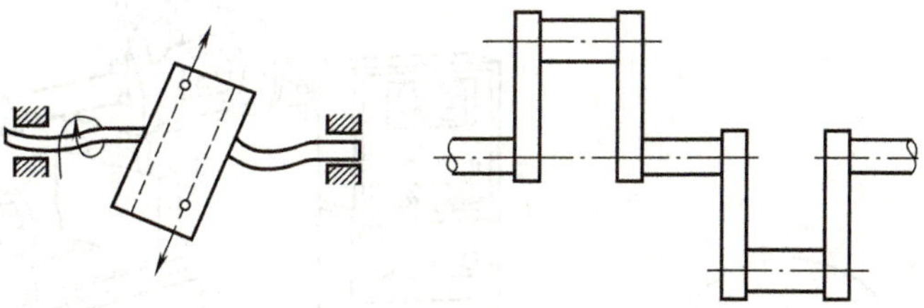

图 6-14　零件动不平衡

2）旋转件的平衡方法。消除旋转件不平衡的工作称为平衡。其中，消除静不平衡的工作称为静平衡；消除动不平衡的工作称为动平衡。

静平衡的特点是：平衡重物的大小和位置是在零件（或部件）处于静止状态时确定的；静平衡的工作过程是在静平衡架上进行的；静平衡主要适用于长径比小于 0. 2 的盘类零件。

静平衡的装置主要有圆柱式平衡架和棱形平衡架两种，如图 6-15 所示。还有一种平衡架，一端可通过升降调整来平衡两端轴径不等的旋转件。静平衡的步骤如下。

① 用水平仪将平衡架调整到水平位置，误差应在 0.02mm/100mm 以内，如图 6-16 所示。

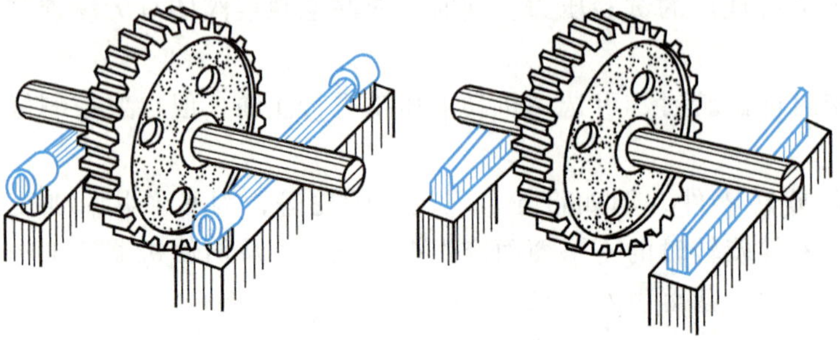

a) 圆柱式平衡架　　b) 棱形平衡架

图 6-15　零件静平衡装置

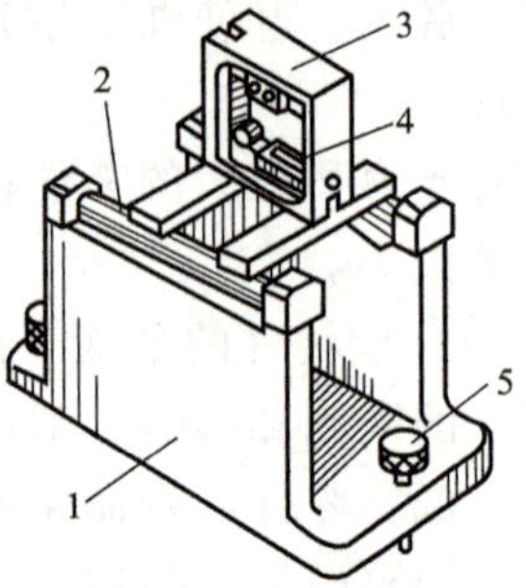

图 6-16　调整平衡架

1—支架　2—圆柱形导轨　3—水平仪　4—水准器　5—调整螺钉

② 将旋转件安装到心轴上后，摆放到平衡架上。

③ 用手轻推旋转件，使其在平衡架上缓慢滚动；待自动停止后，在旋转体的正下方作一记号，重复转动几次，若所作记号位置始终不变，则为不平衡量 G 的方向。

④ 在与记号相对的部位黏一重量为 G' 的橡皮泥，使 G' 对旋转轴线产生的力矩恰好等于不平衡量 G 对旋转轴线产生的力矩，如图 6-17 所示。此时旋转件即已达到静平衡。

⑤ 去掉橡皮泥，在其所在位置加上相当于 G' 的重块，或在不平衡量处（与 G' 相对的直径上）去除一定的重量 G。待旋转件在任何角度均能在平衡架上静止时，静平衡即告结束。

对于长径比较大或转速较高的旋转件，需要进行动平衡，动平衡不仅要平衡离心力，而且还要平衡离心力所形成的力矩。动平衡需要在动平衡机上进行，常用的动平衡机有弹性支梁式动平衡机、框架式动平衡机和电子动平衡机等。磨床主轴在动平衡机上的装夹如图 6-18 所示。

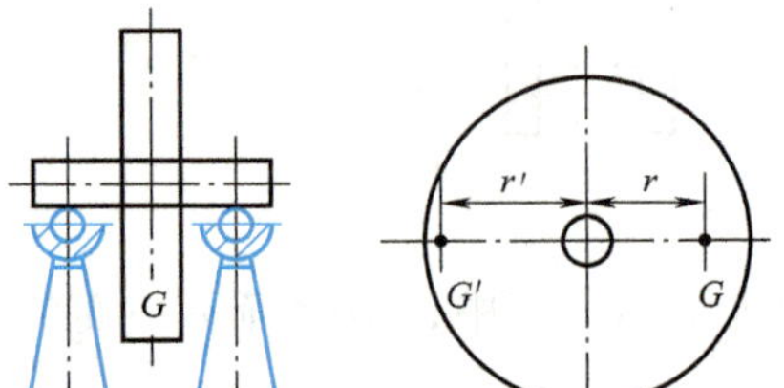

图 6-17　静平衡法

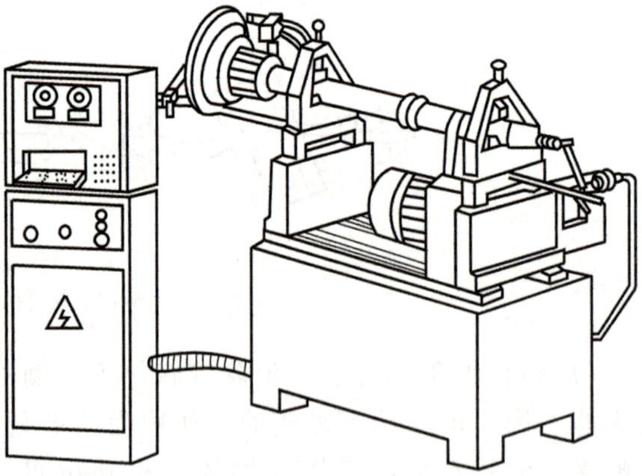

图 6-18　磨床主轴在动平衡机上的装夹

2. 装配系统

（1）装配的有关术语

1）零件。零件是机器组成中的最小单元，例如一个螺钉、一根轴、一个套筒等。任何一台机器都是由若干个零件组成的。

2）部件。由两个或两个以上零件相结合而成为机器的一部分，称为部件，例如一个主轴总成、车床主轴变速箱、进给箱等。

3）装配单元。可以独立进行装配的部件，称为装配单元。任何一部设备，一般都能分成若干个装配单元。

4）基准零件或基准部件。最先进入装配的零件或部件，称为基准零件或基准部件。它们的作用是连接需要装在一起的零件或部件，并决定这些零件或部件之间的正确位置。

从装配的角度看，直接进入机器装配的部件也可称为组件；直接进入组件装配的部件，称为一级分组件；直接进入一级分组件装配的部件，称为二级分组件……依次类推。显而易见，机器越复杂，分组件的级数也就越多。

任何级别的分组件都是由若干个低一级的分组件和若干个零件组成的，但最低级别的分组件只是由若干个零件组成。

（2）装配系统图　用来表明产品零部件间相互装配关系及装配流程的示意图，称为装配系统图。

3. 常用机械拆装及检测工具

（1）机械连接方式　零件连接的方式常用固定连接和活动连接两种。

固定连接是指装配后零件间不产生相对运动，例如螺纹连接、键连接和销连接等。

活动连接是指装配后零件间可以产生相对运动的连接，例如轴承、螺母丝杠连接等。

黏结剂（又称胶合剂）可把不同的或相同的材料牢固地连接在一起，这种方法工艺简单，操作方便，连接可靠。近年来，利用黏结技术，以黏代铆，以黏代机械夹固，解决了过去某些连接方式所不能解决的问题，简化了复杂的机械结构和装配工艺。目前，常用的有无机黏结和有机黏结两大类。常用的有机黏结剂有环氧树脂黏结剂、聚氨酯黏结剂和聚丙酸酯黏结剂等。

（2）常用拆装工具及使用注意事项　机械拆装常用的工具、功用及相关知识见表 5-3。拆装工具使用中的注意事项详见本书单元五相关内容。

（3）拆装后的产品质量检验　拆装产品质量检验常用的量具有钢直尺、刀口形直尺、内外卡钳、游标卡尺、千分尺、直角尺、游标万能角度尺、塞尺、百分表等。

常用拆装量具的名称、图例与功用见表 5-4。

三、机械拆装安全和文明生产操作规程

1. 机械拆装实习室安全制度

1）要严格执行实习工场的安全工作条例和设备拆装的操作规程，切实抓好安全工作。实习室主任是本室安全责任第一人，有权利和义务对所有成员经常进行安全教育，明确安全责任，定期进行安全检查。

2）在实习室设立一名安全员，协助实习室主任做好实习室的安全教育、安全检查及排除隐患等工作，并负责指导本实习室人员掌握消防器材的使用和维护方法。

3）实习室主任、安全员必须对在实训室实习的学员进行安全教育，督查安全执行情况，确保人身及设备的安全。对违反规定者，管理人员有权停止其实习。

4）实习室内严禁吸烟、打闹和做与实训无关的事情，注意保持实习场所的环境卫生和设施安全。

5）消防器材按规定放置，不得挪用。要定期检查，及时更换失效器材。

6）实习室的钥匙必须妥善保管，对持有者要进行登记，不得私配和转借，人员调出时必须交回。实习室工作人员不得将钥匙借给学员。

7）一旦发生火情，要及时组织人员扑救，并及时报警。遇到案情事故，要注意保持现场，并迅速报警。要积极配合有关部门查明事故原因。

8）未经批准，任何人不得随便进入实习室。节、假日需要加班者应写加班申请单，经实习室主任签字、实习工场负责人签字同意后方可，并必须有两人以上在场，以确保人身安全。

9）若工作需要对仪器、设备进行开箱检查、维修，要经实习室主任签字同意才能拆装，并要有两人在场。检修完毕或离开检修现场前，必须将拆开的仪器设备妥善存放。

10）实习室值班人员离开实习室以前，必须进行安全检查，关好水，断好电，锁好门。

2. 机械拆装实习学员实习守则

1）实习前按规定穿好工作服，依次有序进入实习场地。

2）实习前做好充分准备，了解实习的目的、要求、方法与步骤及实习应注意事项。

3）进入实习实训室必须按规定就位，听从实习指导老师的要求进行实习。

4）保持实习、实训室的安静、整洁，不得吵闹、喧哗，不得随地吐痰及乱扔脏物，与实习无关的物品不得带入实习、实训室。

5）实习前首先核对实习用品是否齐全，如有不符，应立即向实习指导老师提出补领或调换。

6）爱护实习仪器及设备，严格按照实习规程使用仪器和设备，不得随意拆卸。

7）实习时按实习指导书要求，分步骤认真做好各项实习内容，并做好实习记录，填写实习报告书。

8）拆下的零部件要摆放有序，搬动较大零件时，务必注意安全，以防砸伤人或砸坏机件。

9）注意安全，如实习中发现异常，应立即停止，及时报告实习指导老师检查处理。

10）实习结束后，清洁场地、设备，整理好工位。清点并擦净工具、量具，将其放回原处后，方能离开实习场地。

3. 机械拆装操作安全须知

1）注意将待拆卸设备切断电源，挂上“有人操作，禁止合闸”标志。

2）设备拆卸时，必须遵守安全操作规则，服从指导人员的安排与监督。认真严肃操作，不得串岗操作。

3）需要使用手持电动工具时（如手电钻、手砂轮等），应检查是否有接地或接零线，并应戴绝缘手套，穿胶鞋。使用手照明灯时，电压应低于36V。

4）如需要多人操作时，必须有专人指挥，密切配合。

5）拆卸中，不准用手试摸滑动面、转动部位或用手试探螺纹孔。

6）使用起重设备时，应遵守起重工安全操作规程。

7）试车前要检查电源接得是否正确，各部位的手柄、行程开关、撞块等是否灵敏可靠，传动系统的安全防护装置是否齐全，确认无误后方可开车运转。

8）试车规则：空车慢速运转后逐步提高转速，运转正常后，再做负荷运转。

课题二 综合训练

一、回转式台虎钳的拆装

1. 实习目的

1）台虎钳是常用的工件夹具，通过拆装台虎钳，学生了解台虎钳的结构和主要零部件，熟悉台虎钳夹紧工件的工作原理，增强对机械零件的感性认识。

2）熟悉台虎钳的拆装和调整过程，主要是熟悉其装配的工艺。

2. 实习设备及拆装工具

1）实习设备：台虎钳若干台（每个实训小组一台）。

2）拆装工具：各类扳手、旋具（如一字螺钉旋具、十字螺钉旋具等）、钳子、手锤、钢刷、毛刷、量具（如游标卡尺等）及其他必备用品（每个实训小组一套）。

3. 实习内容

根据台虎钳（图 6-19）及其装配技术要求完成装配；装配完成后进行调整、检测及试车，达到图样及技术要求。回转式台虎钳明细表见表 6-2。

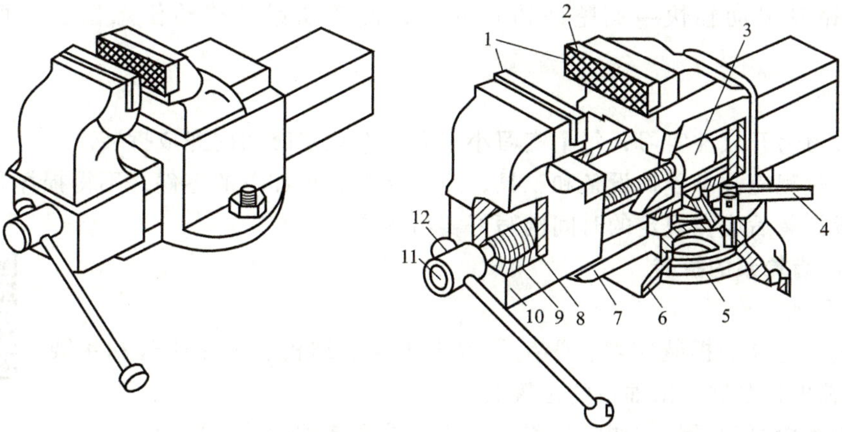

图 6-19 回转式台虎钳

表 6-2 回转式台虎钳明细表

序号	名称	数量	备注
1	钳口	2	
2	螺钉	4	
3	丝杠螺母	1	
4	旋转手柄	2	

（续）

序号	名称	数量	备注
5	夹紧盘	1	
6	底盘或安装底盘	1	
7	固定钳身	1	
8	挡圈	1	
9	弹簧	1	
10	活动钳身	1	
11	丝杠	1	
12	夹紧手柄	1	

1）拆卸顺序：活动钳身10→丝杠销、挡圈8、弹簧9→丝杠11→螺钉2、活动钳身钳口1→旋转手柄4→固定钳身7→螺母、丝杠螺母3→螺钉2、固定钳身钳口1。

2）装配的顺序。装丝杠螺母3→固定钳身钳口1、螺钉2→装固定钳身7、旋转手柄4（对应夹紧盘5两螺纹孔）→活动钳身钳口1、螺钉2→装丝杠11（放入活动钳身10中）、弹簧9、挡圈8、丝杠销→装活动钳身（丝杠11对正丝杠螺母3）、摇动夹紧手柄12，使活动钳身滑动轻快→调整两钳口间隙，使活动钳身移动任意位置时两钳口保持平行。

4. 实习要求

1）本实习为开放性实习，每个实习小组必须在规定时间内完成拆装。

2）实习过程应注意爱护设备和工具，应妥善保管拆卸下的零件，不得损坏和丢失。

3）完成拆装后应在规定的时间内写好实习报告。

二、液压齿轮泵的拆装

1. 实习目的

1）通过齿轮泵的拆装实习，学生了解齿轮泵的结构、工作原理和主要零部件，熟悉齿轮泵进、出油口的位置关系。

2）熟悉齿轮泵的拆装和调整过程，主要是熟悉装配的技术要领。

齿轮泵拆卸过程

2. 实习设备及拆装工具

1）实习设备：齿轮泵若干（每个实训小组一台）。

2）拆装工具：各类扳手、钳子、螺钉旋具、铜棒等专用工具（每个实训小组一套）。

3. 实习内容

拆卸过程中，如方法不恰当、工具不合理，可能造成被拆卸的零部件损坏，甚至使整台齿轮泵的精度降低，工作性能受到严重影响。

为使拆卸工作能够顺利进行，必须做好拆卸前的一系列准备工作。首先，认真分析齿轮泵的结构特点、配合性质和相互位置关系。然后，确定拆卸方法，选用合理的工具。最后，便可以开始拆卸工作。

齿轮泵的外形和主要结构分解图分别如图 6-20 和图 6-21 所示，它是分离三片式结构，包括两片泵盖和一片泵体。

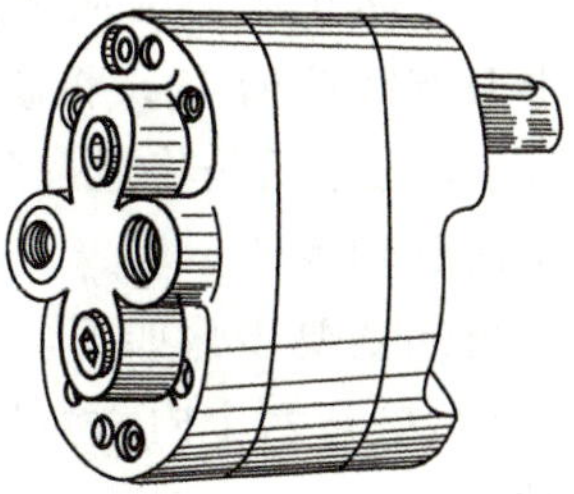
图 6-20　齿轮泵外形

齿轮泵的结构如图 6-22 所示，泵盖 1 和 5 用六个内六角螺钉 2 与泵体 4 装成整体。泵体 4 内装有一对齿数相同、相互啮合的齿轮 3，这对齿轮与两端盖和泵体形成一密封腔，并由齿轮的齿顶和齿向接触线把密封腔划分为两部分，即吸油腔和压油腔。两齿轮分别用键固定在由滚针轴承支承的主动轴 7 和从动轴 9 上。主动轴由电动机驱动，并带动齿轮在泵体内旋转。齿轮的宽度比泵体稍窄，端面有 0.025~0.06mm 的轴向间隙，可保证齿轮能灵活地转动，同时又使端面泄漏最小。

图 6-21　齿轮泵分解图

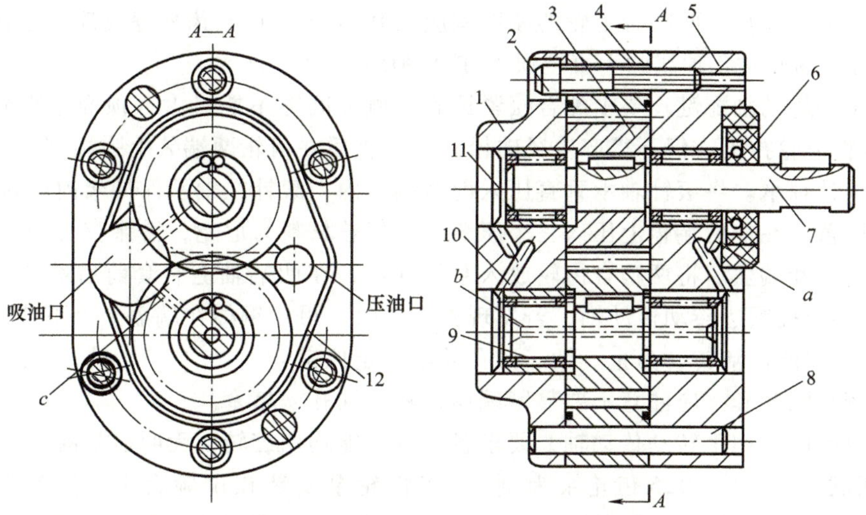

图 6-22　齿轮泵的结构
1、5—泵盖　2—内六角螺钉　3—齿轮　4—泵体　6—密封圈　7—主动轴
8—圆柱销　9—从动轴　10—泄漏小孔　11—压盖　12—卸荷槽

为了防止压力油从泵体和泵盖间泄漏到泵外，并减小压紧螺钉的拉力，在泵体两侧的端面上开有卸荷槽12，将渗入泵体和泵盖间的压力油引入吸油腔。在泵盖和从动轴上的小孔 a、b、c 的作用是将泄漏到轴承端部的压力油，也引到吸油腔去，防止油液外溢，同时也润滑了滚针轴承。

拆卸主要步骤如下。

1）松开六个内六角螺钉2，分开端盖1和5；从泵体4中取出主动齿轮及轴、从动齿轮及轴。

2）分解端盖与轴承、齿轮与轴、端盖与油封。分解图如图6-23所示。

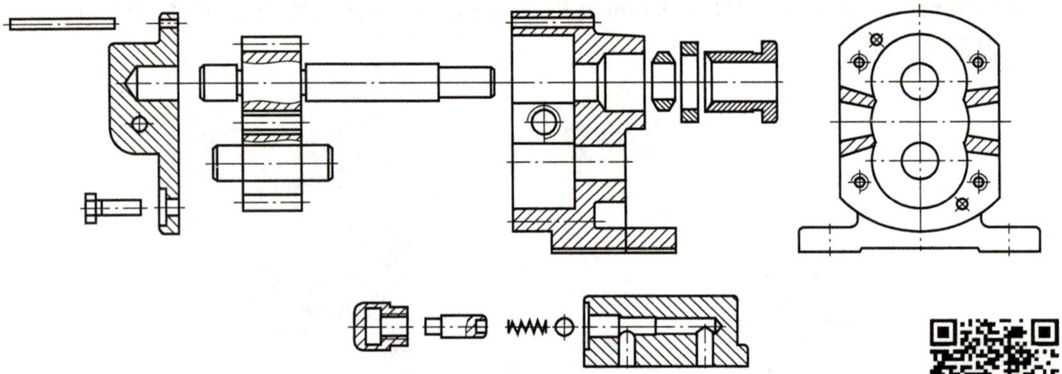

图6-23　齿轮泵拆卸分解图

液压齿轮泵拆卸分解图

装配的主要步骤如下。

1）去除齿轮毛刺。用油石修钝锐边，但不能倒成圆角。注意不可碰伤齿面。

2）清洗零件。用清洁煤油清洗零件，注意前后盖板和泵体的结合面都是密封面，要防止清洗时碰伤。

3）选配啮合齿轮。两啮合齿轮的厚度差应在0.005mm内；齿轮厚度应比泵体薄0.02~0.04mm；齿轮端面对孔轴线的垂直度误差在0.005mm内。

4）齿轮和传动轴配键。要求配合松紧适宜，侧面间隙不能过大，顶面不得碰擦，用手稍加力即可将齿轮拉出，但不得产生径向松动，检查后在齿轮两端装上弹性挡圈。

5）装滚针轴承。将滚针轴承垂直压入前后端盖内，滚针在轴承保持架内应转动灵活。

6）装压盖。在前后端盖上压入三个压盖，若压盖材料为尼龙，需涂胶合剂胶合。

7）装齿轮和端盖。将两啮合齿轮放入泵体孔内，在两端轴上装套前后端盖，逐步拧紧紧定螺钉，要边拧紧边转动传动轴，若发现被卡紧时，可用铜棒在端盖上、下或前、后方向轻轻敲击，直到能灵活转动为止。钻、铰孔并配装定位销。

8）装密封圈和套。应注意不要靠紧端面，将回油孔 a 堵塞。

9）检查装配。用手转动传动轴，要求各个方向能均匀旋转，无明显阻滞。

10）调试（以CB—B25齿轮泵为例）。将齿轮泵安装在试验台上，空运转15min左右，压力从零升至工作压力2.5MPa，在压力为2.5MPa的条件下，测定流量应为25L/min，允许误差为±5%。在压力最大时，压力波动在±0.15MPa范围内。无较大的噪声和泄漏现象。